怀化学院精品教材建设资助项目
网络工程专业校企合作示范教材

计算机网络设备实践教程

李　伟　主编

U0205562

西南交通大学出版社
·成　都·

图书在版编目（CIP）数据

计算机网络设备实践教程 / 李伟主编. —成都：
西南交通大学出版社，2018.12
ISBN 978-7-5643-6621-6

Ⅰ. ①计… Ⅱ. ①李… Ⅲ. ①计算机网络 – 高等学校
– 教材 Ⅳ. ①TP393

中国版本图书馆 CIP 数据核字（2018）第 280274 号

计算机网络设备实践教程

李　伟　主编

责任编辑	穆　丰
助理编辑	梁志敏
封面设计	墨创文化

出版发行　西南交通大学出版社
　　　　　（四川省成都市二环路北一段 111 号
　　　　　西南交通大学创新大厦 21 楼）
邮政编码　610031
发行部电话　028-87600564　028-87600533
网址　　　http://www.xnjdcbs.com
印刷　　　四川森林印务有限责任公司

成品尺寸　185 mm×260 mm
印张　　　18
字数　　　450 千
版次　　　2018 年 12 月第 1 版
印次　　　2018 年 12 月第 1 次
定价　　　58.00 元
书号　　　ISBN 978-7-5643-6621-6

课件咨询电话：028-87600533
图书如有印装质量问题　本社负责退换
版权所有　盗版必究　举报电话：028-87600562

前　言

　　计算机网络技术的发展改变了人们的交流、消费等生活方式，提高了工作、学习的效率。交换机、路由器等计算机网络设备是支撑网络技术应用的基石，承载着在网络中寻找路径、转发数据包这样的重要任务。本书的主要内容就是介绍如何配置、调试、优化这些网络设备，从而保证它们能够高效、安全、稳定地运行。

　　本书针对常用的网络管理技术，内容编排循序渐进，结合大量的实验案例介绍理论知识，融合了协议分析方法，使读者能够更加深入地理解与掌握相关原理与技术。书中实验全部在锐捷网络设备上经过了验证，能够重现实验结果。国内很多高校建设了基于锐捷公司网络设备的网络工程实验室，学生可以在真实的物理设备上验证。由于锐捷与思科的指令格式相近，也可以通过 Cisco Packet Tracer、GNS3 等模拟软件开展实验。书中实验采用的路由器型号为RSR20-24，系统版本为 RGOS_10.3(5b6)P2,Release(150859)，二层交换机型号为 RG-S2628G-E(P)，系统版本为 RGOS 10.4(3b19)p3,Release(180891)，三层交换机型号为 RG-S3760E，系统版本为RGOS 10.4(3b19)p3,Release(178747)。书中第 2 章介绍了升级系统的方法，所需的最新系统软件可以在锐捷官网（http://www.ruijie.com.cn）下载。

　　本书可以作为本科、高职类院校网络工程类课程的教材，也可以为从事网络管理与维护工作的技术人员提供参考。全书共分 12 章，每章的内容都配有实验，在阅读时推荐读者按照步骤完成实验，这样不仅能够提高操作能力还能够加深理解。初学者应按照章节顺序阅读本书，对于具有一定基础的读者可以有针对性的阅读特定章节。

　　本书在编写过程中得到了同行业专家的大力支持，他们提出了非常宝贵的建议，在此一并表示感谢！

　　由于编者水平有限，加之编写时间仓促，书中难免存在不当之处，敬请广大读者批评指正。

编　者

2018 年 10 月

目　录

第1章 计算机网络基础

计算机网络技术的飞速发展及其在社会生产、生活各方面的应用，使人们对计算机网络越来越熟悉，特别是无线网络与智能终端的普及，使人们接入、应用计算机网络更加便捷。然而，相比使用计算机网络，对计算机网络进行管理与维护需要很多更加专业的知识。

作为本书的开篇，本章介绍了学习计算机网络必须掌握的一些基础知识，包括组建计算机网络最常见的设备，以及它们的功能与原理、IP 地址与网卡地址、经常用到的一些网络命令等。

1.1 常见的网络设备

Internet（互联网）是全世界最大的计算机网络，构成 Internet 的网络设备种类繁多，且与日俱增。基本的网络设备包括计算机/服务器、网卡、调制解调器、集线器、交换机、网桥、路由器、网关、无线接入点、网络防火墙、入侵检测防御系统、上网行为管理器等。部署在全球的所有网络设备通过网络传输介质连接起来便构成了基本的 Internet。

1.1.1 网卡

网卡一般也称为网络接口卡（Network Interface Card，NIC）或者网络适配器（Network Adapter，NA），是计算机接入网络不可缺少的硬件网络设备。虽然在计算机网络的发展过程中曾出现过多种网络技术标准，但目前最通用的是以太网（Ethernet）技术，最常见的是以太网卡。

常见的网卡与计算机的连接方式有 3 种。

1. 通过 PCI/PCI-E 接口连接主板

安装这种网卡需要打开计算机机箱，将网卡插入主板上的 PCI 或 PCI-E 插槽内，相对于传统 PCI 总线在单一时间周期内只能实现单向传输，PCI-E 的双单工连接能提供更高的传输速率和质量。PCI-E 接口还能够支持热拔插，越来越多的网卡使用 PCI-E 接口，如图 1-1 所示。这种网卡具有容易更换的优点，适用于服务器设备。例如，当服务器需要升级到万兆网络连接时，可以直接更换旧网卡换成万兆网卡即可。需要注意的是，当更换比较新的、速度更高的网卡时，往往需要安装网卡驱动程序使操作系统能够识别网卡并正常工作。

图 1-1　PCI-E 接口网卡

2. 主板集成网卡

随着网卡芯片的成熟与成本的降低，越来越多的主板厂商将网卡功能直接集成在主板上。集成网卡和 PCI 网卡一样，都具有独立的处理芯片，因此对 CPU 资源的占用率不高，对计算机整体性能的影响可以忽略不计。集成网卡可以避免 PCI 网卡接口松动引起的故障，但往往接口速度不高，千兆网卡比较常见，支持万兆集成网卡的主板比较少。集成网卡芯片如图 1-2 所示。

图 1-2　主板集成网卡芯片

3. 通过 USB 接口连接主机

随着无线网络应用的普及，很多没有无线网卡的计算机需要接入无线网络，使用 USB 无线网卡是一种很便捷的方法。这种网卡体积较小，便于安装，如图 1-3 所示，它内置无线 WIFI 芯片，连接电脑 USB 接口后，电脑网卡列表中会出现新的无线网卡设备。在系统检测到可用的无线网络后，点击连接，即可完成无线网络接入。无线网络采用 2.4 GHz 和 5 GHz 这两个无线通信频段，常用的协议标准是 802.11n 和 802.11ac 标准。

图 1-3　USB 接口无线网卡

1.1.2　交换机

交换机（switch）是比较常见的网络设备，最常见的是以太网交换机，如图 1-4 所示，其他的还有电话语音交换机、ATM 交换机等。以太网交换机的主要功能是连接多台计算机、路由器等网络设备，完成数据的转发，它能够将用户发出的数据包根据目的地址准确地转发到目的地。本节的讨论主要针对以太网交换机。

图 1-4　RG-S2628G-E 以太网交换机外观

1. 交换机的分类

从广义上来看，交换机分为两种：广域网交换机和局域网交换机。广域网交换机主要应用于电信领域，提供通信基础平台。而局域网交换机则应用于局域网络，用于连接终端设备，如 PC（个人计算机）及网络打印机等。

1）按照网络构成分类

网络交换机可划分为接入层交换机、汇聚层交换机和核心层交换机。接入层交换机一般用于直接连接计算机，根据用户的不同接入方式与传输介质（例如：光纤、双绞线、同轴电缆、无线接入等）实现用户接入网络。汇聚层交换机是多台接入层交换机的汇聚点，它必须能够处理来自接入层设备的所有信息，并提供到核心层的上行链路，因此，汇聚层交换机与接入层交换机比较，需要更高的性能，更少的接口和更高的交换速率。接入层和汇聚层交换机共同构成完整的中小型局域网解决方案。核心层的主要目的在于通过高速转发通信，提供优化、可靠的骨干传输结构，因此核心层交换机应该有更高的可靠性、性能和吞吐量。

2）按照传输介质和传输速度分类

交换机可以分为以太网交换机、快速以太网交换机、千兆以太网交换机、10 G/40 G/100 G 以太网交换机、FDDI 交换机、ATM 交换机和令牌环交换机等多种。这些交换机分别适用于以太网、快速以太网、FDDI、ATM 和令牌环网等环境。

3）按照规模应用分类

从规模应用上又可以分为企业级交换机、部门级交换机和工作组交换机等。一般来讲，企业级交换机都是机架式；部门级交换机可以是机架式，也可以是固定配置式；而工作组级交换机则一般为固定配置式，功能较为简单。从应用的规模来看，作为骨干交换机时，支持500个信息点以上大型企业应用的交换机为企业级交换机，支持300个信息点以下中型企业的交换机为部门级交换机，而支持100个信息点以内的交换机为工作组级交换机。

4）按照架构特点分类

根据架构特点，人们还将局域网交换机分为机架式、带扩展槽固定配置式、不带扩展槽固定配置式三种产品。机架式交换机是一种插槽式的交换机，扩展性较好，可支持不同的网络类型，但价格较贵。带扩展槽固定配置式交换机是一种有固定端口并带少量扩展槽的交换机，这种交换机在支持固定端口类型网络的基础上，还可以通过扩展其他网络类型模块来支持其他类型的网络，这类交换机的价格居中。不带扩展槽固定配置式交换机仅支持一种类型的网络（一般是以太网），可应用于小型企业或办公室环境下的局域网，价格便宜，应用也最广泛。

5）按照七层网络模型分类

按照 OSI 的七层网络模型，交换机又可以分为第二层交换机、第三层交换机、第四层交换机等，一直到第七层交换机。基于 MAC 地址工作的第二层交换机最为普遍，用于网络接入层和汇聚层。基于 IP 地址和协议进行交换的第三层交换机普遍应用于网络的核心层，也少量应用于汇聚层。部分第三层交换机也同时具有第四层交换功能，可以根据数据帧的协议端口信息进行目标端口判断。第四层以上的交换机称之为内容型交换机，主要用于互联网数据中心。

6）按照交换机是否可管理分类

可把交换机分为可管理型交换机和不可管理型交换机，它们的区别在于对 SNMP、RMON 等网管协议的支持。可管理型交换机便于网络监控、流量分析，但成本也相对较高。大中型网络在汇聚层应选择可管理型交换机，在接入层视应用需要而定，核心层交换机则全部是可管理型交换机。

7）广泛的普通分类方法

按照最广泛的普通分类方法，局域网交换机可以分为桌面型交换机、工作组型交换机和校园网交换机 3 类。桌面型交换机使用最广泛，尤其在一般办公室、小型机房和业务受理较为集中的业务部门、多媒体制作中心、网站管理中心等部门。工作组型交换机常用作扩充设备，在桌面型交换机不能满足需求时，大多直接考虑工作组型交换机。虽然工作组型交换机只有较少的端口数量，但却支持较多的 MAC 地址，并具有良好的扩充能力，端口的传输速度基本上为 100 Mb/s。校园网交换机的应用相对较少，仅应用于大型网络，且一般作为网络的骨干交换机，并具有快速数据交换能力和全双工能力，可提供容错等智能特性，还支持扩充选项及第三层交换中的虚拟局域网（VLAN）等多种功能。

8）根据交换技术分类

根据交换技术的不同，有人又把交换机分为端口交换机、帧交换机和信元交换机 3 种。端口交换机转发延迟很小，操作接近单局域网性能，远远超过了普通桥接互联网之间的转发性能。帧交换是目前应用最广泛的局域网交换技术，它通过对传统传输媒介进行微分段，提供并行传送的机制，以减小冲突域、获得高的带宽。

9）从应用角度划分

从应用的角度看，交换机又可分为电话交换机（PBX）和数据交换机。当然，目前常见的基于 IP 语音传输方式（VoIP）又被称为"软交换机"。

2. 交换机的常见接口

随着网络传输介质类型的发展，交换机的接口越来越丰富。图 1-4 所示为 RG-S2628G-E 以太网交换机的外观，图 1-5 所示为其对应的前面板示意图，其中包含了 RJ-45 接口、光纤接口和 Console 接口。

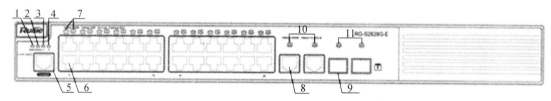

图 1-5　RG-S2628G-E 以太网交换机前面板示意图

1—交换机状态指示灯；2—扩展模块在位指示灯；3—扩展端口 1 状态指示灯；4—扩展端口 2 状态指示灯；

5—Console 口（RJ-45）；6—10/100Base-T 自适应以太网端口（RJ-45）；

7—10/100Base-T 自适应以太网端口指示灯；8—10/100/1000Base-T 自适应以太网端口（RJ-45）；

9—100/1000Base-X SFP 端口；10—10/100/1000Base-T 自适应以太网端口指示灯；

11—100/1000Base-X SFP 端口指示灯

RG-S2628G-E 交换机前面板状态指示灯示意如下：

（1）指示灯灭：交换机没有上电。

（2）绿色闪烁：交换机正在初始化，若一直闪烁则表示异常。

（3）绿色常亮：交换机可正常交换。

（4）黄色常亮：交换机温度黄色告警，请及时检查交换机工作环境。

（5）红色常亮：交换机故障。

RG-S2628G-E 交换机前面板 1-24 端口指示灯示意如下：

（1）指示灯灭：端口未 Link。

（2）绿色常亮：端口 100 M Link Up。

（3）绿色闪烁：端口正在以 100Mb/s 速率收发数据。

（4）黄色常亮：端口 10 M Link Up。

（5）黄色闪烁：端口正在以 10 Mb/s 的速率收发数据。

RJ-45 接口适用于常见的双绞线水晶头，只能沿固定方向插入，设有一个塑料弹片与 RJ-45 插槽卡住以防止脱落，在 10Base-T 以太网、100Base-TX 以太网、1000Base-TX 以太网中都可以使用。这种网线的传输介质都是双绞线，不过根据带宽的不同对介质也有不同的要求，特别是 1000Base-TX 千兆以太网连接时，至少要使用超五类线。RJ-45 接口如图 1-6 所示。

图 1-6　RG-S2628G-E 以太网交换机的 RJ-45 接口

　　图 1-5 中编号 9 所示位置是光纤模块插入的位置，并不是光纤直接连接的接口。光纤模块需要另外购买，插入网络设备后才能与光纤连接。常见的光纤模块有：GBIC、SFP、XFP、SFP+等。光纤模块能够完成光信号与电信号的转换，它由两部分组成：接收部分和发射部分，接收部分把光信号转换成电信号，发射部分把电信号转换成光信号。光纤模块通常都支持热插拔，图 1-7 所示为 RG-S2628G-E 以太网交换机 SFP 模块接口，图 1-8 所示为 SFP 模块。

图 1-7　RG-S2628G-E 以太网交换机 SFP 模块接口

图 1-8　SFP 模块

　　光纤接口是用来连接光纤线缆的物理接口，常见的有 FC、ST、LC、SC 等几种类型，如图 1-9 所示。GBIC 模块使用的光纤接口多为 SC 或 ST 型，SFP 模块使用的光纤为 LC 型。

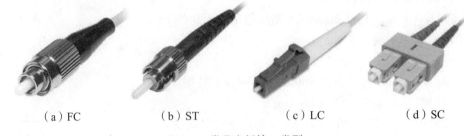

（a）FC　　　　　　（b）ST　　　　　　（c）LC　　　　　　（d）SC

图 1-9　常见光纤接口类型

　　使用光纤跳线可以连接两端都有光纤模块的设备，光纤跳线是由一段经过加强外封装的光纤和两端已与光纤连接好的接头构成，如图 1-10 所示。两端接头的型号可以一样，也可以不一样，例如：FC-FC、FC-SC、FC-LC、FC-ST、SC-SC、SC-ST 等。尾纤指一端为接头，另一端为光纤的器件。将一根光纤跳线从中间剪断就成为两根尾纤（见图 1-11）。通常将尾纤的断头通过光纤熔接机与其他光缆纤芯相连。

图 1-10　光纤跳线

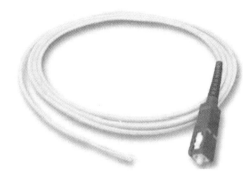

图 1-11　尾纤

在可进行管理配置的网络设备上都有一个 Console 接口，管理员通过此接口对网络设备进行管理。虽然对网络设备进行管理的方式有很多种，但在设备内没有配置任何指令的情况下必须通过 Console 接口配置，如新买的设备。

由于网络设备种类繁多，Console 接口可能采用 RS232（DB-9）或 DB-25 串行接口，也可能采用 RJ-45 接口，后者更常见一些。通过连接 Console 线缆，管理员可以使用计算机访问网络设备。Console 线缆一端连接 Console 接口，另外一端连接计算机的串口，或者借助 USB转串口连接器连接计算机的 USB 接口，如图 1-12 所示。

图 1-12　借助 USB 转串口连接器进行 Console 连接

3. 交换机的转发原理

1）以太网数据帧格式

由于历史原因，以太网存在多种类型数据帧格式。目前比较常用的有两种：一种是 Ethernet Version 2（又称 Ethernet II）；另一种是 IEEE 802.3 格式。在实际使用中大部分 TCP/IP 应用都采用 Ethernet Version 2 帧格式，也存在少量应用采用 IEEE 802.3 格式，如生成树协议（STP）和思科的邻居发现协议（CDP）。

这两种格式的区别是：Ethernet Version 2 中包含一个 Type 字段，而 IEEE 802.3 格式中此位置是长度字段。Type 字段的作用是标识后面所跟数据包的类型。例如，当 Type 为 0x8000时表示数据字段为 IP 协议数据包，当 Type 为 0x0806 时数据字段为 ARP 协议数据包。IEEE 802.3 格式中长度字段的值表示其后数据字段包含的字节数，由于数据字段的最大长度为 1500字节，对应十六进制数 0x05DC，所以可以通过此字段的值区分这两种帧格式，如果超过十六进制数 0x05DC，说明它不是长度字段而是类型字段。这两种帧格式如图 1-13 所示。

两种帧的前序字段都是由 7 个字节的前同步码（1 和 0 交替）和 1 个字节的帧定界符（10101011）组成。前同步码中交替出现的 1 和 0 能够为接收端提供位同步，使通信双方能够按照相同的时钟频率发送与采集信号，帧定界符的前 6 位与前同步码一样，最后两个连续的 1 告诉接收端接下来开始传输真正的数据。接收端的控制器将接收到的帧送入缓冲器时，前序字段被去除，只留下从目的 MAC 地址字段开始的数据。

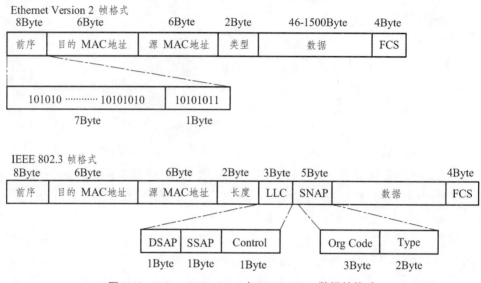

图 1-13　Ethernet Version 2 与 IEEE 802.3 数据帧格式

不论是在 Ethernet Version 2 还是 IEEE 802.3 标准中，数据帧的长度最小值为 64 字节。最小帧长度保证有足够的传输时间用于以太网网络接口卡精确地检测冲突，这个最小时间是根据网络的最大电缆长度和数据帧沿着电缆传播所要求的时间确定的。基于最小帧长为 64 字节和以太网网卡地址长度为 6 字节的要求，得出 Ethernet Version 2 数据字段的最小长度为 46 字节。数据字段的最大长度为 1500 字节。IEEE 802.3 格式中的 LLC 和 SNAP 占用数据字段 8 个字节。目标服务访问点（DSAP）和源服务访问点（SSAP）用于标识该数据帧所携带的上层数据类型，Contrl 字段基本不使用，一般被设为 0x03，例如：生成树协议使用的 802.3 帧中的 LLC 字段的值为 "0x42 0x42 0x03"，"0x42" 表示生成树协议的数据。SNAP 字段中的 Org Code 表示机构唯一标识符，是网络适配器厂商代码，Type 标识上层协议。例如，思科 CDP 协议所使用的 802.3 帧中 Org Code 字段为 "0x00000c" 表示思科公司，Type 字段为 "0x2000" 表示 CDP 协议。

帧校验序列字段提供了一种错误检测机制，为每一个发送的数据帧计算包括了地址字段、类型/长度字段和数据字段的循环冗余校验（CRC）码，填入 4 字节的 FCS 字段发送。

2）以太网数据帧转发原理

当交换机从某个端口收到一个数据包时，首先读取包头中的源 MAC 地址，这样就能知道源 MAC 地址的设备连在哪个端口上，交换机会将这个 MAC 地址与端口的对应关系记录在交换机内部的转发表中；然后交换机读取包头中的目的 MAC 地址，并在转发表中查找相应的端口；如果表中有与这个目的 MAC 地址对应的端口，就把数据包直接复制到这端口上转发出去；如果表中找不到相应的端口则把数据包广播到所有端口上。当目的设备收到数据包并且对源设备进行应答时，交换机可以获取目的 MAC 地址与端口的对应关系，在下次传送数据时就不再需要向所有端口进行广播了。

1.1.3　路由器

通常情况下，交换机将计算机连接起来构成局域网络，而路由器将不同的网络连接起来构成一个更大的网络，互联网就是由分布在世界各个角落的交换机与路由器组成的。路由器的接口连接的是不同的网段。图 1-14 所示为锐捷 RG-RSR20-24 型号路由器。

图 1-14　RG-RSR20-24 路由器外观

1. 路由器的分类

（1）从体系结构上看，路由器可以分为第一代单总线单 CPU 结构路由器、第二代单总线主从 CPU 结构路由器、第三代单总线对称式多 CPU 结构路由器，第四代多总线多 CPU 结构路由器、第五代共享内存式结构路由器、第六代交叉开关体系结构路由器和基于集群系统的路由器等多类。

（2）按性能档次划分，可将路由器分为高、中、低档路由器。目前通常将吞吐量大于 40 Gb/s 的路由器称为高档路由器，吞吐量在 25~40 Gb/s 的路由器称为中档路由器，吞吐量小于 25 Gb/s 的路由器称为低档路由器。

（3）按结构划分，可将路由器分为"模块化路由器"和"非模块化路由器"。模块化路由器有很多插槽，结构灵活，可以通过在插槽中插入不同功能的板卡扩展路由器的端口种类和数量；而非模块化的路由器只能提供固定的端口。

（4）按功能和服务对象划分，可将路由器分为"骨干级路由器""企业级路由器"和"接入级路由器"。"骨干级路由器"是实现企业级网络互连的关键设备，数据吞吐量较大，功能较强；"企业级路由器"主要用于连接企业的内部局域网与外部广域网，也就是作为企业内部网与外网之间的网关使用；"接入级路由器"主要应用于连接家庭或 ISP 内的小型企业客户群，起到将少量使用私有 IP 地址的用户终端接入因特网的作用。

（5）按所处网络位置划分，可分为"边界路由器"和"中间节点路由器"。"边界路由器"处于网络边缘，用于与其他网络的路由器连接，具有支持的网络协议和路由协议广、背板带宽高、吞吐量大的特点；"中间节点路由器"处于企业网络的内部，通常用于连接同一类型网络的不同网段，起到数据转发的桥梁作用。

（6）按转发性能划分，路由器可分为"线速路由器"和"非线速路由器"。所谓"线速"就是完全按照传输介质带宽进行通畅传输，基本上没有间断和延时。

2. 路由器的组成

路由器的硬件与计算机类似，由 CPU（中央处理器）、存储、接口等组成，在计算机网络发展的初期，曾使用多网卡的计算机来代替路由器。除了硬件，网络设备必须有网络操作系统，不同厂家不一样，在设备出厂前已经安装，不需要单独购买，锐捷公司的网络操作系统是 RGOS，可以通过 TFTP 等方式对操作系统进行升级。

1）CPU（中央处理器）

路由器的 CPU 执行操作系统指令，在中低端路由器中，CPU 负责交换路由信息、路由表查找并转发数据包。路由器 CPU 的能力直接影响路由器的吞吐量（路由表查找时间）和路由计算能力（影响网络路由收敛时间）。在高端路由器中，通常包转发和查表由 ASIC 芯片完成，CPU 仍然存在，但只实现路由协议、计算路由，以及分发路由表的功能。由于技术的发展，路由器中许多工作都可以由硬件实现了。

2）存储器

路由器中可能存在多种类型的内存以不同方式协助路由器工作，如只读内存（ROM）、闪存（FLASH）、随机存取内存（RAM）、非易失性 RAM（NVRAM）等，内存用作存储配置、路由器操作系统、路由协议软件等内容。在中低端路由器中，路由表可能存储在内存中。一般来说，路由器内存越大越好。但是与 CPU 能力类似，内存同样不直接反映路由器性能与能力。因为高效的算法与优秀的软件可能大大节约内存。

a）只读内存（ROM）

只读内存在路由器中的功能与计算机中的 ROM 相似，主要用于系统初始化等功能。ROM 中主要存储系统加电自检代码（POST），用于检测路由器中各硬件部分是否完好；系统引导区代码（BootStrap），用于启动路由器并载入网络设备操作系统，相当于 PC 机的 BIOS 系统。

b）闪存（Flash）

闪存是可读可写的存储器，在系统重新启动或关机之后仍能保存数据，相当于 PC 机的硬盘。Flash 中存放着当前使用的网络设备操作系统。事实上，如果 Flash 容量足够大，甚至可以存放多个操作系统，这在进行网络设备操作系统升级时十分有用。当不知道新版网络设备操作系统是否稳定时，可在升级后仍保留旧版网络设备操作系统，当出现问题时可迅速退回到旧版操作系统，从而避免长时间的网络故障。

c）非易失性 RAM（NVRAM）

非易失性 RAM 是可读可写的存储器，在系统重新启动或关机之后仍能保存数据。由于 NVRAM 主要用于保存启动配置文件（startup-Config），故其容量较小，通常在路由器上只配置 32~128 KB 大小的 NVRAM。同时，NVRAM 的速度较快，成本也比较高。

d）随机存储器（RAM）

RAM 也是可读可写的存储器，但它存储的内容在系统重启或关机后将被清除。和计算机中的 RAM 一样，路由器中的 RAM 也是运行期间暂时存放操作系统和数据的存储器，让路由器能迅速访问这些信息。RAM 的存取速度优于前面所提到的 3 种内存的存取速度。路由器运行期间，RAM 中包含路由表项目、ARP 缓冲项目、日志项目和队列中排队等待发送的分组。除此之外，还包括运行配置文件（running-config）、正在执行的代码、操作系统程序和一些临时数据信息。

3）接口

路由器接口包括配置接口、数据接口等。常见的配置接口包括 Console 和 AUX 接口，在第一次对路由器进行管理配置时，经常使用专用连接线将计算机的串口与路由器的 Console 接口相连，然后在计算机上运行"超级终端"程序完成对路由器的配置，在连接时需要配置波特率，通常默认为 9600，即传输一位 0 或 1 的时间为 1/9600 s。AUX 接口主要用于远程配置，也可用于拨号连接，与 Console 接口相比，使用得较少。Console 和 AUX 接口通常为 RJ-45 类型。

路由器的数据接口主要用于传输特定业务的数据，局域网接口有 RJ-45、FDDI、ATM 等，最常见的是 RJ-45 接口，传输速率通常为 10/100/1000 Mb/s。以太网接口常用 Ethernet 表示，传输速率为 10 Mb/s；快速以太网接口用 Fastethernet 表示，速率为 100 Mb/s；千兆以太网接口常用 GigaEthernet 表示，速率是 1000 Mbit/s。路由器一般都是以从左向右，从下往上的顺序来安排模块的顺序的，接口 GigaEthernet 0/0 中前一个 0 表示路由器上第 1 个模块,后一个 0 表示第一个模块上的第一个接口。

3. 路由器的启动过程

了解路由器的启动过程有助于排除路由器在运行过程中可能出现的各类故障。

（1）加电自检（Power-On-Self-Test，POST）。

通电后对硬件进行检测，验证路由器的所有部件是否都处于正常工作状态。

（2）装载运行自主引导（Bootstrap）代码。

这是路由器启动的初始化阶段。在此阶段可以用"Ctrl+C"组合键中断路由器的正常启动过程，进入 ROM 层操作界面，在这一层可以进行密码恢复。设备启动时会读取配置文件 config.text，而密码保存在 config.text 文件里面。若进入设备的 ROM 模式，把配置文件的名字改为其他名字后，系统找不到 config.text 文件，就会直接进入系统。进入系统后可以把配置文件名改为原来的名字 config.text，重新设置密码后保存配置文件，下次进入系统时就可以使用新密码登录了。

（3）查找 IOS 系统。

正常情况下，路由器的操作系统（IOS）存放在 NVRAM 中，如 rgos.bin 帮助决定 IOS 映象的位置，并决定用什么映象文件来引导。

（4）装载 IOS 系统。

Bootstrap 找到合适的 IOS 软件后，将 IOS 软件装入 RAM 并且开始运行。

（5）寻找配置。

默认在 NVRAM 中寻找有效的配置文件;如果在 NVRAM 中没有找到配置,就尝试从 TFTP Server 中寻找配置。

（6）装载配置，正常运行。

4. 路由器的功能

路由器最主要的功能就是正确快速地转发不同网段的数据包，使数据包能够离目的地越来越近直到最后到达目的地。为了完成此项功能，路由器采用查表的方式决定某个接口接收数据包后再从哪个接口转发出去，这张表就是路由表。如果路由器出厂就存在一张万能的路由表为所有数据包指明出路就完美了，但这是不可能的。因为，第一，受性能限制，路由表不可能无限大，装下整个 Internet 的路由信息；第二，网络拓扑时常发生变化，路由表也必须快速响应变化才能正确地转发数据包，也就是说路由表也会经常变化；第三，网络类型复杂，不同拓扑中的路由器功能不同，路由表也不同。现实情况是，路由器出厂时，它的路由表示空的，里面一条记录都没有。有两种方式可以在路由表中添加记录：一种是管理员通过指令手工向里面添加静态路由；另一种是路由器运行动态路由协议，路由协议自动协商后生成路由表，这种叫作动态路由表。

因此，路由器的主要功能有 3 个：

1）生成和动态维护路由表

路由器的路由表中有许多条目，每个条目就是一条路由。与交换机转发数据包时依据的MAC 地址转发表不同，路由表中包含源或者目的 IP 地址。因此经常称交换机为二层设备，路由器为三层设备。路由器启动后能够自动发现其物理接口直接相连的网络，它会把这些网络的 IP 地址、子网掩码、接口信息记录在路由表中，并将该条目的来源标记为"直连"，用符号"C"标识。如果网络管理员手工添加了路由条目到路由表中，该路由条目将会标记为"静态路由"，用符号"S"标识。如果路由器通过配置的 RIP、OSPF、ISIS 等协议自动生成了路由条目，会标记为"动态路由"，用相应的符号表示，下列是常见协议的符号标识。

```
RouterB# show ip route
     Codes：C - connected, S - static, R - RIP, B - BGP
            O - OSPF, IA - OSPF inter area
            N1 - OSPF NSSA external type 1, N2 - OSPF NSSA external type 2
            E1 - OSPF external type 1, E2 - OSPF external type 2
            i - IS-IS, su - IS-IS summary, L1 - IS-IS level-1, L2 - IS-IS level-2
            ia - IS-IS inter area, * - candidate default
```

2）确定数据转发的最佳路由

路由器接收到数据包之后会将数据包 IP 首部中的目的 IP 地址字段的内容取出，和路由表路由条目中的目的网络字段逐一比对，一旦匹配就向此路由条目中的转发接口发送数据包。如果到达某一目的网络存在多个路由条目，路由器则会选择子网掩码最长的条目为数据转发的路由，因为这样的条目是最具体的。

3）数据转发

路由器转发引擎从输入线路接收 IP 包，经过查表确定转发端口后，还需要修改 IP 数据包中首部的某些字段，然后使用转发表把数据交换到输出线路上。转发表是根据路由表生成的，其表项和路由表项有直接对应关系，但转发表的格式和路由表的格式不同，它更适合实现快速查找。

1.2 常见的地址

计算机网络知识体系中常见的地址包括两种：IP 地址和网卡地址。

1.2.1 IP 地址

IP 地址是接入计算机网络的终端必须具备的一个标识符，不论是使用计算机通过有线接入方式上网，还是使用智能手机通过无线接入方式浏览网页，终端必须先具有一个 IP 地址。

如同现实生活中我们的家庭住址一样，IP 地址必须是唯一的。

　　IP 地址具有两个版本：IPv4 和 IPv6。最常见的是 IPv4，例如："220.169.120.8"，这个地址中有三个圆点，分开了 4 个数字。IPv4 在计算机中存储的时候占用 32 位存储空间，也就是 4 个字节，例如："11011100 10101001 01111000 00001000"。大家习惯于将 IPv4 地址中的每个字节（8 位）表示成一个十进制数字记忆，而不是记忆这 32 位二进制对应的十进制："3 702 093 832"。需要注意的是，计算机处理 IP 地址时是将这 32 位一起处理而不是分成 4 个字节。在浏览器地址栏中直接输入 IP 地址可以访问其对应的网站。

1. IPv4 地址分类

　　因为 IPv4 共 32 位，地址空间是 2 的 32 次方，大约 40 亿，截止到 2018 年 8 月 31 日，全球共分配出 3 618 114 107 个 IPv4 地址。中国所分配的 IPv4 总数为 335 784 704 个，占已分配 IP 地址的 9.28%，全球排行第 2 位，仅次于美国。中国互联网络信息中心（China Internet Network Information Center，CNNIC）负责为我国的网络服务提供商（ISP）和网络用户提供 IP 地址的分配管理服务。

　　IPv4 地址分为 A、B、C、D、E 5 类，分类的原则是将 IP 地址表示成二进制形式，然后根据 IP 地址以什么样的二进制位开头来划分类别，如图 1-15 所示。

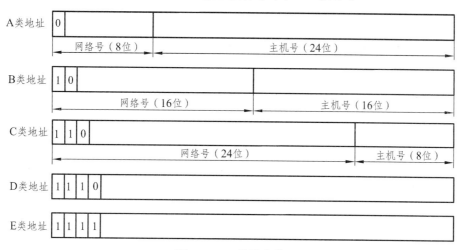

图 1-15　IP 地址分类

　　如果左起第 1 位为 0，则为 A 类 IP 地址，地址范围从 1.0.0.0 到 127.255.255.255。其中以 127 开头的特别保留作为回送地址，用于网络软件测试和本地进程间通信。因此可用的 A 类网络有 126 个，A 类地址第一个字节是网络号，后 3 个字节是主机号。

　　如果 IP 地址的左起前 2 位为 10，则为 B 类 IP 地址。B 类地址前 2 个字节为网络号，剩余 14 位可以分配，地址范围从 128.0.0.0 到 191.255.255.255，主机号有 16 位。

　　如果 IP 地址左起前 3 位为 110，则为 C 类 IP 地址。其中网络号占 3 个字节（24 位），剩余 21 位可以分配，主机号 8 位，地址范围从 192.0.0.0 到 223.255.255.255。例如，前面提到的地址 "220.169.120.8" 就是 C 类 IP 地址。

　　如果 IP 地址的左起前 4 位为 1110，则为 D 类 IP 地址，地址范围从 224.0.0.0 到 239.255.255.255。D 类 IP 地址多用于组播。例如，如果某个数据包的目的地址为 "224.0.0.5"，那么所有运行 OSPF 协议的路由器都会接收，而没有运行 OSPF 协议的路由器则不会理睬。

如果 IP 地址左起前 4 位为 1111，则为 E 类 IP 地址。E 类 IP 地址保留，主要用于 Internt 的实验和开发。

IP 地址分配时不使用全 0 和全 1 的主机号，全 0 表示网络号，全 1 表示直接广播地址。

2. 私有地址

Internet 以意想不到的速度高速发展，当初的网络设计者没有想到 IP 地址的数量会满足不了人们的需要。为了缓解 IP 地址不足矛盾，因特网域名分配组织（Internet Assigned Numbers Authority，IANA）保留了以下 3 个 IP 地址块用于私有网络。

10.0.0.0~10.255.255.255

172.16.0.0~172.31.255.255

192.168.0.0~192.168.255.255

上述定义的私有地址空间中的地址块将不会被 IANA 分配给一个用于外部连接 IP 的企业。任何企业与单位都可以在网络内部使用私有地址，不需要申请。私有地址不能被公网路由器转发，不能存在于公网上，因此内部使用私有地址的单位或企业需要在网络出口部署网络地址转换技术，将私有地址转换为公有地址，以便能够被 Internet 路由转发。

另外，169.254.0.0 到 169.254.255.255 也是保留地址。当 IP 地址是自动获取，而网络上又没有可用的 DHCP 服务器时，主机将会从 169.254.0.0 到 169.254.255.255 中临时获得一个 IP 地址。这个地址段同样也是 IANA 保留的，不能用于公网路由。

3. 子网划分

如果两个 IP 地址的网络号相同，那么这两个 IP 地址就属于同一个网络。A 类地址的网络号是 8 位，默认的网络掩码是 255.0.0.0。例如，从 IP 地址 61.1.1.1 和 61.2.2.2 的首数字判断它们都是 A 类网络，因为它们的网络号（前 8 比特，也就是第 1 个字节）。相同，它们属于同一个网络。网络掩码用来指明一个 IP 地址的哪些位标识的是主机所在的网络，哪些位标识的是主机。

A 类网络主机号有 24 位，可用的地址空间为 2^{24}，即 16 777 216。在实际应用中，没有一个网络需要用到这么多主机 IP，将一个 A 类地址分配给任何一个单位都会造成很大的浪费。对这个问题的，一个很自然的解决办法就是把大的网络划分成更小的网络来分配使用，这就是子网划分。

通常将没有划分过子网的网络称为主类网络，对应的掩码叫作网络掩码。把划分出的网络叫作子网，它对应的掩码叫作子网掩码。下面举例将一个 C 类主网 220.169.120.0 划分为两个子网。

IP 地址 220.169.120.0 是 C 类网络，默认网络掩码是 255.255.255.0，如果写成二进制形式，其中包括 24 个连续的 1，这些 1 对应的 24 位 IP 地址是"220.169.120"，这个就是网络号。以"/24"的形式表示 255.255.255.0 是一种省时省力的方法，例如："220.169.120.0/24"表示了这个网络的掩码是 255.255.255.0。既然这个网络中的掩码是 24 位，那么主机位就是 32-24=8 位，可用主机号共有 2^8，即 256 个，其中一半以二进制 0 开头，一半以二进制 1 开头。因此将以二进制 0 开头的主机划分为一个子网，以二进制 1 开头的主机划分为一个子网，表示成 220.169.120.0/25 和 220.169.120.128/25，每个子网中的 IP 地址是 128 个，每个子网的前 25 位都是相同的，主机位是 32-25=7 位，也就是可包含的主机个数为 2^7（128）个。其实，只要通过子网掩码中 1 的位数就可以计算出子网内可用的主机数。

　　划分 2 个子网用的子网掩码是 25 位，比原先主类网络的掩码 24 多了 1 位。如果使用 26 位子网掩码，就比主类网络的掩码多了 2 位，则可以划分成 4 个子网。使用 27 位子网掩码，可以划分成 8 个子网，以此类推。

1.2.2　网卡地址

　　网卡地址也叫硬件地址或 MAC（Media Access Control，介质访问控制）地址，它由网卡生产厂家烧入网卡的 EPROM（一种闪存芯片，通常可以通过程序擦写），是传输数据时真正赖以标识发送方和接收方的主机的地址。网卡地址由 48 比特长的十六进制数字组成，共 6 个字节，一般格式表示为 "C8-9C-DC-21-5C-AE"。其中，前 3 个字节是由 IEEE 的注册管理委员会给不同厂家分配的代码（高位 24 位），也称为 "编制上唯一的标识符"（Organizationally Unique Identifier，OUI），在网站 http://standards-oui.ieee.org/oui/oui.txt 可以进行查询，例如："C8-9C-DC" 分配给了 Elitegroup 计算机系统有限公司；后 3 个字节（低位 24 位）由各厂家自行指派给生产的适配器接口，称为扩展标识符。一个地址块可以生成 2^{24} 个不同的地址，MAC 地址实际上就是适配器地址或适配器标识符 EUI-48。

　　在命令提示符窗口中使用 "ipconfig /all" 或者 "getmac" 命令可以查看网卡地址，通常情况下网卡地址不需要被修改，当由于某些特殊原因需要修改网卡地址时，鼠标右击要修改的网卡对应的图标，选择属性→配置→高级，找到 "网络地址" 或 "Network Address" 项，在右边的两个单选项中选择 "值"，在框中输入要修改的网卡地址，点击 "确定" 后，网卡地址就修改成功了，如图 1-16 所示。如果需要将网卡地址还原为出厂值，则选择 "不存在" 选项，点击 "确定"。

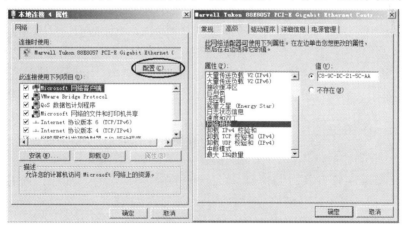

图 1-16　修改网卡地址

　　网卡地址分为单播（Unicast）、多播（Multicast）和广播（Broadcast）地址 3 种，图 1-16 中查看的网卡地址 "C8-9C-DC-21-5C-AA" 是一个单播地址，单播地址标识唯一的网卡。例如，在以太网中传输的数据包中的目标地址字段如果填写的是一个单播地址，那么此数据包将只能被具有该地址的网卡接收。如果数据包中的目标地址字段填写的是一个广播地址，那么此数据包将能被该网络中所有网卡接收，广播地址的 48 位全为 1，即 "FF-FF-FF-FF-FF-FF"。介于单播和广播之间，多播地址可以被加入特定多播组的网卡接收。

广播地址是固定的，那么如何判定一个网卡地址是单播还是多播呢？关键在于网卡地址第 1 字节的最低位：如果此位为"0"，是单播地址；如果为"1"则是多播地址。仍然以地址"C8-9C-DC-21-5C-AA"为例，这个地址的第 1 个字节是"C8"，它的二进制表示为"1100 1000"，左边是高位，右边是低位，可以看出"11001000"的最右边的位即最低位为"0"，所以这个地址是单播网卡地址。用同样的方法，我们可以判断出地址"01-00-5E-32-32-2A"是一个多播网卡地址。多播网卡地址和广播网卡地址在数据帧中只能出现在目标地址字段，不能出现在源地址字段，否则没有意义。

以太网是按照"高字节先传送""最低位先传送"的方式将数据包发送到物理传输介质上的。以地址"01-00-5E-32-32-2A"为例，"01"是最高字节，先于其他 5 个字节传送，十六进制字节"01"的二进制表示为"0000 0001"，最高位是"0"，最低位是"1"，在传送时遵循"最低位先传送"的方式，传送顺序是"1000 0000"，而不是"0000 0001"。同样，字节"5E"传送顺序是"0111 1010"，而不是"0101 1110"，地址"01-00-5E-32-32-2A"的传送顺序如图 1-17 所示，从最左边开始传送。

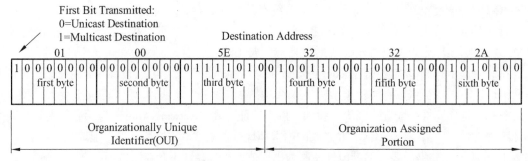

图 1-17　以太网中网卡地址传送顺序

单播 MAC 地址属于特定的网卡，地址烧录在 EPROM 存储器中。组播 MAC 地址与单播不同，不属于某一块网卡，最常见的应用是 IP 组播地址与组播 MAC 地址的转换。当某台计算机需要向同属于一个 IP 多播组的主机发送数据时，数据将从协议栈高层向下层交付，在数据链路层收到上层数据构造数据帧时，将根据 IP 组播地址计算需要使用的组播 MAC 地址，例如 D 类 IP 地址 224.50.50.42 将转换为"01-00-5E-32-32-2A"，数据链路层报文的目标地址字段将填充"01-00-5E-32-32-2A"，数据包构造完整并发出后，加入 224.50.50.42 多播组的主机的网卡都能够收到数据包。

IP 地址 224.50.50.42 转换为组 MAC 地址"01-00-5E-32-32-2A"依据下面的算法。

组播 MAC 地址 = "01-00-5E 0" + 组播 IP 地址的后 23 位

"01-00-5E 0"是 25 位的固定值，它的二进制表示就是"0000 0001 0000 0000 0101 1110 0"，因此，组播 MAC 地址的范围是 01-00-5E-00-00-00 到 01-00-5E-7F-FF-FF。IP 地址 224.50.50.42 的二进制表示为："1110 0000 0011 0010 0011 0010 0010 1010"，后 23 位为"011 0010 0011 0010 0010 1010"，根据算法计算出组播 MAC 地址为"0000 0001 0000 0000 0101 1110 0011 0010 0011 0010 0010 1010" 即 "01-00-5E-32-32-2A"。

通过计算能够发现 IP 地址 225.50.50.42 与 224.50.50.42 具有相同的转换 MAC 地址，原因是这两个 IP 的后 23 位是一样的。32 位 IP 地址中如果 23 位固定，则只有 9 位可以发生变化，又因为 D 类 IP 地址固定以"1110"开始，所以只有 5 位能够发生变化。因此具有相同后 23

位的 D 类 IP 共有 $2^5=32$ 个。要避免在同一网络中使用的多个组播 IP 地址对应一个 MAC 地址。

1.3　常用网络命令

1.3.1　ipconfig 命令

ipconfig 命令的主要功能是查看计算机的 IP 地址、子网掩码和默认网关等网络配置信息。在 Windows 操作系统中打开命令提示符，输入不带任何参数的"ipconfig"命令即可显示 IP 地址等信息，如图 1-18 所示。注意：在 Windows 操作系统中命令不区分大小写。

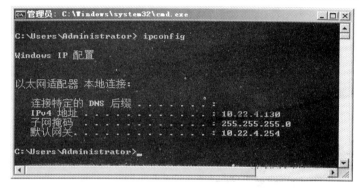

图 1-18　使用 ipconfig 查看 IP 地址信息

使用"ipconfig /?"命令可以查看该命令支持的参数信息，其中一些很常用，例如：输入"ipconfig /all"能够显示本机的网卡地址和配置的 DNS 信息，如图 1-19 所示。

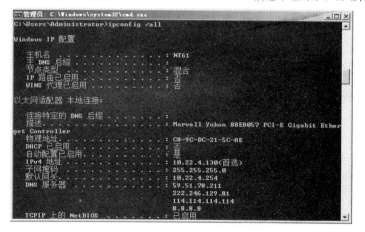

图 1-19　使用 ipconfig /all 查看 DNS 地址信息

DNS 是域名解析服务，能够使用户更方便地访问互联网，而不用记住能够被机器直接读取的 IP 地址。例如，用户可以通过在浏览器的地址栏中输入字符串"www.edu.cn"来访问对应的网站，当浏览器发现用户输入的是字符串时，就将此字符串发送到 Internet 的某一台服务器上解析成对应的 IP 地址，这台服务器叫做域名解析服务器或者 DNS 服务器地址。

DNS 服务器地址可以设置多个，这样作的好处是当其中的一个或者几个服务器失效的时候，剩下的服务器可以发挥作用，减少因为域名无法解析而导致的麻烦。"8.8.8.8"是谷歌公司 2009 年发布的 DNS 地址，这个地址在美国，"114.114.114.114"是国内用户量巨大的 DNS 地址，同时满足电信、联通、移动等运营商用户。这两个地址比较容易记忆，但也存在缺点。例如，因为 DNS 服务器位置较远会造成 DNS 解析过慢，随着 CDN 技术的应用使用不合适的 DNS 可能会导致网页加载缓慢。因此，建议优先使用本地 ISP 提供的 DNS 地址，将"8.8.8.8"或"114.114.114.114"配置在 DNS 地址列表中的最后一个。

Windows 操作系统的系统目录下存在一个名为 hosts 的文件，在 Windows7 中此文件所在路径是：C:\Windows\System32\drivers\etc，该文件中出现的域名不查询 DNS，解析为文件中指定的 IP 地址。例如：如果文件中出现"127.0.0.1 www.edu.cn"，则浏览器对 www.edu.cn 不再进行 DNS 查询，直接访问 127.0.0.1。

ipconfig 命令还有一些经常用到的参数，例如："ipconfig /displaydns"显示本机 DNS 解析缓存的内容，包括从本地主机文件预装载的记录，以及由域名解析服务器解析的所有资源记录，如果输出内容过多，可以使用"ipconfig/displaydns | more"分屏查看。命令"ipconfig /flushdns"用来清空 DNS 解析缓存。"ipconfig/release"用来释放通过 DHCP 获取的地址，"ipconfig /renew"用来通过 DHCP 重新获取 IP 地址。

Linux 操作系统下查看 IP 地址的网络命令与 Windows 操作系统下的"ipconfig"命令有一个字符不同，Linux 操作系统下使用"ifconfig"命令，如图 1-20 所示。

图 1-20　Linux 操作系统使用 ifconfig 查看 IP 地址信息

1.3.2　getmac 命令

getmac 命令既可查询本地计算机网卡的 MAC 地址，也可查询远程计算机网卡的 MAC 地址。在命令提示符窗口中输入"getmac/v"命令，输出的内容包括本机的网卡列表以及对应的 MAC 地址，如下所示。

C:\Users\Administrator> getmac /v

连接名	网络适配器	物理地址	传输名称
=========	=========	=================	=============================
本地连接	Realtek PCIe GB	F4-8E-38-87-E5-52	\Device\Tcpip_{4A4EC93A-4305-4030-87D8-6C626D19246C}

| 本地连接 2 | Realtek PCIe GB | 3C-97-0E-7C-DB-59 | 媒体被断开 |
| 本地连接 3 | Realtek PCIe GB | 00-E0-91-54-CD-F6 | 媒体被断开 |

　　传输名称字段的字符串是设备的全局唯一标识符（Globally Unique IDentifier，GUID），是一个 128 位整数，格式为"xxxxxxxx-xxxx-xxxx-xxxx-xxxxxxxxxxxx"，用于唯一标识设备，不同的计算机不会生成重复的 GUID 值。

　　getmac 命令的参数可以使用"getmac /? "查看，"/v"是以详细方式输出结果。下列的指令可以查看远程计算机的网卡地址，该远程计算机的 IP 地址为 10.22.25.55，用户名为 Administrator，登录密码为 12345。

```
C:\Users\Administrator> getmac /v /s 10.22.25.55 /u Administrator /p 12345
连接名          网络适配器          物理地址              传输名称
==========   ==========   =================   ============================

本地连接        Realtek PCIe GB   F4-8E-38-87-E5-52   \Device\Tcpip_{4A4EC93A-4305-4030-
87D8-6C626D19246C}
本地连接 2       Realtek PCIe GB   3C-97-0E-7C-DB-59   媒体被断开
本地连接 3       Realtek PCIe GB   00-E0-91-54-CD-F6   媒体被断开
```

1.3.3　ping 命令

　　ping 命令是网络管理员最常用的命令之一，用来测试本地计算机与另一台计算机的连通性。众多操作系统均支持 ping 命令，如 Windows、Unix、Linux、Mac 系列操作系统。网络设备（路由器、交换机）中的操作系统也支持 ping 命令。不同操作系统中 ping 命令的实现略有不同，但其功能是一样的，都是检查网络是否连通，从而帮助用户分析和判定网络故障，缩小故障范围。

　　在 Windows 操作系统中的命令提示符使用"ping /? "能够查看 ping 命令的格式与参数，如图 1-21 所示。

图 1-21　ping 命令的格式与参数

"–t"参数比较常用，正常"ping"命令利用 ICMP 数据包的请求与应答机制测试目的主机连通性时默认只测试 4 次，结束后汇总丢包率、平均往返时延等统计信息。使用"-t"参数时，这种测试将不会停止，一直到用户使用"Ctrl+C"组合键中断该命令，在这个过程中用户也可以使用"Ctrl+Break"组合键查看当前的统计信息。

```
C:\Users\Administrator> ping www.baidu.com                      // 正常 ping 测试只有 4 次
正在 ping www.a.shifen.com [14.215.177.38] 具有 32 字节的数据:
来自 14.215.177.38 的回复: 字节=32 时间=22ms TTL=53              // 第一次
来自 14.215.177.38 的回复: 字节=32 时间=22ms TTL=53              // 第二次
来自 14.215.177.38 的回复: 字节=32 时间=22ms TTL=53              // 第三次
来自 14.215.177.38 的回复: 字节=32 时间=22ms TTL=53              // 第四次
14.215.177.38 的 ping 统计信息:
    数据包: 已发送 = 4，已接收 = 4，丢失 = 0 (0% 丢失)，
往返行程的估计时间(以毫秒为单位):
    最短 = 22ms，最长 = 22ms，平均 = 22ms
C:\Users\Administrator> ping www.baidu.com -t                   // 加-t 参数，ping 测试将一直持续
正在 ping www.a.shifen.com [14.215.177.38] 具有 32 字节的数据:
来自 14.215.177.38 的回复: 字节=32 时间=22ms TTL=53
来自 14.215.177.38 的回复: 字节=32 时间=22ms TTL=53
来自 14.215.177.38 的回复: 字节=32 时间=22ms TTL=53
来自 14.215.177.38 的回复: 字节=32 时间=22ms TTL=53
来自 14.215.177.38 的回复: 字节=32 时间=22ms TTL=53
来自 14.215.177.38 的回复: 字节=32 时间=22ms TTL=53
14.215.177.38 的 ping 统计信息:
    数据包: 已发送 = 6，已接收 = 6，丢失 = 0 (0% 丢失)，
往返行程的估计时间(以毫秒为单位):
    最短 = 22ms，最长 = 22ms，平均 = 22ms
Control-C                                                       // 使用了 Ctrl+C 中断
^C
C:\Users\Administrator>
```

上面的输出显示：与目的主机 www.baidu.com 能够"ping"通，默认携带的数据为 32 个字节，往返时延 22 ms，TTL 值为 53。

"-l"参数可以指定每次测试时的 ICMP 报文携带数据的字节数，"-n"参数可以指定 ping 测试的次数，下列指令测试与 www.baidu.com 的连通性，只测试一次，携带的数据量为 1000 字节。

```
C:\Users\Administrator> ping www.baidu.com  -l 1000 -n 1
正在 ping www.a.shifen.com [14.215.177.38] 具有 1000 字节的数据:
来自 14.215.177.38 的回复: 字节=1000 时间=22ms TTL=53
14.215.177.38 的 ping 统计信息:
```

```
        数据包: 已发送 = 1, 已接收 = 1, 丢失 = 0 (0% 丢失),
    往返行程的估计时间(以毫秒为单位):
        最短 = 22ms, 最长 = 22ms, 平均 = 22ms
C:\Users\Administrator>
```

　　TTL 是 IP 数据包首部中的一个字段，每经过一个路由器这个值减 1，如果在 IP 数据包到达目的主机之前 TTL 减少为 0 了，那么路由器将会丢弃收到的 TTL 为 0 的 IP 数据包，并向源地址发送 ICMP 超时报文通知。TTL 的主要作用是避免 IP 数据包在网络中可能出现的循环转发。通过 "ping" 结果中的 TTL 值也可以知道，源主机距离目的主机经过了多少次转发。默认 TTL 值为 64，如果 "ping" 结果中显示 TTL=53，那么中间过程大约经过了 64-53=11 次转发。"-i" 参数可以设定 TTL 的初始值。

　　如果 "ping" 命令的输出结果与上面的信息不一样，就属于 "ping" 不通的情况，这可能是网络中断引起超时，也可能是因为防火墙过滤了 ICMP 数据包。

1.3.4　tracert 命令

　　Windows 操作系统中的 "tracert" 命令能够将本地到目的地中间经过的所有的转发站点的地址打印出来。它的原理是首先发送 TTL 值为 1 的 ICMP 请求数据包，经过路由器转发并且 TTL 值减为 0 后，路由器向源站发送超时报文，源站将发送超时报文的路由器的 IP 地址记录下来，再发送 TTL 值为 2 的 ICMP 请求数据包，一直到目标地址响应或 TTL 达到最大值为止。图 1-22 是 "tracert" 的使用格式，"-d" 参数禁止 "tracert" 将中间路由器的 IP 地址解析为名称，这样可以加速显示 "tracert" 的结果。

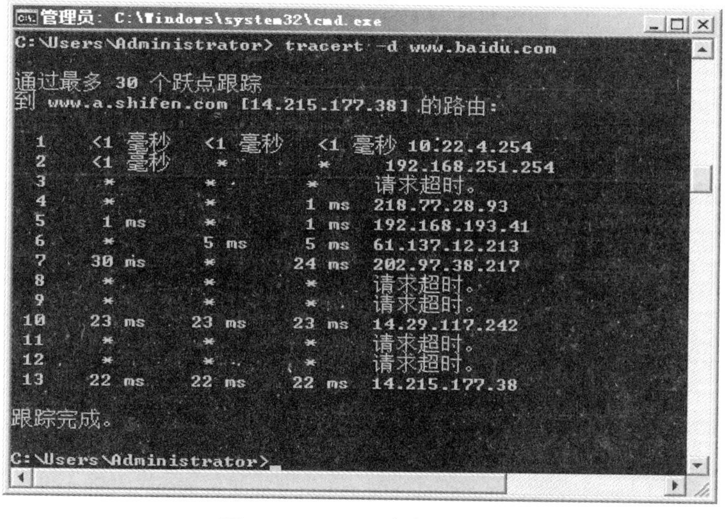

图 1-22　tracert 命令的使用

　　以上结果可以看出，本机的网关是 10.22.4.254，数据包要经过 12 个站点的转发才能到达最终目的地 12.215.177.38。结果中出现的 "请求超时" 是由于某些网络设备做了某些禁止跟踪的策略，从而防止设备 IP 地址的泄露。图 1-22 中有 3 列时间字段，是源主机对每一站进行测试时为了保证准确性而发送的 3 个测试数据包返回的值。

1.3.5 pathping 命令

Windows 操作系统中的"pathping"命令综合了"ping"命令和"tracert"命令的功能，它会先显示中间的通过的路由器（类似"tracert"命令得到的信息），然后对每个中间路由器（节点）发送一定数量的 ICMP 请求数据包（类似"ping"命令），统计对 ping 命令返回的 ICMP 响应数据包来分析通信质量。图 1-23 是"pathping"命令的使用格式。

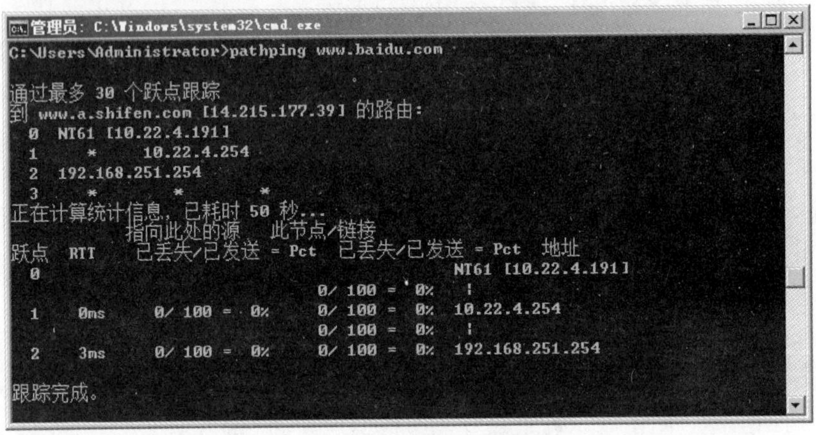

图 1-23　pathping 命令的使用

从图中的输出结果可以看出，首先显示的是路径中的站点信息，与"tracert"命令显示的结果一致。中间显示计算统计信息，耗时 50 s，这个时间不是固定的，随中间节点数的变化而变化，在此期间，命令会从之前列出的路由器及其链接之中收集信息，结束时将显示测试结果。测试结果中"已丢失/已发送"列显示地址 10.22.4.254 和 192.168.251.254 之间的链接丢失了 0%的数据包。

1.3.6 arp 命令

由以太网交换机的通信原理可以知道，主机之间通信必须知道对方的 MAC 地址，这样交换机才能帮助转发数据帧，ARP 协议就是通过 IP 地址查找对应 MAC 地址的一种协议。为了避免短时间重复查找，会将查找后的结果暂时存放在 ARP 缓存中，下次需要通过 ARP 协议查找某个 IP 对应的 MAC 地址前将先在缓存中查找，如果没有再通过 ARP 协议查询。在命令提示符中输入"arp"命令可以查看它的命令格式及参数。

```
C:\Users\Administrator> arp
显示和修改地址解析协议(ARP)使用的"IP 到物理"地址转换表。

ARP -s inet_addr eth_addr [if_addr]

ARP -d inet_addr [if_addr]

ARP -a [inet_addr] [-N if_addr] [-v]
    -a            通过询问当前协议数据，显示当前 ARP 项。
                  如果指定 inet_addr，则只显示指定计算机的 IP 地址和物理地址。如果不止一个网
                  络接口使用 ARP，则显示每个 ARP 表的项。
```

-g	与 -a 相同。
-v	在详细模式下显示当前 ARP 项。所有无效项和环回接口上的项都将显示。
inet_addr	指定 Internet 地址。
-N if_addr	显示 if_addr 指定的网络接口的 ARP 项。
-d	删除 inet_addr 指定的主机。inet_addr 可以是通配符*，以删除所有主机。
-s	添加主机并且将 Internet 地址 inet_addr 与物理地址 eth_addr 相关联。物理地址是用连字符分隔的 6 个十六进制字节。该项是永久的。
eth_addr	指定物理地址。
if_addr	如果存在，此项指定地址转换表应修改的接口的 Internet 地址。如果不存在，则使用第一个适用的接口。

示例：

> arp -s 157.55.85.212   00-aa-00-62-c6-09.... 添加静态项。   // 在 Windows7 操作系统中无效

> arp -a   .... 显示 ARP 表。

最经常用到的参数是 "-a" 或者 "-g"，它们的功能相同，都是将本机的 ARP 缓存中的内容显示出来。要查询另外一台主机的 MAC 地址时，可以先 "ping" 一下对方主机的 IP 地址，如果能够 "ping" 通，那么缓存中就会出现那台主机的 MAC 地址，然后可以在本机使用 "arp -a" 命令进行查看。需要注意的是这种方法只能查询同一网段的主机的 MAC 地址，因为 ARP 请求数据包使用广播发送，路由器会隔离广播报文，所以 ARP 请求数据包只能到达同一网段的主机，只有这些主机才会发送 ARP 响应数据包。

```
C:\Users\Administrator> arp -a
接口：10.22.4.191 --- 0x12
  Internet 地址          物理地址              类型
  10.22.4.131          c8-9c-dc-22-6c-82      动态
  10.22.4.253          00-26-b9-5e-da-45      动态
  10.22.4.254          58-69-6c-a5-9a-4b      动态
  10.22.4.255          ff-ff-ff-ff-ff-ff      静态
  224.0.0.22           01-00-5e-00-00-16      静态
  224.0.0.252          01-00-5e-00-00-fc      静态
  239.255.255.250      01-00-5e-7f-ff-fa      静态
  255.255.255.255      ff-ff-ff-ff-ff-ff      静态
```

上面的输出结果中最后一列的类型字段显示 ARP 缓存中的记录有静态与动态两种类型。动态类型就是通过 ARP 协议查询出来后自动添加在缓存中的记录，一段时间后将会失效并删除。用户可以向 ARP 缓存中手工添加记录，添加进去的是静态类型，永久生效。

在 Windows7 中使用 "arp -s" 命令添加静态 ARP 记录将会提示拒绝访问的错误（见图 1-24）。

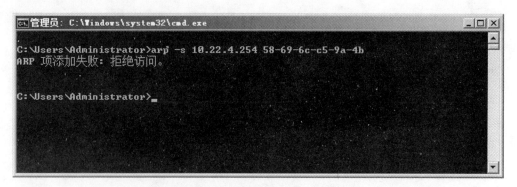

图 1-24 使用 arp–s 添加静态记录

使用下面 2 条指令可以添加 ARP 静态记录。

（1）使用指令 "netsh interface ipv4 show interfaces" 查询网卡的 Idx 编号。

C:\Users\Administrator>netsh i i show in   // netsh interface ipv4 show interfaces 指令的缩写

Idx	Met	MTU	状态	名称
1	50	4294967295	connected	Loopback Pseudo-Interface 1
17	30	1500	disconnected	本地连接
18	20	1500	connected	本地连接 2

（2）使用指令 "netsh -c interface ipv4 add neighbors 18 10.22.4.254 58-69-6c-a5-9a-4b" 添加 IP 地址与 MAC 的绑定记录。其中的 18 就是第 1 步查询出来的活动网卡对应的 Idx。

C:\Users\Administrator> netsh   -c i i add nei 18 10.22.4.254 58-69-6c-a5-9a-4b   // 缩写指令
添加完毕后使用 arp –a 指令查询特定记录，其类型为静态。
C:\Users\Administrator> arp -a 10.22.4.254   // 查询 10.22.4.254 对应的 arp 记录
接口：10.22.4.191 --- 0x12

Internet 地址	物理地址	类型
10.22.4.254	58-69-6c-a5-9a-4b	静态

删除刚刚添加的 ARP 记录可以使用指令 "netsh -c i i delete neighbors 18"。

1.3.7   netstat 命令

netstat 命令可以显示本机所有的 TCP/IP 的连接情况以及 IP、TCP、UDP 和 ICMP 等协议相关的统计数据。一般用于检验本机各端口的网络连接情况。常用的参数为 "-a" "-n" 和 "-o"（见图 1-25）："-a" 表示显示所有连接和监听端口；"-n" 表示以数字形式显示地址和端口号；"-o" 表示显示每个连接相关的所属进程 ID。

输出结果中第 2 列为本地地址和端口号，其中出现的 0.0.0.0 表示本机所有 IP，假如本主机有两个 IP：10.22.4.191 和 172.28.15.61，那么图中第一行 0.0.0.0:135 表示该服务监听 10.22.4.191、172.28.15.61 和 127.0.0.1 的 135 端口。127.0.0.1 是本机的 loopback 地址，只能本机访问，无法通过本 IP 对外提供服务。

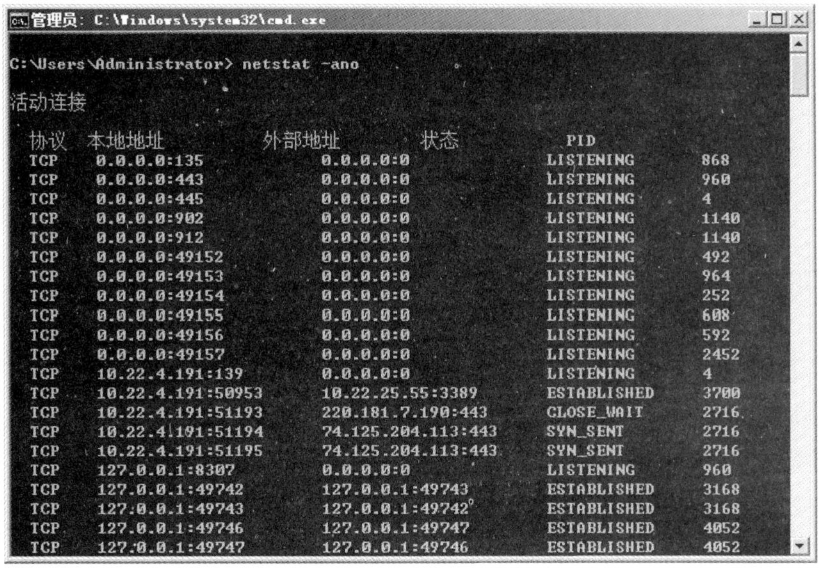

```
管理员: C:\Windows\system32\cmd.exe
C:\Users\Administrator> netstat -ano

活动连接

  协议  本地地址              外部地址              状态            PID
  TCP    0.0.0.0:135            0.0.0.0:0              LISTENING       868
  TCP    0.0.0.0:443            0.0.0.0:0              LISTENING       960
  TCP    0.0.0.0:445            0.0.0.0:0              LISTENING       4
  TCP    0.0.0.0:902            0.0.0.0:0              LISTENING       1140
  TCP    0.0.0.0:912            0.0.0.0:0              LISTENING       1140
  TCP    0.0.0.0:49152          0.0.0.0:0              LISTENING       492
  TCP    0.0.0.0:49153          0.0.0.0:0              LISTENING       964
  TCP    0.0.0.0:49154          0.0.0.0:0              LISTENING       252
  TCP    0.0.0.0:49155          0.0.0.0:0              LISTENING       608
  TCP    0.0.0.0:49156          0.0.0.0:0              LISTENING       592
  TCP    0.0.0.0:49157          0.0.0.0:0              LISTENING       2452
  TCP    10.22.4.191:139        0.0.0.0:0              LISTENING       4
  TCP    10.22.4.191:50953      10.22.25.55:3389       ESTABLISHED     3700
  TCP    10.22.4.191:51193      220.181.7.190:443      CLOSE_WAIT      2716
  TCP    10.22.4.191:51194      74.125.204.113:443     SYN_SENT        2716
  TCP    10.22.4.191:51195      74.125.204.113:443     SYN_SENT        2716
  TCP    127.0.0.1:8307         0.0.0.0:0              LISTENING       960
  TCP    127.0.0.1:49742        127.0.0.1:49743        ESTABLISHED     3168
  TCP    127.0.0.1:49743        127.0.0.1:49742        ESTABLISHED     3168
  TCP    127.0.0.1:49746        127.0.0.1:49747        ESTABLISHED     4052
  TCP    127.0.0.1:49747        127.0.0.1:49746        ESTABLISHED     4052
```

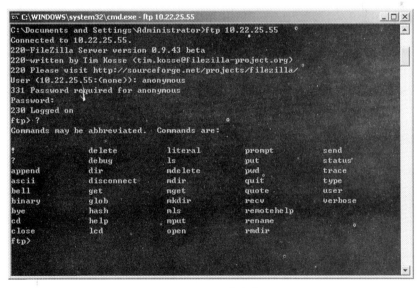

图 1-25　使用 netstat –ano 显示本机所有连接

1.3.8　ftp 命令

Windows 操作系统提供了访问 FTP 服务器的命令集，在命令提示符中输入“ftp　服务器 IP”指令可以登录 FTP 服务器，FTP 服务器的架设请参考 1.4.2 章节。输入账号密码成功登录后使用“？”可以查看所有可用的 ftp 命令，如图 1-26 所示。

```
C:\WINDOWS\system32\cmd.exe - ftp 10.22.25.55
C:\Documents and Settings\Administrator>ftp 10.22.25.55
Connected to 10.22.25.55.
220-FileZilla Server version 0.9.43 beta
220-written by Tim Kosse (tim.kosse@filezilla-project.org)
220 Please visit http://sourceforge.net/projects/filezilla/
User (10.22.25.55:(none)): anonymous
331 Password required for anonymous
Password:
230 Logged on
ftp> ?
Commands may be abbreviated.  Commands are:

!               delete          literal         prompt          send
?               debug           ls              put             status
append          dir             mdelete         pwd             trace
ascii           disconnect      mdir            quit            type
bell            get             mget            quote           user
binary          glob            mkdir           recv            verbose
bye             hash            mls             remotehelp
cd              help            mput            rename
close           lcd             open            rmdir
ftp>
```

图 1-26　ftp 命令集

“help”指令能够打印出每一条指令的作用，例如：

```
ftp> help get                    // 查看 get 指令的作用
get             接收文件
```

查看远程服务器文件目录可以使用"dir""ls"指令；目录切换与查看使用"cd""lcd"和"pwd"指令，其中"lcd"指令是操作本地文件路径，"cd"与"pwd"指令操作 FTP 服务端的文件路径；文件上传指令包括"put""mput""send"；文件下载指令包括"get""mget""recv"；退出命令行使用"quit"和"bye"指令。下列指令完成登录 FTP 文件服务器下载一个文件并上传到新建文件夹中的操作。

```
C:\Users\Administrator> ftp 10.22.4.171              // 登录 FTP 服务器 10.22.4.171
连接到 10.22.4.171。
220-FileZilla Server version 0.9.43 beta
220-written by Tim Kosse (tim.kosse@filezilla-project.org)
220 Please visit http://sourceforge.net/projects/filezilla/
用户(10.22.4.171:(none)): anonymous                  // 使用匿名帐户登录
331 Password required for anonymous
密码:                                                 // 密码为任意字符串，输入时没有回显
230 Logged on                                        // 提示已经成功登录
ftp> dir                                             // 查看远程主机（服务器）上的文件目录
200 Port command successful
150 Opening data channel for directory listing of "/"    // "/"表示当前在服务器的根目录
-rw-r--r-- 1 ftp ftp             1129 Sep 28 08:20 1.txt   // 当前根目录下只有两个 txt 文件
-rw-r--r-- 1 ftp ftp             74514 Sep 28 08:20 2.txt
226 Successfully transferred "/"
ftp: 收到 112 字节，用时 0.00 秒 112000.00 千字节/秒。
ftp> !dir                                            // !dir 表示查看本地计算机当前所在的文件目录
驱动器 C 中的卷没有标签。
卷的序列号是 B401-D859
C:\Users\Administrator 的目录                        // 当前目录是："C:\Users\Administrator"
2018/09/28  08:28    <DIR>          .
2018/09/28  08:28    <DIR>          ..
2018/03/11  17:43    <DIR>          .ipynb_checkpoints
2018/03/11  17:43    <DIR>          .ipython
2018/03/11  17:44    <DIR>          .jupyter
2018/03/10  10:46    <DIR>          Contacts
2018/09/28  08:16    <DIR>          Desktop
2018/03/11  15:12    <DIR>          Documents
                0 个文件              0 字节
                8 个目录  46,965,776,384 可用字节
ftp> lcd c:\            // lcd 改变本地目录，将本地目录从 C:\Users\Administrator 变为 C:\
目前的本地目录 C:\。
ftp> !dir              // 查看本地目录结构
```

驱动器 C 中的卷没有标签。

卷的序列号是 B401-D859

C:\ 的目录

2018/03/10	10:28	\<DIR\>		EFI
2009/07/14	11:20	\<DIR\>		PerfLogs
2018/09/28	08:09		16,336,688	Persi0.sys
2018/03/26	00:24	\<DIR\>		Program Files
2018/03/17	17:44	\<DIR\>		Program Files (x86)
2018/03/10	10:45	\<DIR\>		Users
2018/03/26	08:39	\<DIR\>		Windows

```
                1 个文件      16,336,688 字节
                6 个目录 46,965,776,384 可用字节
ftp> get 1.txt                          // 从服务器下载单个文件，名为 1.txt
200 Port command successful
150 Opening data channel for file download from server of "/1.txt"
226 Successfully transferred "/1.txt"        // 提示下载成功
ftp: 收到 1129 字节，用时 0.00 秒 1129000.00 千字节/秒。        // 传输的数据量与速度
ftp> mkdir newDir                       // 在服务器的当前目录创建文件夹 newDir
257 "/newDir" created successfully       // 提示创建成功
ftp> ls                                 // 与 dir 类似，ls 也可以查看目录结构，但输出简单一些
200 Port command successful
150 Opening data channel for directory list.
1.txt
2.txt
newDir                                  // 刚刚新建成功的文件夹
226 Successfully transferred ""
ftp: 收到 22 字节，用时 0.00 秒 22000.00 千字节/秒。
ftp> cd newDir                          // 改变服务器上的文件路径，从根目录切换为根目录下的 newDir
250 CWD successful. "/newDir" is current directory.     // 切换成功，服务器上当前路径是"/newDir"
ftp> pwd                                // 查看服务器上的当前路径
257 "/newDir" is current directory.     // 当前路径是"/newDir"
ftp> put 1.txt                          // 上传文件 1.txt,此时本地路径是 C:\,服务器的路径为"/newDir"
200 Port command successful
150 Opening data channel for file upload to server of "/newDir/1.txt"
226 Successfully transferred "/newDir/1.txt"          // 提示上传成功
ftp: 发送 1129 字节，用时 0.20 秒 5.59 千字节/秒。     // 传输的数据量与速度
ftp> !                                  // 切换到本地命令行解析环境
Microsoft Windows [版本 6.1.7601]
```

```
C:\>dir                              // 本地命令行解析环境中使用 dir 查看目录结构
驱动器  C  中的卷没有标签。
卷的序列号是  B401-D859
 C:\ 的目录
2018/09/28   08:30                   1,129 1.txt              // 1.txt 依然存在
2018/03/10   10:28      <DIR>         EFI
2009/07/14   11:20      <DIR>         PerfLogs
2018/09/28   08:09           16,336,688 Persi0.sys
2018/03/26   00:24      <DIR>         Program Files
2018/03/17   17:44      <DIR>         Program Files (x86)
2018/03/10   10:45      <DIR>         Users
2018/03/26   08:39      <DIR>         Windows
              2 个文件      16,337,817 字节
              6 个目录 46,959,546,368 可用字节
C:\>del 1.txt                        // 本地命令行解析环境中使用 del 删除文件 1.txt
C:\>dir                              // 本地命令行解析环境中再次查看目录结构，1.txt 已经被删除
驱动器  C  中的卷没有标签。
卷的序列号是  B401-D859
 C:\ 的目录
2018/03/10   10:28      <DIR>         EFI
2009/07/14   11:20      <DIR>         PerfLogs
2018/09/28   08:09           16,336,688 Persi0.sys
2018/03/26   00:24      <DIR>         Program Files
2018/03/17   17:44      <DIR>         Program Files (x86)
2018/03/10   10:45      <DIR>         Users
2018/03/26   08:39      <DIR>         Windows
              1 个文件      16,336,688 字节
              6 个目录 46,959,550,464 可用字节
C:\> exit                            // 退出本地命令行解析环境，回到 FTP 命令解析环境
ftp> !dir                            // 测试查看本地目录需要使用 ! dir
驱动器  C  中的卷没有标签。
卷的序列号是  B401-D859
 C:\ 的目录
2018/03/10   10:28      <DIR>         EFI
2009/07/14   11:20      <DIR>         PerfLogs
2018/09/28   08:09           16,336,688 Persi0.sys
2018/03/26   00:24      <DIR>         Program Files
2018/03/17   17:44      <DIR>         Program Files (x86)
```

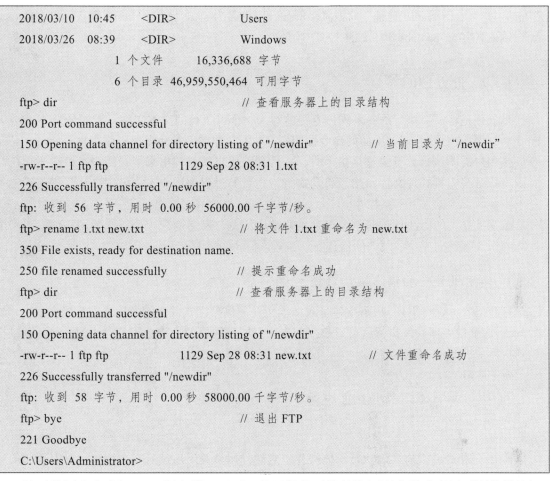

```
2018/03/10    10:45      <DIR>              Users
2018/03/26    08:39      <DIR>              Windows
              1 个文件        16,336,688 字节
              6 个目录  46,959,550,464 可用字节
ftp> dir                              // 查看服务器上的目录结构
200 Port command successful
150 Opening data channel for directory listing of "/newdir"        // 当前目录为 "/newdir"
-rw-r--r-- 1 ftp ftp              1129 Sep 28 08:31 1.txt
226 Successfully transferred "/newdir"
ftp: 收到 56 字节，用时 0.00 秒 56000.00 千字节/秒。
ftp> rename 1.txt new.txt             // 将文件 1.txt 重命名为 new.txt
350 File exists, ready for destination name.
250 file renamed successfully          // 提示重命名成功
ftp> dir                              // 查看服务器上的目录结构
200 Port command successful
150 Opening data channel for directory listing of "/newdir"
-rw-r--r-- 1 ftp ftp              1129 Sep 28 08:31 new.txt        // 文件重命名成功
226 Successfully transferred "/newdir"
ftp: 收到 58 字节，用时 0.00 秒 58000.00 千字节/秒。
ftp> bye                              // 退出 FTP
221 Goodbye
C:\Users\Administrator>
```

除了使用命令访问 FTP 服务器，还可以使用操作系统的资源浏览器或者网页浏览器访问 FTP 服务器，图 1-27 为在资源浏览器中匿名访问 FTP 的界面，地址栏中输入"ftp://10.22.4.171"。

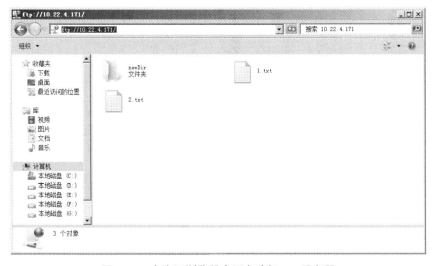

图 1-27　在资源浏览器中匿名访问 Ftp 服务器

如果登录 FTP 服务器需要账号和密码，除了在登录对话框中输入并登录外，也可以使用

"ftp://用户名：密码@IP 地址"的方式。例如，用户名为 aaa，密码为 bbb，那么可以直接在地址栏输入："ftp://aaa:bbb@10.22.4.171"登录。

1.3.9　批处理命令

批处理是将需要执行的一系列命令提前写入一个可执行的文本文件，扩展名为 bat 或者 cmd。批处理文件执行时，里面的命令按照顺序执行，即前一条命令执行结束再开始下一条命令。当用户需要执行大量或重复指令时，批处理的优点就显现出来了，用户可以按照自己的意图将指令写入批处理文件，然后启动执行，之后的过程中用户不需要守在计算机前等待上一条指令结束再输入下一条指令。

编写批处理的语法比较简单，但是也非常灵活，与网络命令配合一起使用能很大程度上提高工作效率，完成一些烦琐的操作。

1. 使用批处理扫描本网段存活主机

打开记事本，将下列 4 条指令写入文本文件并保存，文件名随意输入，扩展名由.txt 改为.bat。这个批处理文件执行后可以扫描与本主机同一网段的主机是否是存活的，并且可以扫描到存活主机的 MAC 地址。

```
@echo off
for /L %%I in (1,1,254) do ping 10.22.4.%%I -n 1 -w 100
arp -a > D:\mac.txt
exit
```

第 1 条指令并没有实际执行具体操作，它的作用是关闭后续所有命令（包括本身这条命令）在执行时的回显，完全可以省略这条指令。

第 2 条指令是批处理指令集中的 for 循环操作，它的命令格式为：

for /L %%变量 in (初始值，每次增值，结束时的比较值) do 命令"。

"%%"定义变量，变量"I"初始值为 1，每次循环加 1，一直到 255 终止。执行的操作是"ping"网段 10.22.4.0 中的主机的 IP 地址，这个循环将会从 10.22.4.1 开始依次"ping"到 10.22.4.254。为了节约时间，"-n 1"参数设置每次"ping"发送数据包只测试 1 次。"-w 100"参数设置每次回复的超时时间为 100 ms。

第 3 条指令将 ARP 缓存中的内容重定向输出到 D 盘根目录的文件 mac.txt 中，符号">"表示输出重定向，本应该在屏幕上输出的内容不再输出在屏幕上，而是输出到文件中。这里需要注意的是第二条指令中出现的扫描网段需要与本机的 IP 地址在同一网段，否则 ARP 缓存中不会记录下目的扫描主机对应的 MAC 地址。

第 4 条指令退出批处理任务。

双击即可执行此批处理文件，待执行完毕后查看 D 盘根目录的 mac.txt 文件，里面有存活主机的 MAC 地址。

2. 使用批处理实现 FTP 文件管理

将批处理与 ftp 命令结合使用也可以高效率地完成一些具体的需求。例如，某管理员每天都要从服务器 A 上下载日志文件，然后再上传到服务器 B 上。将这些操作写成批处理文件可以做到每天双击批处理文件即可完成，不用每天都敲很多重复的指令。

新建 3 个文本文件，其中一个更改扩展名为 bat，里面的内容如下：

@echo off

ftp -s:.\download.txt　　10.22.4.171

set tday=%date:~0,4%%date:~5,2%%date:~8,2%

copy upload.txt tmp.txt

echo mkdir %tday%>>./tmp.txt

echo cd %tday%>>./tmp.txt

echo mput *.log>>./tmp.txt

echo bye>>./tmp.txt

ftp -s:.\tmp.txt　　10.22.4.172

另外两个文本文件分别为 download.txt 和 upload.txt。download 文件的内容如下：

userA

passwdA

prompt off

mget *.log

bye

upload 文件的内容如下：

userB

passwdB

prompt off

批处理文件的第 2 行是 FTP 的带参数登录方式，登录 10.22.4.171 之后，将执行 "-s" 参数后指定的文件 "download.txt" 中的指令。download.txt 文件的前两行分别是登录账号和密码，第 3 行 "prompt off" 是关闭交互模式，否则在下载和上传文件时会有提示，这将中断批处理进程。download.txt 文件的第 4 行使用 "mget" 指令下载当前路径下所有的扩展名为 log 的文件，最后 1 行指令退出 FTP 会话。

Bat 文件中的第 2 行完成了登录 A 服务器下载 log 文件，用户可以根据日志文件实际所在路径添加 "cd" 指令切换到正确路径。bat 文件中的第 3 行定义了一个变量 "tday"，等号右边是这个变量的实际内容，由 3 个字符串连接而成。变量 "%date%" 是系统日期变量，它的输出格式为 "2018-11-28"。"%date:~0,4%" 是字符串截取的表示方式，左起第一个字符编号为 0，从编号为 0 的字符开始，截取 4 个字符，结果是 "2018"；"%date:~5,2%" 是从编号为 5 的字符开始，截取 2 个字符，结果是 "11"；"%date:~8,2%" 是从编号为 8 的字符开始，截取 2 个字符，结果是 "28"，变量 "tday" 由这三个字符串连接起来，就是 "20181128"。定义这个变量的目的是在后续的指令中将创建一个以当前日期为名字的文件夹。

bat 文件中的第 4 行将 upload.txt 文件中的内容复制到 tmp.txt 中，upload.txt 文件中的内容与 download.txt 类似，包含了登录用户名和密码。

bat 文件中的第 5~8 行功能一样，都是向文件 tmp.txt 中追加内容，一条指令追加 1 行，因为变量 "tday" 的内容是 20181128，所以实际追加的内容为：

```
mkdir 20181128
cd   20181128
mput *.log
bye
```

bat 文件中的最后 1 行与第 2 行类似，登录 10.22.4.172 之后，执行 tmp.txt 中的指令，完成了批量上传 log 文件。所有文件编写完成并保存后，用户只需要每天双击批处理文件就可以完成下载后上传的工作了。

1.4　常见网络服务

计算机网络的应用多种多样，常见的有 Web 服务（网站服务），FTP 服务（文件传输服务），Email 服务（电子邮件服务）等，这些应用通常在服务器上部署，为客户端的连接请求提供响应。本书后续章节中的实验内容涉及服务器访问，这里只介绍实验中会使用到的 Windows 操作系统中 Web 服务器与 FTP 服务器的架设方法。

1.4.1　Web 服务器部署

一台计算机安装了服务器软件后就可以称为一台服务器了，实际应用中为了保证提供服务的质量，通常选择在硬件服务器（高性能的计算机）上安装部署服务器软件。Web 服务器软件有很多种，如 IIS、Apache、Tomcat、Nginx 等，可以单独下载安装也可以随着集成环境如 PhpStudy、Xampp、Wampserver、AppServ 等一起安装。

Nginx 是一款轻量级的 Web 服务器，占用较少的内存及资源，在高并发下 Nginx 能保持低资源低消耗高性能，受很多用户欢迎。在 http://nginx.org/en/download.html 页面可以下载到最新的安装包。将下载之后的压缩文件进行解压缩，目录结构如图 1-28 所示。

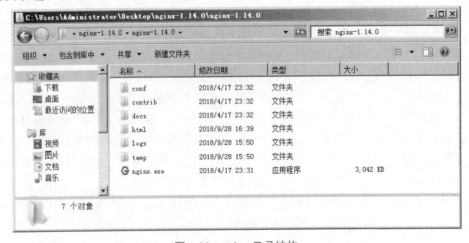

图 1-28　nginx 目录结构

双击 nginx.exe 图标即可启动服务器程序，在浏览器中输入本机的 IP 地址即可访问，如图 1-29 所示。图中看到的主页内容在 html 文件夹下，是默认主页 index.html 中的内容。

图 1-29　nginx 默认主页

Nginx 目录结构中的 conf 文件夹包含了配置文件，找到 nginx.conf 配置文件使用记事本打开，该文件中以#开头的行是注释行，注释行的配置不生效，但可以给用户提示。为了添加一台虚拟主机，更改 nginx.conf 配置如图 1-30 所示，原先此部分配置都被#符号注释了，修改的部分包括：删除第 7 行行首的#符号，更改了 root 的路径，由"root html;"更改为"root html/vHost;"。

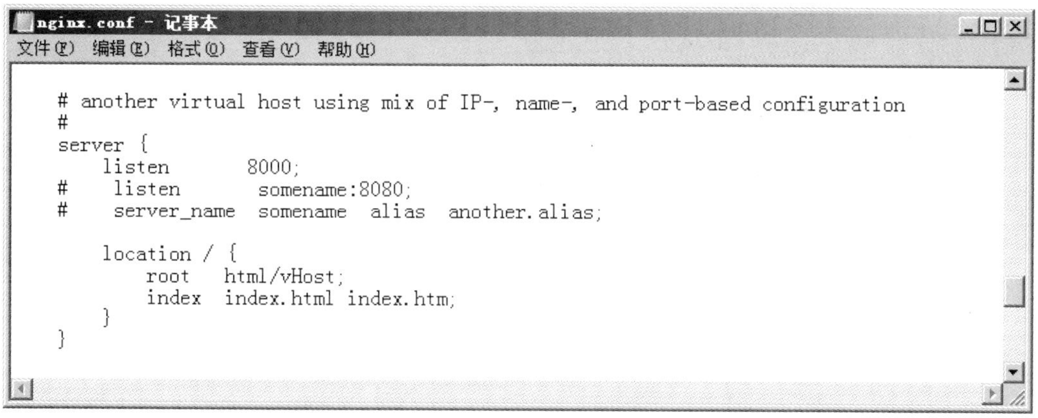

```
# another virtual host using mix of IP-, name-, and port-based configuration
#
server {
    listen       8000;
#    listen       somename:8080;
#    server_name  somename  alias  another.alias;

    location / {
        root    html/vHost;
        index   index.html index.htm;
    }
}
```

图 1-30　nginx 虚拟主机配置文件

进入 Nginx 目录结构中的 html 目录，新建文件夹 vHost，将 html 目录下的 index.html 复制到 vHost 文件夹下，这个网页将是虚拟主机的主页，为了和原先的主页有所区别，可以使用记事本打开 index.html，适当做一些修改。

修改配置文件并不能使 Web 服务立即生效，必须重启服务才行。在命令提示符窗口中输入"nginx -s reload"能够重启服务，此时将会重新加载配置文件。需要注意的是，使用指令重启服务时需要确保命令提示符中路径正确。另外一种重启 nginx 的方法是使用任务管理器结束所有的 nginx 进程，然后再重新启动 nginx.exe。Web 服务重启后，在浏览器中可以访问两个网页，其中一个是更改配置文件添加的虚拟主机，访问方法是在地址后添加端口号 8000，如图 1-31 所示。

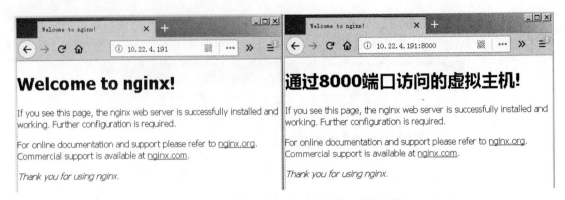

图 1-31　通过端口号 8000 访问 nginx 虚拟主机

1.4.2　FTP 服务器部署

FTP 服务器软件也有很多种，FileZilla Server 是一款开源、免费的 FTP 服务器软件，它功能强大，易于使用。访问 https://filezilla-project.org/ 页面可以下载该软件，该页面同时提供了 FileZilla 客户端（Client）和服务器端（Server）的下载链接。

双击 FileZilla Server 的安装文件开始安装，在弹出的 "License Agreement" 对话框中点击 "I Agree" 同意许可证，接下来的页面中可以选择安装方式，共有 5 种："Standard""Full""Service only""Interface Only""Custom"。不同的方式安装的组件不同，例如 "Standard" 方式安装了 4 个组件，分别是 "FileZilla Server" 的服务端、管理端、开始菜单的快捷方式与桌面的图标，没有包含源码。如图 1-32 所示。

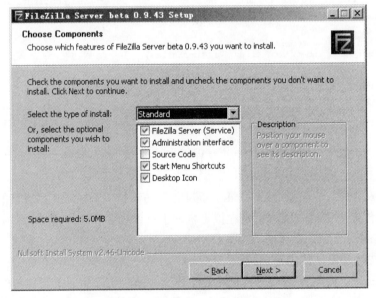

图 1-32　FileZilla Server 选择安装方式

点击 "Next" 按钮选择软件安装的路径，再次点击 "Next" 按钮，选择是否将此软件作为服务安装在操作系统中，是否要随操作系统自动启动或者手工启动。如图 1-33 所示。

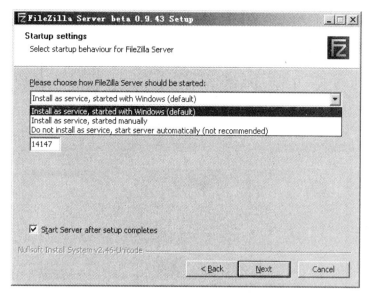

图 1-33　FileZilla Server 选择启动方式

　　图 1-33 中，14147 是服务端开启的监听管理客户端连接的默认端口，如果没有端口冲突的问题存在，则不需要修改。接下来的对话框提示选择服务端启动时是否伴随启动客户端，一般选用默认值，点击"Install"按钮开始安装。因为这个软件只有 5 MB 左右，比较小，安装过程很快，最后点击"Close"按钮结束安装。

　　安装完毕后可在桌面开始菜单中查看快捷方式，FileZilla　Server 目录中包含管理端启动、服务端启动、服务端停止、卸载 4 个快捷方式。

　　FileZilla　Server Interface 是管理服务器的软件，启动后要先选择连接的服务器地址与端口号，如果服务端安装在本地计算机，就连接到默认的"127.0.0.1"地址，端口号默认为 14147。在安装过程中服务端并没有设置密码，因此对话框中的连接密码留空白即可，点击"OK"按钮打开服务配置界面，如图 1-34 所示。

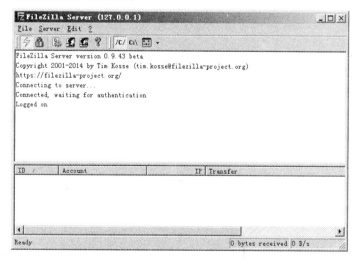

图 1-34　FileZilla Server 主界面

点击菜单"Edit→Users"打开用户配置界面，右侧窗口中的 4 个按钮分别是添加、删除、重命名、复制用户，点击"Add"按钮可以添加用户，输入用户名"aaa"，点击"OK"按钮完成添加。勾选中间窗口的"Password"可以为用户"aaa"设置密码，可以输入密码"bbb"，密码以黑点显示。点击左侧窗口的"Shared folders"设置文件访问路径，中间窗口中点击"Add"按钮可以指定 FTP 文件夹，文件夹指定后可以更改它的访问权限，默认情况下文件夹中的文件只可以被读取，不可修改删除，不可创建和删除文件夹，只能浏览文件夹目录，如图 1-35 所示。如果用户名为"anonymous"，则此 FTP 可以匿名登录，在登录时不会弹出认证对话框。

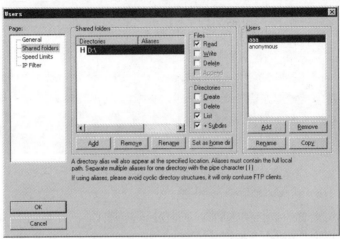

图 1-35　FileZilla Server 配置界面

　　FileZilla Server 的功能非常强大，可以对连接的用户进行管理，如限速、地址过滤等。用户可以通过 FTP 客户端软件或者资源浏览器访问服务器中的文件。

第2章　网络设备管理基础

对网络设备的管理主要有两种方式：一种是在命令行窗口通过键盘输入指令；另外一种是通过浏览器访问设备提供的 Web 界面，使用鼠标点击选择完成相应的功能。这两种方式各自有长处，Web 方式的特点是简单直观，而命令行方式的特点是管理灵活，功能全面，能够配置通过 Web 方式无法完成的功能。虽然要记忆一些指令，但专业的管理人员往往选择命令行方式。

通过命令行的方式管理设备具有多种接入设备的方法，例如：Console 端口接入方式，Telnet/SSH 远程登录管理设备方式等。接入方式虽然不同，但接入后对设备进行管理使用的命令是相同的。

2.1　通过 Console 端口接入设备

网络设备出厂后第 1 次配置常通过 Console 端口接入，因为多数网络设备出厂后并不具备 IP 地址，而其他的配置方式都需要提供 IP 地址作为目的登录点。通过配置线缆将网络设备与计算机连接起来，管理员在计算机上使用超级终端软件进行访问，如图 2-1 所示。

由于网络设备种类繁多，Console 接口可能采用 RS232（DB-9）或 DB-25 串行接口，也可能采用 RJ-45 接口，后者更常见一些。配置线缆也因为接口类型不同而有多种类型，网络设备端常见的接口有 9 针的串口和 RJ-45 接口，计算机端可能会有 9 针串口和 USB 接口，因此在连接时有可能需要用到转换器或者转换线缆。例如，某交换机的 Console 接口是 RJ-45 标准，随机赠送的配置线缆一端是 RJ-45 标准接口，另一端是 9 针串口，如图 2-2 所示，但管理员使用的笔记本电脑上没有串口，只有 Usb 接口，因此，管理员需要自己配备一个 Usb 与串口的转换器，通常还需要在笔记本电脑上安装转换器的驱动程序。

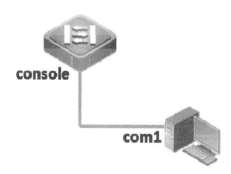

图 2-1　通过 Console 口接入网络设备　　　　图 2-2　串口与 RJ-45 接口的配置线缆

设备连接好以后需要在计算机上启动超级终端程序。WindowsXP 系统中在"开始→程序

→附件"中能够找到。Windows7 等系统没有超级终端软件，需要从网络上下载。超级终端启动后需要填写位置信息，其中的区号可以随便填写，如图 2-3 所示，然后点击"确定"。

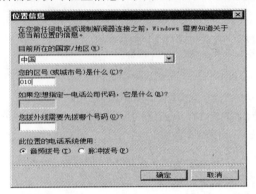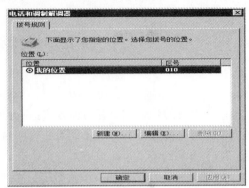

图 2-3　超级终端参数配置

在"连接描述"对话框中选择图标与名称，同样可以随意填写，点击"确定"后在新打开的对话框中选择连接计算机的串口号（根据实际连接情况选择），点击"确定"，如图 2-4 所示。

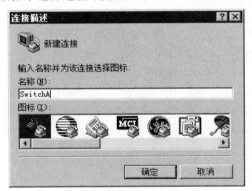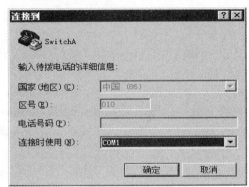

图 2-4　超级终端串口选择

串口通信的双方波特率必须一致才能有效传递数据，9600 是使用最多的一个波特率，所以默认状态下一般都是设置成 9600。对于串口通信而言，波特率越高，有效传输距离越小，而 9600 这个波特率，兼顾了传输速度和常用传输距离。点击"还原为默认值"按钮变为图 2-5 所示参数后再点击"确定"按钮。

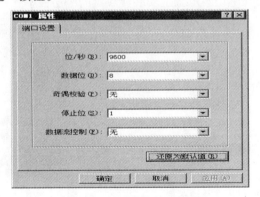

图 2-5　串口参数设定

在图 2-6 所示对话框中按几下回车键，如果出现命令提示符说明连接成功。如果连接失败，需要检查参数的设置是否正确。

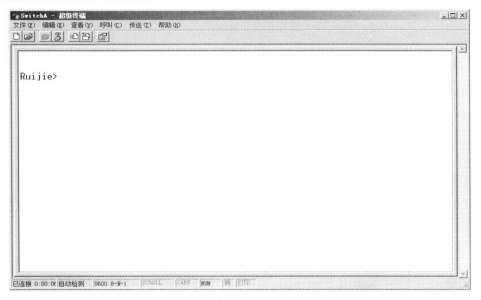

图 2-6　超级终端登录成功

2.2　命令行配置基础

2.2.1　问号指令

问号指令"？"是最简单并且最有用的指令，能够列出当前模式下可以使用的所有指令。它能够给用户适当的提示，帮助用户完成命令行操作。在命令行界面输入"？"，不用按回车键即可输出当前模式下可以使用的指令及对应的解释，如下所示。

```
Ruijie> ?
Exec commands:
  <1-99>       Session number to resume
  disable      Turn off privileged commands
  disconnect   Disconnect an existing network connection
  enable       Turn on privileged commands
  exit         Exit from the EXEC
  help         Description of the interactive help system
  lock         Lock the terminal
  ping         Send echo messages
  show         Show running system information
  telnet       Open a telnet connection
```

```
    traceroute      Trace route to destination
    view            Global view info
Ruijie>
```

需要注意的是问号指令在任何模式下都可以使用，当使用"e?"时表示列出当前模式下所有以字母"e"开头的指令，效果如下。

```
Ruijie> e?              // 字母 e 与问号之间没有空格
enable   exit           // 列出了所有以字母 e 开头的指令
```

命令行中不区分大小写，所以下面的指令也是可以接受的。

```
Ruijie> E?
enable   exit
```

命令行中的指令往往不止一个单词，如果想要查看某一条指令后是否还有指令，可以使用空格加问号列出后续的指令。例如，查看 show 指令后都有什么指令。

```
Ruijie> show    ?                                    // 注意 show 的后面有空格
    class-map       Show QoS Class Map
    clock           Display the system clock         // 显示系统时钟
    logging         Show the contents of logging buffers
    mainfile        Display MainFile Name
    nfpp            Show NFPP information
    policy-map      Show QoS Policy Map
    privilege       Show current privilege level
    service         Show network management services
    sessions        Information about Telnet connections
    tacacs          Shows tacacs+ server statistics
    tc-statistics   Show interface rate-limit info
    threshold       Display the system threshold
    track           Tracking information
    traffic-shape   Show traffic rate shaping configuration
    version         Display Version Information
    warm-reload     Display the warm-reload information
Ruijie> show clock                                   // 查看当前的时钟
20:02:55 UTC Wed, Sep 12, 2018
```

2.2.2 指令的缩写与自动补全

命令的缩写是指如果在命令行中输入命令的前面一部分字符，只要没有歧义，能够唯一确定为某条指令，那么可以运行此缩写的指令。例如以字母"e"开头的指令有两条，但以字母"en"开头的指令只有一条，就是"enable"。那么可以使用"en"来代替指令"enable"，同样可以使用"ex"来代替指令"exit"，因为没有歧义。

```
Ruijie> en            // enable 的缩写
Ruijie# ex            // exit 的缩写
Ruijie>
```

　　使用缩写的命令不仅可以提高输入指令的速度还能减少输入错误的几率，所以在日常管理工作中推荐使用缩写命令。
　　下面的指令是查看系统当前的版本信息，所有的指令都缩写可以写成"sh ver",完整指令为"show version"。

```
Ruijie> sh ver
System description        : Ruijie Gigabit Security & Intelligence Access Switch (
S2628G-E) By Ruijie Networks
System start time         : 2018-09-06 20:57:21
System uptime             : 5:23:13:37
System hardware version   : 1.04
System software version   : RGOS 10.4(3b19)p3 Release(180891)
System BOOT version       : 10.4(2b2) Release(102500)
System CTRL version       : 10.4(2b2) Release(102500)
System serial number      : 2683DHB501544
Device information:
  Device-1
    Hardware version      : 1.04
    Software version      : RGOS 10.4(3b19)p3 Release(180891)
    BOOT version          : 10.4(2b2) Release(102500)
    CTRL version          : 10.4(2b2) Release(102500)
    Serial Number         : 2683DHB501544
Ruijie>
```

　　网络管理员经常需要查看当前设备已经生效的配置信息，指令"sh run"的功能就是查看RAM 里生效的配置，完整指令为"show running-config"。这条指令的使用频率非常高，可在它后面加上空格、问号和"|"操作符，用途是将输出的内容根据指定的字符串过滤显示。

```
Ruijie#   show run ?
  interface      Show interface configuration
  |              Output modifiers
  <cr>
```

输出过滤的方法有三种，下列指令列出了过滤方式。

```
Ruijie#   show run | ?
  begin     Begin with the line that matches    // 从指定的字符串所在行开始显示 sh run 的内容
```

exclude	Exclude lines that match	// 显示除了指定字符串所在行的信息
include	Include lines that match	// 显示包含指定字符串所在行的信息

例如，下列的指令从"sh run"输出内容中字符串"interface"第一次出现的地方开始显示后续的内容。

```
Ruijie# sh run | begin interface
interface FastEthernet 0/1
!
interface FastEthernet 0/2
!
interface FastEthernet 0/3
<...省略...>
```

需要注意，指定的字符串要区分大小写，因此指令"Ruijie# sh run | include Interface"什么都不会显示。

命令行操作中另外一项非常方便的功能是命令自动补全，当输入完缩写的命令后，如果想要输入完整的命令，可以按下键盘上的"Tab"键，那么缩写的命令就会在下一行补全为完整的命令。例如，

```
Ruijie> en          // 当光标在字母 n 的后面时按下 Tab 键
Ruijie> enable      // 在这一行自动补全命令
```

需要注意，在缩写指令后不能加空格再按下 Tab 按键进行命令补全，这种操作会失败。如果缩写的命令存在歧义同样也会失败。例如：

```
Ruijie> e          // 在有歧义的命令缩写后按下 Tab 键
Ruijie> e          // 自动补全会失败
```

2.2.3 常见命令行模式及切换

为了方便对网络设备进行管理，命令行操作中设置了多种模式，不同模式下的可用命令不同，通过提示符区分。提示符"Ruijie>"表示当前是普通用户模式，其中的"Ruijie"是设备名，可以通过指令更改，符号">"不可更改。在这个模式下权限比较低，只可以使用很少量的一些命令，并且命令的功能往往受到限制，多数是一些查看或者测试的指令。例如："show mainfile"用于查看设备操作系统文件名，只限于查看，在当前模式下不能升级或替换操作系统。

通过"enable"命令可以从普通用户模式切换到特权模式，提示符会变为"Ruijie#"，特权模式下的指令比普通用户模式要多，但也会有相同的指令。

```
Ruijie# ?           // 查看特权模式下的指令列表
Exec commands:
  <1-99>            Session number to resume
  aaa               AAA help
```

access-list	Access-list help
address-bind	Address binding table
aggregateport	Aggregateport help
anti-arp-spoofing	Anti-arp-spoofing help
arp-check	Arp-check help
cd	Change current working directory
cfm	Connectivity Fault Management
clear	Reset functions
clock	Manage the system clock
configure	Enter configuration mode
copy	Copy from one file to another
cpu-protect	Cpu-protect help
dai	DAI help
debug	Debugging functions (see also 'undebug')
delete	Delete files
dhcp	Dhcp help
dhcp-relay	Dhcp-relay help
dhcp-snooping	Dhcp-snooping help
diagnostic	Diagnostic cmd
dir	List directory contents
--More--	// 此处出现 More 标记

当某条指令的输出结果比较多时，为了使用户能够看到前面出现的内容，在屏幕底端出现"--More--"标记，如果用户按下键盘的空格键将显示下一屏内容，按下回车键将显示下一行内容，按下键盘左上角的"Esc"键将停止显示后续内容。

特权模式下输入"disable"能够返回普通用户模式，输入"conf t"能够进入全局配置模式。

Ruijie#	disable	// 返回到普通用户模式
Ruijie>	en	
Ruijie#	conf t	// 进入到全局配置模式
Ruijie(config)#		

全局配置模式的提示符为"Ruijie(config)#"，该模式下的指令功能比较强大，能够引起设备发生功能的切换与改变。而且在此模式下可以进入更加具体的功能配置模式，如 Vlan 配置模式、接口配置模式、路由配置模式等。输入"exit"能够退出全局配置模式。

Ruijie(config)#exit	// 退出全局配置模式
Ruijie#	

命令行操作界面下存在一些比较快捷的操作方式，在除了普通用户模式的任何模式下都可以使用"end"指令或者"Ctrl + C"快捷键回到特权模式。使用"Ctrl + P"快捷键或者键

盘区域的"↑"键能够快速输入上一条输入过的指令,在使用了"Ctrl + P"或者"↑"键之后。"Ctrl + N"和"↓"键能够快速输入下一条输入过的指令。

使用"Ctrl + A"快捷键,光标能够跳到行首;使用"Ctrl + E"快捷键,光标能够跳到行末。命令行窗口中经常会遇到用户输入的指令太长而没办法全部显示的情况,当编辑的光标接近右边框时,整个命令行会整体向左移动 20 个字符,命令行前部被隐藏的部分被符号"$"代替。例如,指令行中输入"access-list 199 permit ip host 192.168.180.220 host"再继续输入就会缩进变为"$ost 192.168.180.220 host 202.101.99.12",此时可以使用 "Ctrl + A"快捷键回到命令行的首部。这时命令行尾部被隐藏的部分将被符号"$"代替,即"access-list 199 permit ip host 192.168.180.220 host 202.101.99.$"。

熟练掌握这些快捷键能够提高指令输入速度。

2.2.4　enable 密码设置

在全局配置模式下能够配置用户从普通用户模式切换到特权模式时需要输入的密码,设备出厂时默认没有设置此密码。使用指令"enable password 密码"可以添加 password 密码。

```
Ruijie(config)# enable password ?
  0       Specifies an UNENCRYPTED password will follow    // 使用明文方式设置 password 密码
  7       Specifies a HIDDEN password will follow          // 使用密文方式设置 password 密码
  LINE    The UNENCRYPTED (cleartext) 'enable' password    // 使用明文方式设置 password 密码
  level   Set exec level password
Ruijie(config)# enable password 123        // 设置密码为 123
Ruijie(config)# exit
Ruijie# disable
Ruijie> en
Password:          // 在此输入配置的 password 密码 123 后才能登录,需要注意在输入密码时没有
"*"符号回显,并非没有输入进去,这样更加安全。输入完毕后按回车键结束。
```

使用"sh run"指令查看生效的 enable password 配置。

```
Ruijie# sh run | include enable        // 显示包含字符串"enable"的指定行
enable password 123                    //  password 是明文显示的
```

除了 password,enable 密码设置还有另外一种方式,即采用 MD5 加密,在 running-config 中是密文显示,指令为"enable secret"。

```
Ruijie(config)# enable secret ?
  0       Specifies an UNENCRYPTED password will follow
  5       Specifies an ENCRYPTED secret will follow
  LINE    The UNENCRYPTED (cleartext) 'enable' password
  level   Set exec level password
Ruijie(config)# enable secret 12345                    // 设置 secret 密码为 12345
```

```
Ruijie(config)# exit
Ruijie# sh run | include enable
enable secret 5 $1$gdsC$v58zxxzzrtx0Dzx5                // enable secret 以密文形式存储
enable password 123                                     // enable password 以明文形式存储
Ruijie#
```

当 password 和 secret 同时配置时，enable secret 配置的密码有效。因此，此时登录到特权模式的密码应该是 12345。接下来的代码演示使用密文形式配置 secret 密码。

```
Ruijie(config)# no enable secret               // 取消 secret 密码
Ruijie(config)# exit
Ruijie# disa                                   // 退出到普通用户模式
Ruijie> en        // 进入特权模式，因为此时已经没有 secret 密码，所以 password 密码 123 生效
Password:         // 输入 12345 无法进入
Password:         // 输入 123 进入特权模式
Ruijie# conf t
Ruijie(config)# enable secret ?
    0        Specifies an UNENCRYPTED password will follow
    5        Specifies an ENCRYPTED secret will follow            //使用密文方式设置 password 密码
    LINE     The UNENCRYPTED (cleartext) 'enable' password
    level    Set exec level password
Ruijie(config)# enable secret 5 $1$gdsC$v58zxxzzrtx0Dzx5     // 使用密文形式配置密码
// 5 后的字符串 "$1$gdsC$v58zxxzzrtx0Dzx5" 是 MD5 加密后的密文，明文对应的是 12345
Ruijie(config)# exit
Ruijie# sh run | include enable
enable secret 5 $1$gdsC$v58zxxzzrtx0Dzx5                 // 配置成功
enable password 123
Ruijie# disa
Ruijie> en
Password:                                      // 尝试密码 123 登录失败
Password:                                      //尝试密码 12345 登录成功
Ruijie#
```

在全局配置模式下使用指令 "service password-encryption" 能够将 password 明文存储的密码变成密文。

```
Ruijie(config)# service password-encryption
Ruijie(config)# exit
Ruijie#    sh run | include enable
enable secret 5 $1$gdsC$v58zxxzzrtx0Dzx5
enable password 7 04664a55          // 密码 123 对应的秘文是 04664a55
```

2.3 Telnet/SSH 远程登录管理设备

2.3.1 通过 Telnet 登录设备

Console 端口接入设备由于受到连接线缆的限制，距离不会太长。更多时候管理员会选择 Telnet 远程登录的方式对设备进行管理，只要设备处于连通状态就可以对它进行访问与管理。

考虑拓扑图 2-7 所示网络，PC 机的网卡接口与交换机 F0/1 接口使用双绞线连接，交换机与路由器同样也是双绞线连接。通过对交换机和路由器配置开启远程虚拟终端（Virtual Teletype Terminal，VTY）能够实现在 PC 机上远程登录交换机和路由器进行配置。

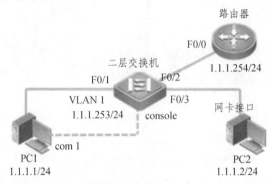

图 2-7 Telnet 远程登录管理设备

下列指令给二层交换机配置一个可以访问的 IP 地址，涉及 VLAN 的管理知识，可以参考第 3 章相关知识点。在二层交换机没有 IP 地址之前，是无法通过 Telnet 的方式访问的，因此给二层交换机配置 IP 地址只能通过 Console 方式，Console 的连接方式如图 2-7 中虚线所示。

```
Ruijie#   conf   t
Ruijie(config)# int vlan   1                    // 进入 Vlan 1 接口配置模式
Ruijie(config-if-VLAN 1)# ip address 1.1.1.253 255.255.255.0    // 配置 IP 地址
```

在路由器上需要给 F0/0 接口配置 IP 地址，指令如下：

```
Ruijie#   conf   t
Ruijie(config)# int f0/0                         // 进入 f0/0 接口配置模式
Ruijie (config-if-FastEthernet 0/0)#   ip address 1.1.1.254 255.255.255.0    // 配置 IP 地址
Ruijie (config-if-FastEthernet 0/0)#   no shutdown        // 激活接口
```

在给 PC1 配置 IP 地址 1.1.1.1 和子网掩码 255.255.255.0 之后，因为所有的 IP 都在同一个交换子网中，PC1 可以"ping"通 1.1.1.253 和 1.1.1.254,这样基本的数据通路就完成了，接下来对网络设备配置 VTY。因为现在还不能登录二层交换机，仍然采用 Console 配置方式。

```
Ruijie#   conf   t
Ruijie(config)#   enable service telnet-server    // 开启 Telnet 服务，默认已开启
Ruijie(config)#   line   vty   0  4              // 在二层交换机上进入 line 配置模式
Ruijie(config-line)# login                       // 配置登录认证
```

"login" 指令启动 Telnet 登录的认证功能，在此指令配置后，交换机的命令行界面会弹出提示 "Login disabled on line 1, until'password' is set."，提醒开启登录认证之后需要使用 "password" 指令配置登录密码。

```
Ruijie(config-line)# password ?
    0       Specifies an UNENCRYPTED password will follow    // 使用明文方式设置密码
    7       Specifies a HIDDEN password will follow          // 使用密明文方式设置密码
    LINE    The UNENCRYPTED (cleartext) line password        // 使用明文方式设置密码
Ruijie(config-line)# password    pwdTelnet                   // 配置 Telnet 登录密码, 区分大小写
```

在 PC1 上打开命令提示符窗口在其中输入 "telnet 1.1.1.253" 远程登录二层交换机，如图 2-8 所示，提示需要输入密码。

图 2-8　启用认证的 Telnet 登录界面

如果遇到类似 "telnet 不是内部或外部命令，也不是可运行的程序或批处理文件" 的提示，说明操作系统没有开启 Telnet 功能，可参考下列方法开启。以 Windows 7 为例，依次点击：开始→控制面板→程序和功能→打开或关闭 windows 功能，在弹出的 "Windows 功能" 对话框中勾选 "Telnet 客户端" 选项前的选框即可，如图 2-9 所示。

图 2-9　Window7 操作系统中开启 Telnet 功能

在图 2-8 所示界面输入密码 "pwdTelnet"，注意密码区分大小写，输入时无回显。如果看到提示符 "Ruijie>" 就登录成功了。VTY 登录后进入普通用户模式，为了安全性考虑开启了 VTY 登录后必须配置 enable 密码，即从普通用户模式切换到特权模式时输入的密码，否则将提示："Password required, but none set"。

如果在先前的步骤中配置过了 enable secret 或者 enable password 密码，则用设置的密码登录，如下所示。

```
Ruijie> en
Password:
```

```
Ruijie#   show   users                              // 查看登录的用户
Line              User          Host(s)              Idle         Location
－－－－－－－－－－ －－－－－－－－ －－－－－－－－－－ －－－－－－－－－ －－－－－－－－－－－
    0 con 0       ---           idle                 00:01:14     ---
*   1 vty 0       ---           idle                 00:00:00     1.1.1.1
Ruijie#
```

使用"show users"查看登录的用户，可以看到目前该设备存在两个登录连接：第一个是通过 console 方式连接，标识为"con"，编号为 0；第二个是通过 VTY 方式连接，标识为"vty"，编号为 0。因为 Console 只有一个接口，所以它的编号总是为 0，VTY 方式接入网络设备可以有很多个，在 PC2 上以同样的方式 Telnet 1.1.1.253，登录之后查看用户信息将会看到"* 2 vty 1"标记的用户登录信息。

此时查看 line vty 的配置信息，编号为 0 到编号为 4 的 5 个用户使用 Telnet 方式接入该设备，需要输入密码"pwdTelnet"。

```
Ruijie# show   run | begin line
line con 0
line vty 0 4
 login
 password pwdTelnet
!
!
end
Ruijie#
```

在设备上添加下列指令，编号为 5 和 6 的第 6 和第 7 个用户 Telnet 时将不需要密码就能够以普通用户模式登录到网络设备，这样的方式不安全。

```
Ruijie# conf t
Ruijie(config)# line vty 5 6
Ruijie(config-line)# no login              // 取消认证登录
Ruijie(config-line)# exit
```

同样，以 Telnet 的方式登录路由器也需要使用 Console 连接方式登录并配置 line vty 的密码，或者使用 no login 不认证即可登录。配置完毕后在 PC1 和 PC2 的命令提示符中可以通过 Telnet 命令登录路由器。

2.3.2 通过 SSH 登录设备

SSH 为 Secure Shell 的缩写，是安全命令行接口，它比 Telnet 更加安全。通过 Telnet 传送的数据没有加密，传送的账号和密码都是明文传输，可以轻松地被截获，而且没有认证过程，没有完整性检查。SSH 非常安全，它共享并发送经过加密的信息，为通过互联网等不安全网络的数据提供了机密性和安全性。一旦数据包经过 SSH 加密，就极难解压和读取。使用 SSH 协议可以有效防止远程管理过程中的信息泄露问题。在带宽上占用方面，SSH 会比 Telnet 多一点点开销。在日常网络管理中，普遍使用 SSH，Telnet 基本上已经被 SSH 完全代替。但是在一些测试的、无密的场合，由于自身的简单性和普及性，Telnet 依然被经常使用。

Telnet 的默认端口号是 23，SSH 的默认端口号是 22，可以更改。Telnet 客户端一般在操作系统中都有集成，SSH 客户端在 Linux 操作系统中通常已经集成，在 Windows 操作系统中需要安装第三方软件，如 Putty、SecureCRT、Xshell 等。SSH 与 Telnet 的连接方式一样，如图 2-10 所示，通过双绞线连接计算机的网卡接口与网络设备的以太网口。

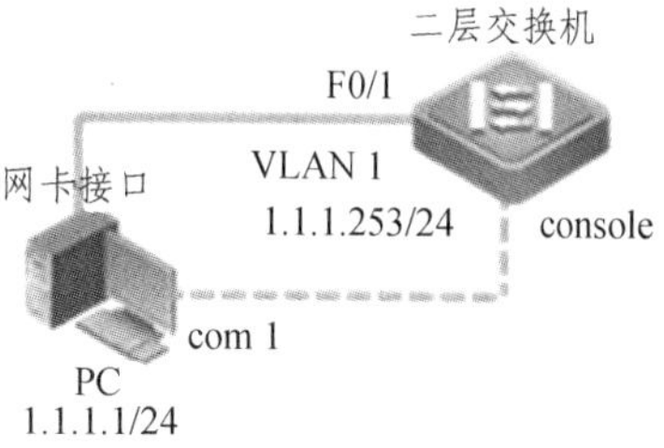

图 2-10　SSH 远程登录管理设备

与 Telnet 类似，要想通过 SSH 管理网络设备，首先需要在设备上启用 SSH 服务，并且网络设备必须有可访问的 IP 地址。通常使用 Console 方式为交换机配置 SVI 管理 IP，或者为路由器接口配置 IP，再启用 SSH 服务，然后拆除 Console 的物理连接，在 PC 上使用 SSH 客户端连接网络设备进行管理配置。下列指令是通过 Console 连接对交换机所做的配置。

```
Ruijie> en
Ruijie# conf t
Ruijie(config)# int vlan 1
Ruijie(config-if-VLAN 1)# ip address 1.1.1.253    255.255.255.0        // 配置管理 IP
Ruijie(config-if-VLAN 1)# exit
Ruijie(config)# line vty 0 4                                           // 配置 line vty 登录
Ruijie(config-line)# login
Login disabled on line 1, until 'password' is set.
Login disabled on line 2, until 'password' is set.
Login disabled on line 3, until 'password' is set.
Login disabled on line 4, until 'password' is set.
Login disabled on line 5, until 'password' is set.
Ruijie(config-line)# password 123                                     // 设置密码
Ruijie(config-line)# exit
Ruijie(config)# enable password 12345                                 // 设置 enable 密码
```

在对交换机配置完管理 IP 与 Telnet 登录后，就可以拆除 Console 物理连接，在 PC 上使用 Telnet 登录了。如图 2-11 所示。

图 2-11　Telnet 登录交换机

```
User Access Verification
Password:                                    // 输入 console 登录密码 123，无回显
Ruijie> en
Password:                                    // 输入 enable 登录密码 12345，无回显
Ruijie# conf t
Ruijie(config)# enable service ssh-server    // 启用 SSH 服务
Ruijie(config)#  crypto key generate ?       // 查看生成服务器端的公共密钥的方式
    dsa   Generate DSA keys                   // DSA 方式生成密钥
    rsa   Generate RSA keys                   // RSA 方式生成密钥
```

执行"enable service ssh-server"指令打开 SSH Server 服务后，通过"crypto key generate"指令生成 SSH 服务器端的公共密钥，默认情况下 SSH Server 没有公共密钥。SSH 1 使用 RSA 密钥；SSH 2 使用 RSA 或者 DSA 密钥。因此，如果当前已生成 RSA 密钥，则 SSH1 与 SSH2 都可以使用；如果仅生成 DSA 密钥，则仅 SSH2 可以使用。注意：删除密钥时，不存在命令"no crypto key generate"，而是通过命令"crypto key zeroize"删除密钥。

```
Ruijie(config)#  crypto key  generate  dsa    // 设置使用 DSA 方式生成密钥
Choose the size of the key modulus in the range of 360 to 2048 for your Signature Keys. Choosing a key
modulus greater than 512 may takea few minutes.    // 提示，需要指定加密的位数即加密强度
How many bits in the modulus [512]:           // 直接回车，默认是 512 位
% Generating 512 bit DSA keys ...[ok]
Ruijie(config)# end
```

此时，在 PC 上打开 SSH 客户端软件，如 Putty，界面如图 2-12 所示，在"Host Name"输入框中填写交换机的管理地址 1.1.1.253，确定端口号为 22，"Connection type"为 SSH，然后点击"Open"按钮。

图 2-12　Putty 登录界面

在接下来弹出的安全警告对话框中选择"是"按钮，就打开了 SSH 客户端的配置界面，如图 2-13 所示。

图 2-13 Putty 配置界面

在"login as"后面需要输入登录用户名，因为没有设置，所以此次可以任意填写，图中填写的是"aaa"，随后需要输入密码，即 line vty 中设置的"123"。登录成功后进入特权模式需要输入 enable 密码"12345"。

此时 Telnet 和 SSH 都可以登录，在 Putty 中输入下列指令限制用户使用 Telnet 登录，只能使用 SSH 登录，默认情况下 Telnet 和 SSH 均可登录。

```
Ruijie(config)# line vty 0 4
Ruijie(config-line)# transport input ssh        // 只允许 SSH 登录
```

退出 Telnet 再次尝试登录，会被拒绝接入。在 Putty 中输入下列指令调整登录方式为本地用户名与密码认证。

```
Ruijie(config)# line vty 0 4
Ruijie(config-line)# login local                    // 使用本地用户和密码登录
Ruijie(config-line)# exit                           // 回到全局配置模式
Ruijie(config)# username admin password pwd   // 配置远程登录的用户名为 admin 密码为 ruijie
```

退出 Putty 再次尝试登录，此时必须使用 admin 和 pwd 进行登录了。

2.4　Web 方式登录设备

通过浏览器登录网络设备是最直观的管理方式，使用 Web 方式登录需要网络设备首先开启 Web 服务，并且具备一个管理 IP 地址，PC 与网络设备保持连通。以锐捷交换机 S3760E-24 为例，启用 Web 登录可以通过 Console、Telnet、SSH 等方式配置。

```
Ruijie> en
Ruijie# conf t
Ruijie(config)# enable service ?
  snmp-agent          Enable SNMP Agent
```

```
    ssh-server        Enable ssh server
    telnet-server     Enable telnet server
    web-server        Enable web server                    // Web 服务
Ruijie(config)# enable service web-server ?                // Web 服务的支持种类
    all       Enable both http server and https server     // 默认都启动
    http      Enable http server                           // http 方式
    https     Enable http secure server                    // https 方式
    <cr>
Ruijie(config)# enable service web-server                  // 启动 web 服务
%%Warning: port 443 is set automatically for HTTPS redirection.
Ruijie(config)# int vlan 1
Ruijie(config-if-VLAN 1)#   ip address 1.1.1.254 255.255.255.0          // 配置管理 IP
Ruijie(config-if-VLAN 1)# exit
Ruijie(config)#   enable secret 123456789         // 配置 enable 密码
Ruijie(config)#
```

确保 PC 与网络设备的管理 IP 能够"ping"通，在 PC 上打开 IE 浏览器，地址栏中输入网络设备的管理 IP，如"http://1.1.1.254"或"https://1.1.1.254"，以 https 方式登录会提示证书有问题，点击"继续浏览此网站（不推荐）"，如图 2-14 所示。

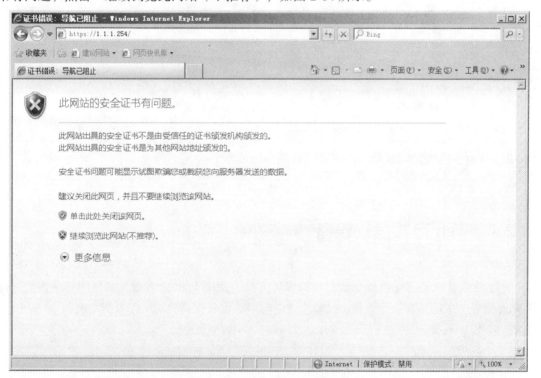

图 2-14　https 登录提示证书存在问题

以 http 方式登录没有提示证书的问题，登录进去后界面如图 2-15 所示，选择中文登录。

图 2-15 交换机 S3760E-24Web 登录界面

在弹出的认证对话框中输入设置的 enable 密码 "123456789"，用户名可以任意填写。如图 2-16 所示。

图 2-16 交换机 S3760E-24Web 登录认证对话框

认证成功后，进入管理界面，如图 2-17 所示。

图 2-17 交换机 S3760E-24Web 管理界面

管理界面左侧是功能列表，根据需要选取不同的功能模块进行设置，完成之后需要点击"保存"按钮。由于网络设备功能各异、型号繁多，Web 接入的方式也经常会有所不同，可以参看厂商提供的说明文档或者拨打技术支持电话获得帮助。

2.5　升级网络设备操作系统

网络设备生产厂商会不定期对设备所使用的操作系统进行升级，并在厂商主页提供下载，升级主要包括功能的更新、扩展、变更以及一些 Bug 的修复。网络管理员将新的操作系统从网站下载后需要放入网络设备替换旧的操作系统，这个过程称为网络设备操作系统升级。

设备操作系统升级常见的拓扑如图 2-18 所示，图中实线是将操作系统从计算机发送到交换机的数据通路，虚线是发送控制指令的命令通路。

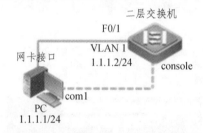

图 2-18　设备操作系统升级连接拓扑图

网络设备升级需要注意以下 4 点：

（1）操作系统升级完毕后需要重启设备，会造成断网，应尽量避开业务高峰期升级。

（2）操作系统升级有一定风险，在升级过程中应保证设备供电稳定，否则可能导致设备 boot 丢失（此时需要返厂维修）。

（3）根据需要，在升级前备份旧操作系统。

（4）升级一般不会导致配置文件丢失，但是在版本跨度较大情况下，设备命令存在差异，可能导致升级后某些命令丢失，故升级前请务必保持配置到本地 PC。

2.5.1　使用 TFTP 进行交换机操作系统升级

TFTP(Trivial File Transfer Protocol，简单文件传输协议)是 TCP/IP 协议族中的一个用来在客户机与服务器之间进行简单文件传输的协议，提供不复杂、开销不大的文件传输服务。端口号为 69。借助 TFTP 软件将新的操作系统文件从本地计算机传输到网络设备是常用的网络设备操作系统升级方法，具体升级步骤如下。

1. 计算机准备

将 TFTP 软件（TFTP 软件可以从网上自行下载）及新的操作系统版本放入同一个目录（建议是英文路径，不建议放入中文文件夹，否则可能导致无法升级成功），图 2-19 中将操作系统文件和用于文件传输的 TftpServer 软件放置在 D 盘 RGOSUpdate 文件夹。

图 2-19　台式机中准备的文件

　　配置计算机的 IP 地址，使之与交换机的管理地址在同一个网段，为文件传输准备好数据通路。网段没有特殊要求，如可以设置为 1.1.1.1，子网掩码为 255.0.0.0，不需要设置网关。

2. 交换机准备

　　交换机通电后在计算机上使用 Console 方式接入交换机，目的是对交换机进行控制，也可以借助其他计算机以其他的方式接入交换机。

```
Ruijie>en                      // 进入特权模式
Ruijie# sh ver                 // 查看当前操作系统版本号
System description    : Ruijie Gigabit Security & Intelligence Access Switch (S2628G-E) By Ruijie
Networks
System start time     : 2017-05-22 3:19:30
System uptime         : 0:0:16:20
System hardware version  : 1.04                     // 系统当前硬件版本号
System software version  : RGOS 10.4(3)p1 Release(143925)   // 系统当前软件版本号
System BOOT version   : 10.4(2b2) Release(102500)
System CTRL version   : 10.4(2b2) Release(102500)
System serial number  : 2683DHB501640
Device information:
   Device-1
      Hardware version   : 1.04
      Software version   : RGOS 10.4(3)p1 Release(143925)   // 系统当前软件版本号
      BOOT version       : 10.4(2b2) Release(102500)
      CTRL version       : 10.4(2b2) Release(102500)
      Serial Number      : 2683DHB501640
Ruijie# sh vlan                // 查看当前交换机中的 Vlan 情况，确保 f0/1 端口在 Vlan 1 中。
VLAN Name                           Status    Ports
---- -------------------------------- --------- ------------------------------
   1 VLAN0001                         STATIC    Fa0/1, Fa0/2, Fa0/3, Fa0/4
```

```
                                              Fa0/5, Fa0/6, Fa0/7, Fa0/8
                                              Fa0/9, Fa0/10, Fa0/11, Fa0/12
                                              Fa0/13, Fa0/14, Fa0/15, Fa0/16
                                              Fa0/17, Fa0/18, Fa0/19, Fa0/20
                                              Fa0/21, Fa0/22, Fa0/23, Fa0/24
                                              Gi0/25, Gi0/26
Ruijie# conf t                  // 进入全局配置模式
Enter configuration commands, one per line.    End with CNTL/Z.
Ruijie(config)# int vlan 1            // 进入 vlan 1 接口配置模式
Ruijie(config-if-VLAN 1)# ip address 1.1.1.2 255.0.0.0    // 为 vlan 1 接口设置管理 ip，与台式机网
卡同网段
Ruijie(config-if-VLAN 1)# exit       // 退回到全局配置模式
Ruijie(config)# exit                 // 退回到特权模式
Ruijie# ping 1.1.1.1                 // 测试是否能与台式机 ping 通
Sending 5, 100-byte ICMP Echoes to 1.1.1.1, timeout is 2 seconds:
  < press Ctrl+C to break >
!!!!!                                // !表示能够 ping 通
Success rate is 100 percent (5/5), round-trip min/avg/max = 1/1/1 ms    // 成功率 100%
Ruijie#
```

3. 从交换机备份旧的操作系统

在计算机上打开 TftpServer 软件，准备接收操作系统文件，如图 2-20 所示。

图 2-20　传送前 TFTP 服务器

在交换机上使用"copy"指令，将交换机的 flash 存储器中的操作系统文件"rgos.bin"传送到计算机上架设的 TFTP 服务器中，并重新命名。

```
Ruijie# copy flash:/rgos.bin TFTP://1.1.1.1/bak20170805.bin
Accessing flash:/rgos.bin...
!!!!!!!!!!!!!!!!!!!!!!!!!!!!!!!!!!!!!!!!!!!!!!!!!!!!!!!!!!!!!!!!!!!!!!!!!!!!!!!!!!!!!!!!
                                              // !表示数据在传送
Transmission finished, file length 7997856 bytes.      // 提示传送成功
Ruijie#
```

计算机上架设的 TFTP 服务器中也会显示连接、传送操作系统文件的日志信息，传送结束后，D 盘 RGOSUpdate 文件夹中（与 TftpServer 软件同路径）将出现接收到的操作系统文件，如图 2-21 所示。

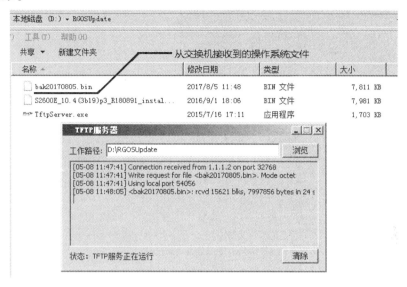

图 2-21　传送完成后的 TFTP 服务器

4. 从计算机向交换机发送新的操作系统

在交换机上使用"copy"指令，将计算机中下载的新的操作系统文件传送到交换机中替换"rgos.bin"文件。

```
Ruijie# copy TFTP://1.1.1.1/S2600E_10.4(3b19)p3_R180891_install.bin flash:/rgos.bin

Accessing TFTP://1.1.1.1/S2600E_10.4(3b19)p3_R180891_install.bin...

System is running defragment,please wait....

Press Ctrl+C to quit

!!!!!!!!!!!!!!!!!!!!!!!!!!!!!!!!!!!!!!!!!!!!!!!!!!!!!!!!!!!!!!!!!!!!!!!!!!!!!!

Transmission finished, file length 8172384 bytes.          // 传送完毕

Verify the image .[ok]                                     // 校验新传入文件的正确性

CURRENT PRODUCT INFORMATION:

    PRODUCT ID: 0x20110050

    PRODUCT DESCRIPTION: Ruijie Gigabit Security & Intelligence Access Switch (S2628G-E) By
Ruijie Networks

SUCCESS: UPGRADING OK.                                     // 升级成功，不成功会提示异常信息

Ruijie# reload                                             // 重新启动交换机

Proceed with reload? [no]y                                 // 输入"y"确认重启交换机
```

5. 确认是否升级成功

交换机重新启动后，重新查看系统版本号，确认是否成功。

```
Ruijie>en
Ruijie# sh ver              // 查看当前操作系统版本号
System description        : Ruijie Gigabit Security & Intelligence Access Switch (S2628G-E) By Ruijie
Networks
System start time         : 2017-05-22 7:43:31
System uptime             : 0:0:0:51
System hardware version   : 1.04
System software version   : RGOS 10.4(3b19)p3 Release(180891)    // 系统软件版本号已更新
System BOOT version       : 10.4(2b2) Release(102500)
System CTRL version       : 10.4(2b2) Release(102500)
System serial number      : 2683DHB501640
Device information:
  Device-1
    Hardware version      : 1.04
    Software version      : RGOS 10.4(3b19)p3 Release(180891)    // 系统软件版本号已更新
    BOOT version          : 10.4(2b2) Release(102500)
    CTRL version          : 10.4(2b2) Release(102500)
    Serial Number         : 2683DHB501640
Ruijie#
```

在向交换机的 flash 里面传文件之前，可以使用 "dir" 或者 "show main" 命令查看当前存储器中的系统文件。

```
Ruijie# show main
MainFile name: rgos.bin
Ruijie# dir
    Mode    Link    Size              MTime Name
  ———————  ————  ——————————  ——————————————————  ————————————————————
    <DIR>    1          0 1970-01-01 00:00:00 dev/
    <DIR>    2          0 2013-11-03 06:46:48 grtd/
             1        696 2017-05-22 07:43:48 httpd_cert.crt
             1        887 2017-05-22 07:43:48 httpd_key.pem
    <DIR>    2          0 2013-11-03 06:46:50 log/
             1          8 2015-07-03 07:45:58 priority.dat
    <DIR>    0          0 1970-01-01 00:00:00 proc/
    <DIR>    1          0 2017-05-22 07:43:33 ram/
             1    8172384 2017-05-22 07:33:05 rgos.bin
    <DIR>    2          0 2017-05-22 07:43:48 tmp/
             1    1474976 2017-05-22 07:43:43 web_management_pack.upd
  ———————————————————————————————————————————————————————————————————
```

```
5 Files (Total size 9648951 Bytes), 6 Directories.
Total 133169152 bytes (127MB) in this device, 118964224 bytes (113MB) available.
```

如果遇到交换机中的系统文件名为"rgnos.bin"而不是"rgos.bin"，那么还是应该以 flash 中的原来的主程序名"rgnos.bin"来命名新上传的文件，因为此时系统启动的主程序名还是"rgnos.bin"。例如，执行"copy TFTP://1.1.1.1/S2600E_10.4(3b19)p3_R180891_install.bin flash:/rgnos.bin"，然后执行"reload"重启，完成自动升级，升级完成后，flash 中的主程序就会自动更新为"rgos.bin"。

根据工程师的日常实践经验，对核心交换机 S86、S12000 版本进行较大跨度的升级时（如从 10.1 版本升级到 10.4 版本），建议对大的分支版本做逐步升级，例如 S86 10.1.00(4)→10.2.00(2)，R28273→10.3(5b1)R87006→10.4(2)R76696→10.4(3b17)p1，建议每次升级都备份原来的系统以防升级失败。

2.5.2　使用 FTP 进行路由器操作系统升级

一些较新的网络操作系统开始支持使用 FTP 服务升级设备系统文件，使用该方式可以解决部分无法使用 TFTP 升级设备的问题。例如，存有新系统文件的计算机在 NAT 内网，其具体升级步骤如下。

（1）在路由器上开启 FTP server 服务。

使用 Console 方式登录要升级的设备，开启 FTP Server 服务。

```
Ruijie#
Ruijie# conf t
Ruijie(config)# int f0/1                                    // 进入路由器端口
Ruijie(config-if-FastEthernet 0/1)# ip add 1.1.1.254 255.0.0.0   // 配置路由器端口地址
Ruijie(config-if-FastEthernet 0/1)# no shut                 // 激活端口
Ruijie(config-if-FastEthernet 0/1)# exit
Ruijie(config)# ftp-server enable
// 开启 FTP Server 功能，如果没有该命令则说明本设备不支持 FTP 模式传输进行软件版本升级。
Ruijie(config)# ftp-server username ruijie        // 配置 FTP 登录账号
Ruijie(config)# ftp-server password ruijie        // 配置 FTP 登录密码
Ruijie(config)# ftp-server topdir  /
// 设置 FTP 接收文件存放的目录，如果是升级必须是"/"目录
```

（2）配置计算机的 FTP 参数，登录设备，并向其传输新系统文件。

把将要上传的新系统文件放到计算机的非中文目录，如放到 D 盘 RGOSUpdate 文件夹，如图 2-22 所示。

配置台式机的 IP 地址、网关等参数，为文件传输准备好数据通路，需要能够"ping"通路由器任意端口的 IP 地址，本例中要求能够"ping"通 1.1.1.254。如果计算机直接和路由器相连，可以设置计算机 IP 地址为 1.1.1.1，子网掩码为 255.0.0.0，不需要设置网关。

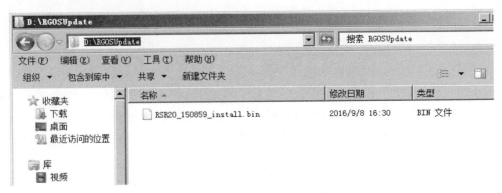

图 2-22　台式机中准备的文件

在计算机中打开命令提示符，切换到"D:\RGOSUpdate"路径，使用"ftp"命令登录已开启 FTP 服务的路由器中，使用"get"指令下载文件，使用"put"指令上传文件，操作指令如下。

```
C:\Users\Administrator> d:                              // 切换到 D 盘
D:\> cd RGOSUpdate                                      // 切换到 RGOSUpdate 目录
D:\RGOSUpdate> dir                                      // 查看本目录中的文件
                    ...
2017/08/12   15:32      <DIR>          .
2017/08/12   15:32      <DIR>          ..
2016/09/08   16:30           6,868,224 RSR20_150859_install.bin   // 存在待上传系统文件
              1 个文件        6,868,224 字节
              2 个目录  78,088,593,408 可用字节
D:\RGOSUpdate> ftp 1.1.1.254                            // 登录路由器中开启的 FTP 服务器
连接到  1.1.1.254。
220    FTP server <version 1.00> ready.
用户 (1.1.1.254:(none)): ruijie                         // 输入用户名
331 User name okay, need password.
密码:                                                   // 输入密码，此处密码没有星号回显，输入后按回车键
230 User logged in, proceed.                            // 提示成功登录
ftp> ?                                                  // 查看 FTP 支持的指令
命令可能是缩写的。    命令为:
!              delete        literal        prompt        send
?              debug         ls             put           status
append         dir           mdelete        pwd           trace
ascii          disconnect    mdir           quit          type
bell           get           mget           quote         user
binary         glob          mkdir          recv          verbose
bye            hash          mls            remotehelp
```

```
cd              help            mput            rename
close           lcd             open            rmdir
ftp> hash                                       // 每传输1024字节,显示一个hash符号(#)
哈希标记打印 开  ftp: (2048 字节/哈希标记) .
ftp> binary                                     // 使用二进制文件传输方式
200 Type set to I.
ftp> dir                                        // 查看远程主机（路由器）中的文件
200 PORT Command okay.
150 Opening ASCII mode data connection.
drwxrwxrwx    2 user        group           0 Nov   5   2010 mnt
drwxrwxrwx    2 user        group           0 Aug 12 15:29 tmp
drwxrwxrwx    3 user        group           0 Aug   9   2008 info
----------    1 user        group    15426368 Aug 12 15:27 rgos.bin  // 路由器的操作系统文件
226 Closing data connection.
ftp: 收到 246 字节, 用时 0.00 秒 246000.00 千字节/秒。
ftp> get                                        // 使用get指令从远程主机（路由器）下载文件到主机
远程文件 rgos.bin                               // 输入需要下载的文件名
本地文件 bak20170812.bin                        // 重命名下载到本地主机后的文件的名字
200 PORT Command okay.
150 Opening BINARY mode data connection.
####################################################################   // 开始下载
(......省略下载过程中的#字符显示......)
#############226 Closing data connection.
ftp: 收到 15426368 字节, 用时 16.66 秒 925.90 千字节/秒。              // 下载完毕
ftp> put                        // 使用put指令从本地主机上传文件到远程主机（路由器）
本地文件 RSR20_150859_install.bin        // 输入待上传文件名字
远程文件 rgos.bin               // 输入上传后的文件名字,必须是路由器认可的文件名,例如"rgos.bin"
200 PORT Command okay.
150 Opening BINARY mode data connection.
############################################################################ // 开始上传
(......省略上传过程中的#字符显示......)
####################################################################
226 Transfer complete.
ftp: 发送 6868224 字节, 用时 21.11 秒 325.40 千字节/秒。              // 上传完毕
ftp> bye                                // 退出FTP服务器
221 Service closing control connection(Goodbye).
D:\RGOSUpdate>
```

（3）重启路由器确认版本升级结果。

```
Ruijie> en
Ruijie# reload                          // 路由器重启
Proceed with reload? [no]y              // 输入"y"确认重启
```

路由器启动完毕后查看版本是否正确。

```
Ruijie> en
Ruijie# sh ver
System description          : Ruijie Router (RSR20-24) by Ruijie Networks
System start time           : 2017-08-12 15:58:58
System uptime               : 0:0:1:23
System hardware version     : 1.11
System software version     : RGOS 10.3(5b6)p2, Release(150859)      // 系统版本号
System BOOT version         : 10.3.150859
Ruijie#
```

前面介绍的是比较常见的系统软件升级方法，如果遇到比较特殊的情况，如系统文件丢失、特殊网络设备系统升级等，需要参看厂家相关说明文档或者向厂家技术人员寻求帮助。

第3章 VLAN 的配置与应用

VLAN 是虚拟局域网（Virtual Local Area Network）的简称，它是在一个物理网络上划分出来的逻辑网络。这个网络对应于 ISO 模型的第二层网络。VLAN 的划分不受网络端口的实际物理位置的限制。VLAN 有着和普通物理网络同样的属性，除了没有物理位置的限制，它和普通局域网一样。第二层的单播、广播和多播帧在一个 VLAN 内转发、扩散，而不会直接进入其他的 VLAN 之中。所以，如果一个端口所连接的主机想要和其他不在同一个 VLAN 的主机通信，则必须通过一个三层设备转发数据包。

3.1 基于端口的 VLAN

基于端口的 VLAN（Port-Base VLAN）划分方法是以交换机端口为单位，一个 VLAN 对应交换机的一组端口，同一 VLAN 内的端口连接的设备可以通信，不同 VLAN 不能通信。

3.1.1 单台交换机上 VLAN 的配置

通常，交换机 VLAN 的管理包括以下 3 点：
（1）创建 VLAN。
（2）将交换机端口划分入 VLAN。
（3）同一 VLAN 内的计算机配置同一网段 IP。
假设某学校的机房要用来开展一场竞赛，2 人一组共同完成任务，同组内可以资源共享，不同组不能通信。在拓扑图 3-1 中，共有 4 台主机连接在交换机的相应端口上，现需要将 PC1 与 PC2 分为一组，PC3 与 PC4 分为一组，同组内可以互相访问，不同组间无法互相访问。

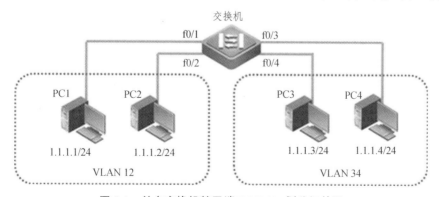

图 3-1 单台交换机基于端口 VLAN 划分拓扑图

首先按照图 3-1 所示拓扑连接设备与计算机，在交换机上进行如下配置。

```
Ruijie> en
Ruijie# sh vlan                              // 配置前先查看交换机中 VLAN 信息
VLAN Name                       Status   Ports
____ _____     _____ _____

   1 VLAN0001                    STATIC   Fa0/1, Fa0/2, Fa0/3, Fa0/4
                                          Fa0/5, Fa0/6, Fa0/7, Fa0/8
                                          Fa0/9, Fa0/10, Fa0/11, Fa0/12
                                          Fa0/13, Fa0/14, Fa0/15, Fa0/16
                                          Fa0/17, Fa0/18, Fa0/19, Fa0/20
                                          Fa0/21, Fa0/22, Fa0/23, Fa0/24
                                          Gi0/25, Gi0/26
// 此时连接 4 台 PC 的交换机端口同在编号为 1 的 VLAN 中，4 台 PC 配置好 IP 后能够通信。
Ruijie# conf t
Enter configuration commands, one per line.    End with CNTL/Z.

[Help cmd]          [Example]        [Presented inf]         [Config mode]
------------        -----------      --------------------    ------------------------

function+help       acl help         typical config example  privileged mode
keyword+help        ip-mac help      single cmd example      current cmd mode
view+function       view acl         main status or config   mode of different levels
Ruijie(config)# vlan 12                      // 创建编号为 12 的 VLAN
Ruijie(config-vlan)# name Team1              // 为编号为 12 的 VLAN 命名
// 如果想把 VLAN 的名字改回缺省名字，只需输入 no name 命令即可
Ruijie(config-vlan)# exit
Ruijie(config)# vlan 34                       // 创建编号 34 的 VLAN
Ruijie(config-vlan)# name Team2              // 为编号为 34 的 VLAN 命名
Ruijie(config-vlan)# exit
Ruijie(config)# exit
Ruijie# sh vlan                              // 查看交换机中 VLAN 当前信息
VLAN Name                       Status   Ports
____ _____     _____ _____

   1 VLAN0001                    STATIC   Fa0/1, Fa0/2, Fa0/3, Fa0/4
                                          Fa0/5, Fa0/6, Fa0/7, Fa0/8
                                          Fa0/9, Fa0/10, Fa0/11, Fa0/12
                                          Fa0/13, Fa0/14, Fa0/15, Fa0/16
                                          Fa0/17, Fa0/18, Fa0/19, Fa0/20
                                          Fa0/21, Fa0/22, Fa0/23, Fa0/24
                                          Gi0/25, Gi0/26
```

```
12 Team1                          STATIC          // 12 号 VLAN 已经被创建
34 Team2                          STATIC          // 34 号 VLAN 已经被创建
Ruijie# conf t
Enter configuration commands, one per line.    End with CNTL/Z.
Ruijie(config)# int fa0/1                         // 进入端口配置模式
Ruijie(config-if-FastEthernet 0/1)# switchport mode access    // 配置端口模式为 access
Ruijie(config-if-FastEthernet 0/1)# switchport access vlan 12 // 将本端口划分入 12 号 VLAN
Ruijie(config-if-FastEthernet 0/1)# exit
Ruijie(config)# int fa0/2
Ruijie(config-if-FastEthernet 0/2)# sw mode acc   // 配置端口模式为 access
Ruijie(config-if-FastEthernet 0/2)# sw acc vlan 12 // 将本端口划分入 12 号 VLAN
Ruijie(config-if-FastEthernet 0/2)# exit
Ruijie(config)# int fa0/3
Ruijie(config-if-FastEthernet 0/3)# switchport access vlan 34 // 将本端口划分入 34 号 VLAN
Ruijie(config-if-FastEthernet 0/3)# exit
Ruijie(config)# int fa0/4
Ruijie(config-if-FastEthernet 0/4)# sw acc vlan 34 // 将本端口划分入 34 号 VLAN
Ruijie(config-if-FastEthernet 0/4)# end
Ruijie# sh vlan                                   // 查看交换机中 VLAN 当前信息
VLAN Name                 Status    Ports
---- ------------------   -------   ---------- -------------------------------
   1 VLAN0001             STATIC    Fa0/5, Fa0/6, Fa0/7, Fa0/8
                                    Fa0/9, Fa0/10, Fa0/11, Fa0/12
                                    Fa0/13, Fa0/14, Fa0/15, Fa0/16
                                    Fa0/17, Fa0/18, Fa0/19, Fa0/20
                                    Fa0/21, Fa0/22, Fa0/23, Fa0/24
                                    Gi0/25, Gi0/26
  12 Team1               STATIC    Fa0/1, Fa0/2    // 端口 Fa0/1 和 Fa0/2 已经属于 12 号 VLAN
  34 Team2               STATIC    Fa0/3, Fa0/4    // 端口 Fa0/3 和 Fa0/4 已经属于 34 号 VLAN
Ruijie#
```

配置完成后，测试 4 台 PC 的连通性，此时 PC1 和 PC2 可以通信，PC3 和 PC4 可以通信，VLAN 之间的 PC 都不可以通信，无论它们是否在同一个网段。

创建 VLAN 使用的命令是"VLAN 编号"，不同的 VLAN 靠编号来区分，交换机最多能够操作 4094 个 VLAN，可以使用命令"VLAN ？"查看范围。为创建的 VLAN 命名是可选操作，不命名也可以。编号为 1 的 VLAN 是默认 VLAN，不用创建就存在，不能被删除。VLAN 的删除使用命令"no VLAN 编号"，如果尝试删除 VLAN 1 将会得到下面的错误提示：

```
Ruijie(config)# no vlan 1
A default VLAN may not be deleted.
```

交换机二层交换端口有 3 种模式：Access、Trunk 和 Hybrid，每个 Access Port 只能属于一个 VLAN，它只传输属于这个 VLAN 的帧，一般用于连接计算机。默认情况下交换机端口处于 Access 模式，因此前面对 fa0/3 和 fa0/4 端口的配置省略了 Access 模式配置。可以使用下面命令查看端口的模式。

> Ruijie# show interfaces switchport

如果某个交换机端口处于 Trunk 模式下，使用 "switchport access vlan 34" 命令时将提示错误。

> Ruijie(config)# int fa0/5
>
> Ruijie(config-if-FastEthernet 0/5)# switchport   mode trunk
>
> Ruijie(config-if-FastEthernet 0/5)# switchport   acc vlan 12
>
> can not set access vlan on this port mode!   // 错误提示：在当前端口模式下不能设置 access vlan

Trunk port 可以属于多个 VLAN，能够接收和发送属于多个 VLAN 的帧，一般用于设备之间的连接，也可以用于连接用户的计算机。Hybrid 类型的端口可以属于多个 VLAN，可以接收和发送多个 VLAN 的报文，可以用于设备之间连接，也可以用于连接用户的计算机。Hybrid 端口和 Trunk 端口的不同之处在于 Hybrid 端口可以允许多个 VLAN 的报文发送时不打标签，而 Trunk 端口只允许默认 VLAN 的报文发送时不打标签。

由于处于 Access Port 模式的端口只能属于一个 VLAN，当需要调整 fa0/3 端口进入 12 号 VLAN 时，只需在 fa0/3 端口模式下使用 "switchport access vlan 12"，fa0/3 端口将进入 12 号 VLAN 并从 34 号 VLAN 中退出。如果在端口配置模式使用 "no switchport access vlan" 命令，则该端口回到 1 号 VLAN 中。

> Ruijie(config)# int fa0/3
>
> Ruijie(config-if-FastEthernet 0/3)# switchport acc vlan 12
>
> Ruijie(config-if-FastEthernet 0/3)# end
>
> Ruijie# sh vlan

对大量端口进行操作时，可以使用 "range" 命令，例如，将端口 fa0/1~fa0/4，fa0/11~fa0/15 和 fa0/18 共 10 个端口划分入 10 号 VLAN，无需重复 10 次单独处理每个端口，使用下面指令更加高效。

> Ruijie(config)# int range fa0/1 - 4, 0/11 - 15, 0/18
>
> Ruijie(config-if-range)#   switchport acc vlan 10
>
> Ruijie(config-if-range)#   end
>
> Ruijie# sh vlan

交换机是如何实现不同 VLAN 间不能通信的呢？很简单，交换机中存有一张 MAC 地址表，通过这张表能够查询到每个端口属于哪一个 VLAN，以及网卡地址与 VLAN 的对应关系。当有数据包到达交换机端口需要进行数据转发时，交换机提取数据包中目的 MAC 地址字段在表中查询，如果查询到的 MAC 地址对应的 VLAN 编号和数据包进入交换机端口所在的 VLAN 编号相同则说明同属于相同 VLAN，可进行数据包转发，否则不转发数据包。使用下列指令可以查看交换机中的 MAC 地址表。

```
Ruijie# sh mac-address-table
Vlan          MAC Address              Type          Interface
──────────    ──────────────────      ────────      ────────────────────
 12           e005.c5f3.50eb           DYNAMIC       FastEthernet 0/1
 12           4016.9ff2.2666           DYNAMIC       FastEthernet 0/2
 34           4016.9ff2.48ca           DYNAMIC       FastEthernet 0/3
 34           e005.c5f3.35ef           DYNAMIC       FastEthernet 0/4
```

在较新的操作系统版本 RGOS 10.4(3b19)p3 中，添加端口到已创建的 VLAN 中还有另外一种方法，在 VLAN 配置模式下使用 "add" 指令，该指令只对 Access 口有效。例如，创建 100 号 VLAN，并且添加 fa0/20 至 fa0/24 端口到此 VLAN 中的配置如下。

```
Ruijie(config)# vlan 20
Ruijie(config-vlan)# add interface range f0/20 - 24
Ruijie(config-vlan)# end
Ruijie# sh vlan
VLAN Name                            Status          Ports
──── ──────────────────            ────────      ───────────────────────────
   1 VLAN0001                        STATIC         Fa0/5, Fa0/6, Fa0/7, Fa0/8
                                                    Fa0/9, Fa0/10, Fa0/11, Fa0/12
                                                    Fa0/13, Fa0/14, Fa0/15, Fa0/16
                                                    Fa0/17, Fa0/18, Fa0/19, Gi0/25
                                                    Gi0/26
  12 Team1                           STATIC         Fa0/1, Fa0/2
  34 Team2                           STATIC         Fa0/3, Fa0/4
 100 VLAN0100                        STATIC         Fa0/20, Fa0/21, Fa0/22, Fa0/23
                                                    Fa0/24
Ruijie#
```

对于两种形式的接口加入 VLAN 命令，配置生效的原则是后配置的命令覆盖前面配置的命令。

3.1.2　多台交换机上 VLAN 的配置

交换机的端口数量比较常见的有 24、48，当组建的网络接入需求大于一台交换机端口数量时，自然考虑使用多台交换机。针对图 3-2 所示场景，要求配置两台交换机完成 PC1 与 PC3 同属于 13 号 VLAN，PC2 与 PC4 同属于 24 号 VLAN，VLAN 内计算机能够通信，VLAN 间不能通信。

1. Trunk 链路配置

首先按照图 3-2 所示拓扑连接设备与计算机并配置好 IP 地址，交换机 A 与交换机 B 之间使用双绞线连接。此时测试 4 台计算机应该能够互相 "ping" 通，因为在默认情况下，交换机所有端口都属于 1 号 VLAN，即 4 台计算机同属于 1 号 VLAN，可以互相通信。

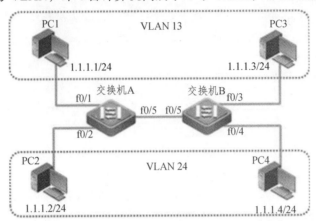

图 3-2　多台交换机使用 Trunk 链路基于端口划分 VLAN 拓扑图

交换机 A 配置如下：

```
Ruijie> en

Ruijie# conf t

Enter configuration commands, one per line.    End with CNTL/Z.

Ruijie(config)# hostname SWA                        // 更改本地主机名

SWA(config)# vlan 13                                // 创建 13 号 VLAN

SWA(config-vlan)# exit

SWA(config)# vlan 24                                // 创建 24 号 VLAN

SWA(config-vlan)# exit

SWA(config)# int fa0/1

SWA(config-if-FastEthernet 0/1)# sw mode acc        // 端口模式配置为 Access

SWA(config-if-FastEthernet 0/1)# sw acc vlan 13     // 划分入 13 号 VLAN

SWA(config-if-FastEthernet 0/1)# exit

SWA(config)# int fa0/2

SWA(config-if-FastEthernet 0/2)# sw mode acc        // 端口模式配置为 Access

SWA(config-if-FastEthernet 0/2)# sw acc vlan 24     // 划分入 24 号 VLAN

SWA(config-if-FastEthernet 0/2)# exit

SWA(config)# int fa0/5

SWA(config-if-FastEthernet 0/5)# sw mode trunk      // 端口配置为 Trunk 模式

SWA(config-if-FastEthernet 0/5)# exit

SWA(config)#
```

交换机 B 配置如下：

```
Ruijie> en

Ruijie# conf t

Enter configuration commands, one per line.    End with CNTL/Z.
```

```
Ruijie(config)# hostname SWB                             // 更改本地主机名
SWB(config)# vlan 13                                     // 创建 13 号 VLAN
SWB(config-vlan)# exit
SWB(config)# vlan 24                                     // 创建 24 号 VLAN
SWB(config-vlan)# exit
SWB(config)# int fa0/3
SWB(config-if-FastEthernet 0/3)# sw mode acc             // 端口模式配置为 Access
SWB(config-if-FastEthernet 0/3)# sw acc vlan 13          // 划分入 13 号 VLAN
SWB(config-if-FastEthernet 0/3)# exit
SWB(config)# int fa0/4
SWB(config-if-FastEthernet 0/4)# sw mode acc             // 端口模式配置为 Access
SWB(config-if-FastEthernet 0/4)# sw acc vlan 24          // 划分入 24 号 VLAN
SWB(config-if-FastEthernet 0/4)# exit
SWB(config)# int fa0/5
SWB(config-if-FastEthernet 0/5)# sw mode trunk           // 端口配置为 Trunk 模式
SWB(config-if-FastEthernet 0/5)# exit
SWB(config)#
```

配置为 Trunk 模式的端口将会出现在每一个 VLAN 中。使用"sh vlan"指令可以看出效果。配置完毕后，PC1 与 PC3 可以"ping"通，PC2 与 PC4 可以"ping"通，其余不能"ping"通。

通常情况下，交换机之间的链路配置为 Trunk 模式，因为此链路需要接收和发送属于多个 VLAN 的帧。图 3-2 中两个交换机之间的链路需要传送 13 号和 24 号 VLAN 的数据包，因此配置为 Trunk 模式。

2. 不使用 Trunk 链路配置

如果只是针对图 3-2 中的需求，也可以不配置 Trunk 模式，但需要在交换机之间多加一条连接线，即两台交换机之间用两条线路连接，这两条连接线的端口都配置为 Access 模式，分别属于 13 号和 24 号 VLAN，如图 3-3 所示。

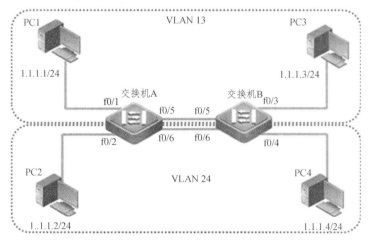

图 3-3　多台交换机不使用 Trunk 链路基于端口划分 VLAN 拓扑图

交换机 A 配置如下：

```
SWA(config)# int fa0/5
SWA(config-if-FastEthernet 0/5)# sw mode access        // 修改端口模式为 Access 模式
SWA(config-if-FastEthernet 0/5)# sw acc vlan 13        // 划分入 13 号 VLAN
SWA(config-if-FastEthernet 0/5)# exit
SWA(config)# int fa0/6
SWA(config-if-FastEthernet 0/6)# sw mode access        // 配置端口模式为 Access 模式
SWA(config-if-FastEthernet 0/6)# sw acc vlan 24        // 划分入 24 号 VLAN
SWA(config-if-FastEthernet 0/6)# exit
```

交换机 B 配置如下：

```
SWB(config)# int fa0/5
SWB(config-if-FastEthernet 0/5)# sw mode access        // 修改端口模式为 Access 模式
SWB(config-if-FastEthernet 0/5)# sw acc vlan 13        // 划分入 13 号 VLAN
SWB(config-if-FastEthernet 0/5)# exit
SWB(config)# int fa0/6
SWB(config-if-FastEthernet 0/6)# sw mode access        // 配置端口模式为 Access 模式
SWB(config-if-FastEthernet 0/6)# sw acc vlan 24        // 划分入 24 号 VLAN
SWB(config-if-FastEthernet 0/6)# exit
```

修改拓扑并配置完毕后，实现的效果与使用 Trunk 链路一样，PC1 与 PC3 可以"ping"通，PC2 与 PC4 可以"ping"通，其余不能"ping"通。这种方式具有很大的弊端，如果交换机上存在的 VLAN 数量很多，就需要很多条交换机间的链路，显然不可取。Trunk 链路正是为了解决这样的问题而设计的。

3. Trunk 链路原理

Trunk 链路只需要一条线路就能够传送多个 VLAN 的数据包，这是如何做到的呢？交换机 A 发出一个数据帧给交换机 B，交换机 B 收到后是如何判断这个数据包属于哪个 VLAN 的呢？

数据帧通过 Trunk 端口发出时，将被加上"标签"，所谓的标签其实是对原先的数据帧增加一个 4 字节长度的字段，字段中包括数据包来源 VLAN 的编号。802.1Q 标准，即虚拟桥接局域网（Virtual Bridged Local Area Networks），是 IEEE 于 1999 年正式公布的 VLAN 报文格式的国际标准，如图 3-4 所示。

与 Ethernet Version 2 帧格式相比，IEEE 802.1Q 帧格式增加了一个字段，这个长度为 4 字节的标签字段包含 2 个字节的标签协议标识（Tag Protocol Identifier，TPID）和 2 个字节的标签控制信息（Tag Control Information，TCI）。其中 TPID 是一个固定的值 0x8100，表明这是一个加了 802.1Q 标签的以太网帧。

TCI 包含的是帧的控制信息，它包含了 3 个字段：

（1）Priority：这 3 位指明帧的优先级。具有从 0 到 7 共 8 种优先级，主要用于交换机阻塞时，优先发送优先级别高的数据帧。

（2）CFI (Canonical Format Indicator)：CFI 的值为 0 说明是规范格式，为 1 则是非规范格式。它被用在令牌环/源路由的 FDDI 介质访问方法中指示封装帧中所带地址的比特次序信息。

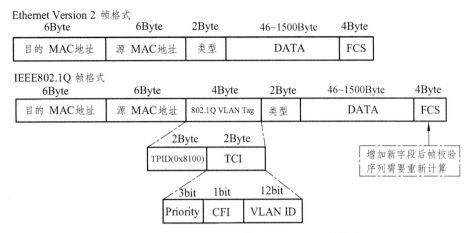

图 3-4　Ethernet Version 2 与 IEEE 802.1Q 帧格式

（3）VLAN ID（VLAN Identified）：是一个 12 位的域，指明 VLAN 的 ID，取值范围为 0 ~ 4095，一共 4096 个，由于 0 和 4095 为协议保留取值，所以 VLAN ID 的取值范围为 1 ~ 4094，每个支持 802.1Q 协议的交换机从 Trunk 端口发送出来的数据包都会包含这个域，以指明自己属于哪一个 VLAN。

需要注意的是，计算机的网卡是无法识别加了标签（增加了 4 个字节）的数据帧的，计算机网卡发出的数据包是正常的 Ethernet Version 2 数据帧，接收到的数据包也应该是 Ethernet Version 2 数据帧，否则网卡识别不了，将丢掉这个数据包。

以图 3-2 所示的需求为例，当 PC1 发送数据包给同一个 VLAN 的 PC3 时，PC1 首先从网卡发出正常数据包；交换机 A 从端口 f0/1 收到；查 MAC 转发表后发现应从端口 f0/5 转发出去，f0/5 是 Trunk 端口，f0/1 属于 13 号 VLAN，因此，交换机 A 为原来的数据包打上标签（增加 802.1Q 字段）并从 f0/5 端口发出数据包；此时，链路上打了标签的数据包中的 VLAN ID 字段的值为 13，表明这个数据包来自 13 号 VLAN；数据包将从交换机 B 的 f0/5 端口收到；交换机 B 查看数据包中标签的内容，知道这个数据包属于 13 号 VLAN，查找 MAC 转发表后确定转发端口是 f0/3，然后将标签脱去，将数据包从端口 f0/3 转发出去。PC1 发出的是正常数据包，PC3 收到的也是正常数据包，加标签的过程发生在交换机及之间的链路上，对计算机是透明的，即计算机觉察不到数据包的变化。

4. Trunk 口的许可 VLAN 列表

一个 Trunk 口默认可以传输所有 VLAN（1~4094）的流量。但是，用户也可以通过设置 Trunk 口的许可 VLAN 列表来限制某些 VLAN 的流量不能通过这个 Trunk 口。在接口配置模式下，可以修改一个 Trunk 口的许可 VLAN 列表。同样以图 3-2 为例，下面的配置将限制 PC2 与 PC4 之间的通信。

```
Ruijie# conf t
Ruijie(config)# int fa0/5
Ruijie(config-if-FastEthernet 0/5)# switchport trunk allowed vlan remove 24
Ruijie(config-if-FastEthernet 0/5)# end
```

```
Ruijie# show interfaces f0/5 switchport

Interface                 Switchport Mode      Access Native Protected VLAN lists

——————————————  ——————  —————  ——————  ——————  —————  ——————

FastEthernet 0/5          enabled   TRUNK      1      1    Disabled   1-23,25-4094 //24 不在列表中

Ruijie#
```

上面的配置在 Trunk 链路的许可 VLAN 列表中删除了 24 号 VLAN，打 24 号 VLAN 标签的数据帧不能从此链路通过，导致 PC2 与 PC4 不能通信。

如果想把 Trunk 链路的许可 VLAN 列表改为默认的许可所有 VLAN 的状态，使用 "no switchport trunk allowed vlan" 接口配置命令。

Trunk 口的许可 VLAN 列表配置方式有 4 种，可以使用 "?" 查看。

```
Ruijie(config-if-FastEthernet 0/5)#switchport trunk allowed vlan ?

    add        Add VLANs to the current list

    all        All VLANs

    except     All VLANs except the following

    remove     Remove VLANs from the current list
```

all：许可 VLAN 列表包含所有支持的 VLAN。

add：表示将指定 VLAN 列表加入许可 VLAN 列表。

remove：表示将指定 VLAN 列表从许可 VLAN 列表中删除。

except：表示将除列出的 VLAN 列表外的所有 VLAN 加入许可 VLAN 列表。

5. Trunk 口配置 Native VLAN

既然数据包从交换机的 Trunk 端口发出时都要加上包含 VLAN 号码的标签，那么能否设置一个 VLAN 在 Trunk 链路上传输时不加任何标签呢？因为只有一个 VLAN 数据包通过不加标签，不会与其他加标签的数据包混淆，所以答案是肯定的，这就叫作 Native VLAN。默认情况下，所有端口的 Native VLAN 为 1，也就是说 VLAN 1 的数据帧在通过 Trunk 链路时是没有标签的。每个端口只能设置 1 个 Native VLAN，第二次设置将会覆盖前一次的值，通过下面指令可以查看 Native VLAN 的值。

```
Ruijie# show interfaces f0/5 switchport

Interface                 Switchport Mode      Access Native Protected VLAN lists

——————————————  ——————  —————  ——————  ——————  —————  ——————

FastEthernet 0/5          enabled   TRUNK      1       1     Disabled 1-23,25-4094 //24 不在列表中

Ruijie#
```

可以使用指令更改 Native VLAN 的值。在图 3-5 中，两台交换机之间的 Trunk 链路连接的端口都是 f0/5，PC2 属于 VLAN 2，PC4 属于 VLAN 4。因为处于不同 VLAN，所以 PC2 和 PC4 无法通信。完成下面的配置后，PC2 和 PC4 虽然在不同 VLAN，但是也能通信了。

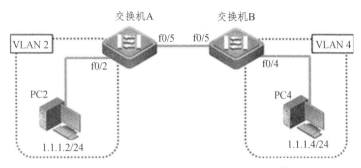

图 3-5　Trunk 链路 Native VLAN 配置拓扑

首先为 PC2 和 PC4 配置如图 3-5 所示的 IP 地址。

交换机 A 的配置如下：

```
Ruijie# conf t
Ruijie(config)# hostname SWA                        // 改交换机名
SWA(config)# vlan 2                                 // 创建 VLAN
SWA(config-vlan)# add int fa0/2                     // 添加端口
SWA(config-vlan)# exit
SWA(config)# int fa0/5
SWA(config-if-FastEthernet 0/5)# sw mode tr         // 端口设置为 Trunk 模式
SWA(config-if-FastEthernet 0/5)# exit
```

交换机 B 的配置如下：

```
Ruijie# conf t
Ruijie(config)# hostname SWB                        // 改交换机名
SWB(config)# vlan 4                                 // 创建 VLAN
SWB(config-vlan)# add int fa0/4                     // 添加端口
SWB(config-vlan)# exit
SWB(config)# int fa0/5
SWB(config-if-FastEthernet 0/5)# sw mode tr         // 端口设置为 Trunk 模式
SWB(config-if-FastEthernet 0/5)# exit
```

此时测试 PC2 和 PC4 之间的连通性，发现彼此之间不能"ping"通。从表面上看是因为 PC2 和 PC4 在不同的 VLAN，不能通信。我们分析数据流：PC2 从网卡发出无标签数据包，交换机 A 的 f0/2 端口接收，查询 MAC 转发表后从 f0/5 端口发出加标签（VLAN ID = 2）数据包，交换机 B 的 f0/5 端口接收后，查询 MAC 转发表中 VLAN 2 中的主机，找不到该主机，数据包被丢弃。

继续完成下列配置：

```
SWA(config)# int fa0/5
SWA(config-if-FastEthernet 0/5)# sw trunk native vlan 2        // 更改 Native VLAN 值
%Warning: the native vlan of port FastEthernet 0/5 may not match with it's neighbor.
```

> Port native vlan=2, neighbor port native vlan=1. the one for the neighbor port.
>
> // 更改交换机 A 的 fa0/5 端口的 Native VLAN 值为 2, 提示的警告信息提醒用户注意另外一端的 Native VLAN 值与本端口不一致。
>
> SWB(config)# int fa0/5
>
> SWB(config-if-FastEthernet 0/5)# switchport trunk native vlan 4　　　　　// 更改 Native VLAN 值
>
> %Warning: the native vlan of port FastEthernet 0/5 may not match with it's neighbor.
>
> Port native vlan=4, neighbor port native vlan=2. the one for the neighbor port.

此时测试 PC2 和 PC4 之间的连通性，发现彼此之间可以"ping"通了。分析数据流：PC2 从网卡发出无标签数据包，交换机 A 的 f0/2 端口接收，查询 MAC 转发表后从 f0/5 端口发出，因为此时的 Native VLAN 值与数据包进入端口时的 VLAN 号码一致，所以不加标签，交换机 B 的 f0/5 端口收到的当然也是没有加标签的数据包，因为交换机 B 的 f0/5 端口的 Native VLAN 值配置的为 4，所以交换机 B 会把收到的数据包在 VLAN 4 中转发，同属于 VLAN 4 的 PC2 就可以收到数据包了。PC2 收到数据包后的应答数据包返回路径类似。图 3-5 的配置方法只是为了演示 Native VLAN 的功能，在工程实践中极少应用，通常交换机之间链路设置为 Trunk 模式，两端 Native VLAN 一致。在图 3-5 中的两台交换机之间添加交换机 C，不会影响 PC2 和 PC4 之间的连通性，如图 3-6 所示。

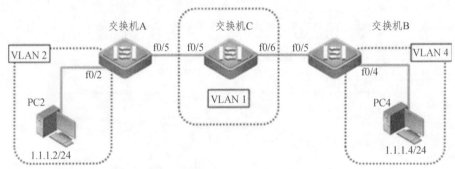

图 3-6　Trunk 链路 Native VLAN 配置拓扑

3.2　基于 MAC 地址的 VLAN

随着移动办公的普及，终端设备可能要求不通过固定端口接入网络，它可能本次使用端口 A 接入网络，下次使用端口 B 接入网络。如果端口 A 和端口 B 的 VLAN 配置不同，则终端设备第 2 次接入后就会被划分到不同 VLAN，导致无法使用原 VLAN 内的资源；如果端口 A 和端口 B 的 VLAN 配置相同，当端口 B 被分配给别的终端设备时，又会引入安全问题。如何在同一端口下，允许不同 VLAN 的主机自由接入呢？MAC VLAN 功能由此产生。

MAC VLAN 是基于 MAC 地址划分的 VLAN，是一种新的 VLAN 划分方法。该功能通常会和认证计费系统（如 RG-SAM）802.1X 下发 VLAN 功能结合使用，以实现 802.1X 终端的安全、灵活接入。当 802.1X 用户通过认证后，根据认证服务器下发的 VLAN 和用户 MAC 地址，由交换机自动生成 MAC VLAN 表项。网络管理员也可以预先在交换机上配置 MAC 地址和 VLAN 的关联关系。

　　MAC VLAN 静态配置需要网络管理员通过命令行在本地交换机设备上手动配置 MAC 地址和 VLAN 的关联关系。在这种方式中，管理员需要手动配置 MAC VLAN 表项，启动基于 MAC 划分 VLAN 的功能，然后手动将对应的端口加入 MAC VLAN。很显然这种方式工作量比较大，常用于 MAC VLAN 中用户相对较少的网络环境。

　　MAC VLAN 的最大优点就是当用户物理位置发生移动时，即从一台交换机换到其他交换机时，不需要重新配置用户所在端口的 VLAN。所以，可以认为这种根据 MAC 地址的 VLAN 划分方法是基于用户的 VLAN。

　　MAC VLAN 静态配置步骤如下。

　　（1）交换机的端口在默认情况下关闭了 MAC VLAN 功能，首先需要在端口配置模式下启用此功能，启用 MAC VLAN 功能的端口必须首先配置为 Hybrid 模式，否则会提示 "Error: MAC VLAN can be enabled on Hybrid port only." 错误。

```
Ruijie(config-if-FastEthernet 0/1)# sw mode hybrid        // 配置端口为 Hybrid 模式
Ruijie(config-if-FastEthernet 0/1)# end
Ruijie# sh int fa0/1 switchport                           // 查看端口模式配置结果
Interface              Switchport  Mode    Access Native Protected VLAN lists
------------------     ----------  ------  ------ ------ --------- -----------
FastEthernet 0/1       enabled     HYBRID   1      1     Disabled  ALL
Ruijie# conf t
Ruijie(config)#int fa0/1
Ruijie(config-if-FastEthernet 0/1)# mac-vlan enable       // 端口启用 MAC VLAN 功能
Ruijie(config-if-FastEthernet 0/1)# end
Ruijie# sh mac-vlan interface                             // 查看已启用 MAC VLAN 功能的端口
MAC VLAN is enabled on following interface:
---------------------------------------------
FastEthernet 0/1
Ruijie#
```

　　（2）在全局模式下配置 MAC 地址和 VLAN 的关联关系，MAC VLAN 表项仅对无标签的报文有效。

```
Ruijie(config)# mac-vlan mac-address e005.c5f3.50eb vlan 10
Error: Invalid vlan.
// 在关联 MAC 地址和 VLAN 前，VLAN 必须已经存在，否则将出现错误提示
Ruijie(config)# vlan 10                                   // 创建 VLAN
Ruijie(config-vlan)# exit
Ruijie(config)# mac-vlan mac-address e005.c5f3.50eb vlan 10   // 关联 MAC 地址和 VLAN
// MAC 地址为 e005.c5f3.50eb 的主机从启用 MAC VLAN 功能的端口接入时，就划分在 10 号 VLAN 了
```

　　在图 3-7 中，某公司的部门 A 与部门 B 属于不同 VLAN，两个部门的员工携带笔记本计算机共同在会议室开会的时候接入交换机的端口是不固定的，需要配置 MAC VLAN 功能，使

部门 A 的用户无论接入交换机 C 的任何端口都属于 VLAN 13，能访问 SERVER1，不能访问 SERVER2；部门 B 的用户无论接入交换机 C 的任何端口都属于 VLAN 24，能访问 SERVER2，不能访问 SERVER1；外来接入终端无法访问 SERVER1 和 SERVER2。

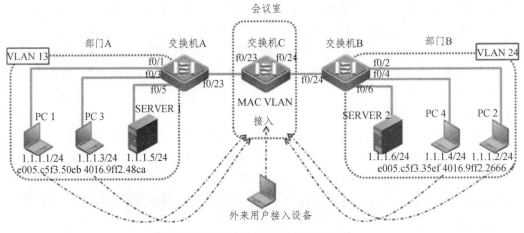

图 3-7　静态 MAC VLAN 配置拓扑

交换机 A 的配置如下：

```
Ruijie> en
Ruijie# conf t
Ruijie(config)# hostname SWA
SWA(config)# int range fa0/1-22,0/24
SWA(config-if-range)# sw mode access
SWA(config-if-range)# sw acc vlan 13              // 配置部门 A 中计算机在 13 号 VLAN
SWA(config-if-range)# exit
SWA(config)# int fa0/23
SWA(config-if-FastEthernet 0/23)# sw mode trunk   // 交换机之间配置 Trunk 链路
```

交换机 B 的配置如下：

```
Ruijie> en
Ruijie# conf t
Ruijie(config)# hostname SWB
SWB(config)# int range fa0/1-23
SWB(config-if-range)# switchport mode access
SWB(config-if-range)# switchport access vlan 24              // 配置部门 B 中计算机在 24 号 VLAN
SWB(config-if-range)# exit
SWB(config)# int fa0/24
SWB(config-if-FastEthernet 0/24)# switchport mode trunk      // 交换机之间配置 Trunk 链路
SWB(config-if-FastEthernet 0/24)# exit
```

交换机 C 的配置如下：

```
Ruijie> en
Ruijie# conf t
Ruijie(config)# hostname SWC
SWC(config)# int range fa0/23-24
SWC(config-if-range)# switchport mode trunk              // 交换机之间配置 Trunk 链路
SWC(config-if-range)# exit
SWC(config)# interface range fa0/1-22
SWC(config-if-range)# switchport mode hybrid             // 端口配置为 Hybrid 模式
SWC(config-if-range)# mac-vlan enable                    // 端口启用 MAC VLAN 功能
SWC(config-if-range)# exit
SWC(config)# vlan 13                                     // 创建 VLAN
SWC(config-vlan)# exit
SWC(config)# vlan 24                                     // 创建 VLAN
SWC(config-vlan)# exit
SWC(config)# mac-vlan mac-address e005.c5f3.50eb vlan 13 // 手动配置 MAC 地址和 VLAN 的关
联关系
SWC(config)# mac-vlan mac-address 4016.9ff2.48ca vlan 13 // 手动配置 MAC 地址和 VLAN 的关
联关系
SWC(config)# mac-vlan mac-address 4016.9ff2.2666 vlan 24 // 手动配置 MAC 地址和 VLAN 的关
联关系
SWC(config)# mac-vlan mac-address e005.c5f3.35ef vlan 24 // 手动配置 MAC 地址和 VLAN 的关
联关系
SWC(config)#
```

配置完毕后使用 ping 命令测试连通性，PC1、PC2、PC3、PC4 无论从交换机 C 的哪个端口接入，都属于固定的 VLAN，PC1 和 PC3 属于 13 号 VLAN，能访问 SERVER1，不能访问 SERVER2；PC2 和 PC4 属于 24 号 VLAN，能访问 SERVER2，不能访问 SERVER1；其他计算机接入无法访问 SERVER1 和 SERVER2。

使用下列指令可以查看或修改 MAC 地址和 VLAN 的关联关系。

```
Ruijie# show mac-vlan all                        // 显示所有的 MAC VLAN 表项，包括静态
配置和动态生成的
Ruijie# show mac-vlan dynamic                     // 显示动态生成的 MAC VLAN 表项
Ruijie# show mac-vlan static                      // 显示静态配置的 MAC VLAN 表项
Ruijie# show mac-vlan vlan 13                     // 显示指定 VLAN（13）的 MAC VLAN 表项
Ruijie# show mac-vlan mac-address e005.c5f3.50eb  // 显示指定 MAC 地址（e005.c5f3.50eb）的
MAC VLAN 表项
Ruijie(config)# no mac-vlan all                   // 删除所有的静态 MAC VLAN 表项
Ruijie(config)# no mac-vlan mac-address e005.c5f3.50eb
// 删除指定 MAC（e005.c5f3.50eb）的静态 MAC VLAN 表项
```

Ruijie(config)# no mac-vlan vlan 13	// 删除指定 VLAN（13）的静态 MAC VLAN 表项

3.3 Private VLAN

Private VLAN 也叫私有 VLAN 或者 PVLAN，是一种基于端口的 VLAN 管理方式，它能够突破交换机固有的 VLAN 数目（4094）的限制。Private VLAN 采用两层 VLAN 隔离技术，上层 VLAN 全局可见，下层 VLAN 由用户自己设定，对上层透明。它是一种在 VLAN 里面再划分 VLAN 以实现 VLAN 内部端口隔离的技术。

考虑下列应用：某学校机房共 23 台计算机，使用 24 口接入层交换机与汇聚层网络设备连接，如图 3-8 所示，机房内计算机的网关配置在汇聚层交换机上，平时上课时计算机之间可以互相访问共享资源，可以通过网关访问 Internet。为了使用该机房进行期末考试，要求机房内 20 台计算机不可互相访问，但仍然可以访问 Internet，剩余 3 台计算机可以互相访问共享资源，可以访问 Internet。使用 Private VLAN 技术能够方便实现以上需求。

在接入层交换机中新创建 101 号隔离 VLAN（Isolated VLAN），此 VLAN 中的主机不能与 PVLAN 内部的任何其他端口进行第二层通信。创建 102 号团体 VLAN（Community VLAN），此 VLAN 中的主机可以进行第二层通信。将 f0/24 配置为混杂端口（Promiscuous Port），这种端口可以与任意端口通信，所有计算机能通过该端口进入汇聚层交换机访问 Internet。私有 VLAN 的配置只发生在机房内部，汇聚层交换机不需要了解机房内部 PVLAN 配置了什么，甚至不知道 101 和 102 号 VLAN 的存在。

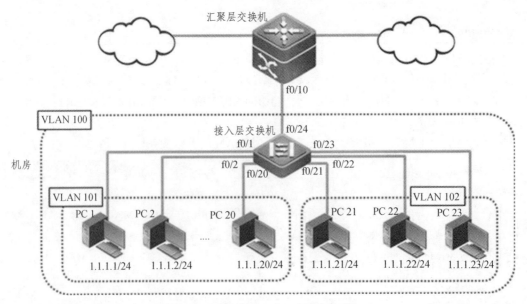

图 3-8　Private VLAN 三层应用拓扑

一个 Private VLAN 由主私有 VLAN （Primary PVLAN）和辅助私有 VLAN（Secondary PVLAN）对组成。

（1）主私有 VLAN

在配置指令中用 "primary" 关键字指定，一个私有 VLAN 中只有一个主私有 VLAN。在它内部要把数据流从混杂端口传送到隔离 VLAN、团体 VLAN 和同一个 VLAN 内部的其他混杂端口。

（2）辅助私有 VLAN

辅助私有 VLAN 包括隔离 VLAN 和团体 VLAN。在配置指令中隔离 VLAN 用 "isolated" 关键字指定，一个私有 VLAN 中只有一个隔离 VLAN，在配置指令中团体 VLAN 用 "community" 关键字指定，一个私有 VLAN 中可以设计多个团体 VLAN。

混杂 Trunk 端口（Promiscuous Trunk Port），可以同时是多个普通 VLAN 和多个私有 VLAN 的成员端口，可以和同一 VLAN 内的任意端口通信。在普通 VLAN 中，报文转发遵循 802.1Q 规则，在私有 VLAN 中，从混杂 Trunk 端口转发出的带 TAG 报文，其 VID 如果是辅助 VLAN ID，会转成相应主 VLAN 的 VID 后，再输出。

混杂端口属于 Primary VLAN，一个混杂端口可以与所有接口通信，包括 PVLAN 内的隔离和团体端口。混杂端口的功能是在团体和隔离的 VLAN 端口之间传递数据流。

Private VLAN 为用户提供了一种快捷灵活的方式操作 VLAN。下面我们在图 3-9 中的二层交换机上配置 Private VLAN 实现一个小型公司网络的网络访问控制。公司有两台服务器，可以被任何主机访问，连接端口 f0/1~f0/10 的主机之间不能互相访问，连接端口 f0/11~f0/20 的主机之间可以互相访问，配置指令如下：

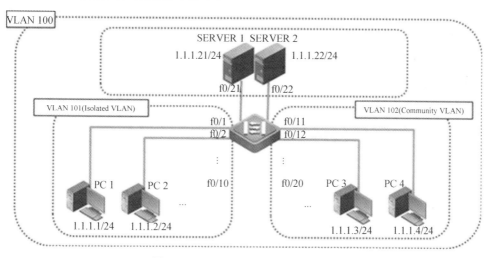

图 3-9　Private VLAN 二层应用拓扑

```
Ruijie>en
Ruijie# conf t
Ruijie(config)# vlan 100                        // 创建 VLAN
Ruijie(config-vlan)# private-vlan ?             // 查看私有 VLAN 的类型
  community   Community                         // 团体 VLAN
  isolated    Isolated                          // 隔离 VLAN
  primary     Primary                           // 主私有 VLAN
```

```
Ruijie(config-vlan)# private-vlan primary                          // 配置该 VLAN 为主私有 VLAN
Ruijie(config-vlan)# exit
Ruijie(config)# vlan 101                                           // 创建 VLAN
Ruijie(config-vlan)# exit
Ruijie(config)# vlan 102                                           // 创建 VLAN
Ruijie(config-vlan)# exit
Ruijie(config)# vlan 101
Ruijie(config-vlan)# private-vlan isolated                         // 配置为隔离私有 VLAN
Ruijie(config-vlan)# exit
Ruijie(config)# vlan 102
Ruijie(config-vlan)# private-vlan community                        // 配置为团体私有 VLAN
Ruijie(config-vlan)# exit
Ruijie(config)# vlan 100
Ruijie(config-vlan)# private-vlan association 101,102              // 关联主私有 VLAN 与辅助私有 VLAN
Ruijie(config-vlan)# exit
Ruijie(config)#   int range fa0/1-10                               // 进入端口配置模式
Ruijie(config-if-range)# switchport   mode private-vlan ?          // 查看私有 VLAN 的端口类型
    host            Host port
    promiscuous   Promiscuous port
// 私有 VLAN 二层端口有两种类型，host 类型主机端口属于辅助私有 VLAN
Ruijie(config-if-range)# switchport   mode private-vlan host            // 配置为主机端口
Ruijie(config-if-range)# switchport   private-vlan ?
    association           Set the private vlan association trunk port
    host-association    Host association                                // 主机关联
    mapping                 Mapping
    promiscuous           Set the private vlan promiscuous trunk port
Ruijie(config-if-range)# switchport   private-vlan host-association ?
    <2-4094>   Primary vid                                         // 主私有 VLAN
Ruijie(config-if-range)# switchport   private-vlan host-association 100 101
// 关联主私有 VLAN 和辅助私有 VLAN，端口被划分在 100 号和 101 号 PVLAN 中
Ruijie(config-if-range)# exit
Ruijie(config)#   int range fa0/11-20
Ruijie(config-if-range)# switchport   mode private-vlan host            // 配置为主机端口
Ruijie(config-if-range)# switchport   private-vlan host-association 100 102
// 关联主私有 VLAN 和辅助私有 VLAN，端口被划分在 100 号和 102 号 PVLAN 中
Ruijie(config-if-range)# exit
Ruijie(config)# int range fa0/21-22
Ruijie(config-if-range)# switchport   mode private-vlan promiscuous
// 配置为混杂端口，即本端口可以和 101、102 号 VLAN 通信
```

```
Ruijie(config-if-range)# sw private-vlan mapping 100 101,102
```
// 把本端口属于主 Vlan 100，并实现主私有 VLAN 和辅助私有 VLAN 间的映射；主私有 VLAN 接口也可以不映射所有的辅助私有 VLAN

```
Ruijie# sh vlan private-vlan                              // 查看私有 VLAN 配置情况
VLAN    Type       Status    Routed    Ports                    Associated VLANs
-----   --------   -------   -------   ------------------------ ------------------
100     primary    active    Disabled  Fa0/21, Fa0/22           101-102
101     isolated   active    Disabled  Fa0/1, Fa0/2, Fa0/3      100
                                       Fa0/4, Fa0/5, Fa0/6
                                       Fa0/7, Fa0/8, Fa0/9
                                       Fa0/10
102     community  active    Disabled Fa0/11, Fa0/12, Fa0/13    100
                                       Fa0/14, Fa0/15, Fa0/16
                                       Fa0/17, Fa0/18, Fa0/19
                                       Fa0/20
Ruijie#
```

配置完毕后，经测试两台服务器可以被任何主机访问，连接端口 f0/1~f0/10 的主机之间不能互相访问，连接端口 f0/11~f0/20 的主机之间可以互相访问。

3.4　VLAN 之间的通信

VLAN 之间通信需要三层网络设备，可以选择使用三层交换机或者路由器，这两种设备都具备路由转发功能，虽然设备不同，但都能够为 VLAN 中的计算机提供网关，并且进行数据转发。使用路由器作为转发设备通常采用单臂路由的方式，使用三层交换机实现时通常配置交换机虚拟接口(Switch Virtual Interface，SVI)。

3.4.1　单臂路由实现 VLAN 间通信

路由器的端口相对较少，如果采用将路由器的每个端口连接一个 VLAN，借助路由器的数据包转发功能，可以实现 VLAN 之间的通信，但这样做太浪费路由器的端口。幸好路由器的物理端口可以划分子接口，每个子接口为一个 VLAN 提供网关，所有 VLAN 的数据包通过物理链路进入路由器的物理端口进行数据转发，连接拓扑如图 3-10 所示。

子接口的概念是从单个物理端口上衍生出来并依附于该物理端口的逻辑接口，一个物理端口上可以配置多个子接口，同属于一个物理端口的若干个子接口在工作时共用物理端口的物理配置参数，但又有各自的链路层与网络层配置参数。

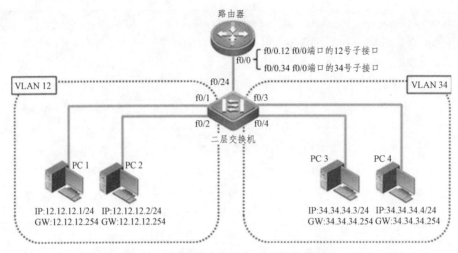

图 3-10　单臂路由实现 VLAN 间通信拓扑

　　第一次进入以太网子接口配置模式时会创建一个以太网子接口，可以使用命令"no interface fastethernet"来删除已创建的以太网子接口。实现 12 号和 34 号 VLAN 通信的配置指令如下。

　　计算机配置：4 台 PC 机配置为如图 3-10 所示的 IP 地址和网关。

　　交换机配置：

```
Ruijie> en
Ruijie# conf t
Ruijie(config)# vlan 12                              // 创建 12 号 VLAN
Ruijie(config-vlan)# add int range fa0/1-2          // fa0/1,fa0/2 端口加入到 12 号 VLAN
Ruijie(config-vlan)# exit
Ruijie(config)# vlan 34                              // 创建 34 号 VLAN
Ruijie(config-vlan)# exit
Ruijie(config)# int range fa0/3-4
Ruijie(config-if-range)# sw acc vlan 34             // fa0/3,fa0/4 端口加入到 34 号 VLAN
Ruijie(config-if-range)# exit
Ruijie(config)# int fa0/24
Ruijie(config-if-FastEthernet 0/24)# sw mode trunk  // fa0/24 端口配置为 Trunk 模式
Ruijie(config-if-FastEthernet 0/24)# end
Ruijie#
```

　　路由器配置：

```
Ruijie> en
Ruijie# conf t
Ruijie(config)# int fa0/0                           // 进入物理端口 f0/0
Ruijie(config-if-FastEthernet 0/0)# no ip address   // 取消 IP 地址
Ruijie(config-if-FastEthernet 0/0)# no shut         // 激活端口
```

```
Ruijie(config-if-FastEthernet 0/0)# exit
Ruijie(config)# int fa0/0.?                        // 查看子接口数量
   <0-65535>    FastEthernet interface number
Ruijie(config)# int fa0/0.12                       // 进入 12 号子接口
Ruijie(config-subif)# encapsulation ?              // 查看封装
   dot1Q    IEEE 802.1Q Virtual LAN
Ruijie(config-subif)# encapsulation dot1Q ?        // 查看封装 802.1Q 的 Vlan 编号
   <1-4094>    IEEE 802.1Q VLAN ID required, range 1 - 4094.
Ruijie(config-subif)# encapsulation dot1Q 12       //封装 802.1Q 协议，识别 12 号 VLAN 数据包
Ruijie(config-subif)# ip add 12.12.12.254 255.255.255.0    // 配置 IP 地址，作为 PC1 和 PC2 的网关
Ruijie(config-subif)# exit
Ruijie(config)# int fa0/0.34                       // 进入 34 号子接口
Ruijie(config-subif)# encapsulation dot1Q 34       // 封装 802.1Q 协议，识别 34 号 VLAN 数据包
Ruijie(config-subif)# ip add 34.34.34.254 255.255.255.0    // 配置 IP 地址，作为 PC3 和 PC4 的网关
Ruijie(config-subif)# end
Ruijie# sh ip int b                                // 查看接口状态
Interface            IP-Address(Pri)      IP-Address(Sec)      Status      Protocol
Serial 2/0           no address           no address           up          down
Serial 3/0           no address           no address           up          down
FastEthernet 0/0.34  34.34.34.254/24      no address           up          up
FastEthernet 0/0.12  12.12.12.254/24      no address           up          up
FastEthernet 0/0     no address           no address           up          down
FastEthernet 0/1     no address           no address           down        down
Ruijie#
```

在对子接口配置 IP 地址前，要先封装 802.1Q 协议，否则会提示错误。PC 机的数据包在通过二层交换机的 Trunk 端口时都会加上各自 VLAN 的标签，路由器的 f0/0 端口的子接口（f0/0.12 和 f0/0.34）因为封装了 802.1Q 协议，所以具有识别并去掉标签的能力，根据标签可判断数据包应该发往哪一个网段。

3.4.2　三层交换机 SVI 接口实现 VLAN 间通信

一个交换机虚拟接口（SVI)对应一个 VLAN，它不是一个物理接口，它是虚拟的，用于连接整个 VLAN，在三层交换机的全局配置模式下输入"interface vlan 编号"即可创建，可以用"no interface vlan 编号"命令来删除对应的 SVI 接口。SVI 接口的主要用途就是为 VLAN 间提供通信路由。

将图 3-10 中的路由器更换为三层交换机，与二层交换机的连接端口是 f0/24，拓扑中其他设备不发生变化，如图 3-11 所示，在其中配置 SVI 实现 VLAN 间通信。

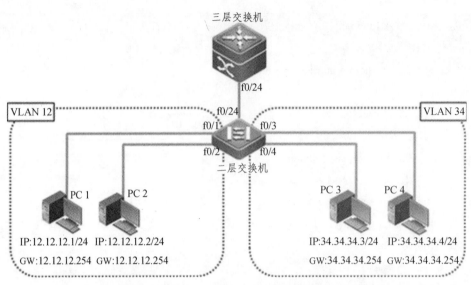

图 3-11　三层交换机实现 VLAN 间通信

PC 机与二层交换机配置不变，在三层交换机上做如下配置。

```
Ruijie> en
Ruijie# conf t
Ruijie(config)# int fa0/24                              // 进入 f0/24 端口
Ruijie(config-if-FastEthernet 0/24)# sw mod tr          // 配置为 Trunk 模式
Ruijie(config-if-FastEthernet 0/24)# exit
Ruijie(config)# vlan 12                                 // 创建 12 号 VLAN
Ruijie(config-vlan)# exit
Ruijie(config)# int vlan 12                             // 创建 12 号 SVI 接口
Ruijie(config-if-VLAN 12)# ip add 12.12.12.254 255.255.255.0
// 为 12 号 SVI 接口配置 IP，作为 PC1 和 PC2 的网关
Ruijie(config-if-VLAN 12)# exit
Ruijie(config)# vlan 34                                 // 创建 34 号 VLAN
Ruijie(config-vlan)# exit
Ruijie(config)# int vlan 34                             // 创建 34 号 SVI 接口
Ruijie(config-if-VLAN 34)#
Ruijie(config-if-VLAN 34)# ip add 34.34.34.254 255.255.255.0
// 为 12 号 SVI 接口配置 IP，作为 PC3 和 PC4 的网关
Ruijie(config-if-VLAN 34)# end
Ruijie# sh ip int b                                     // 查看接口状态
Interface        IP-Address(Pri)     IP-Address(Sec)    Status      Protocol
VLAN 12          12.12.12.254/24     no address         up          up
VLAN 34          34.34.34.254/24     no address         up          up
Ruijie#
```

```
Ruijie# sh vlan                                    // 查看三层交换机上的 VLAN 信息
VLAN Name                         Status      Ports
____ _____   _____   _____
   1 VLAN0001                     STATIC      Fa0/1, Fa0/2, Fa0/3, Fa0/4
                                              Fa0/5, Fa0/6, Fa0/7, Fa0/8
                                              Fa0/9, Fa0/10, Fa0/11, Fa0/12
                                              Fa0/13, Fa0/14, Fa0/15, Fa0/16
                                              Fa0/17, Fa0/18, Fa0/19, Fa0/20
                                              Fa0/21, Fa0/22, Fa0/23, Fa0/24
                                              Gi0/25, Gi0/26
  12 VLAN0012                     STATIC      Fa0/24        // Fa0/24 在 12 号 VLAN 中
  34 VLAN0034                     STATIC      Fa0/24        // Fa0/24 在 34 号 VLAN 中
```

三层交换机能够从 f0/24 端口（Trunk 模式）收到每个 VLAN 的数据包，Fa0/24 端口根据数据包中的 VLAN 标签判断将数据包发往哪一个 SVI 接口。

在 4 台 PC 之间使用"ping"命令测试，两个 VLAN 之间可以通信，使用"tracert"命令可以看到跟踪数据包的流向，在 PC3 上"tracert"PC1 的 IP 的结果如下。

```
C:\Users\Administrator> tracert 12.12.12.1
通过最多 30 个跃点跟踪
到 NS41 [12.12.12.1] 的路由:
  1    <1 毫秒     <1 毫秒     <1 毫秒  34.34.34.254
  2    <1 毫秒     <1 毫秒     <1 毫秒  NS41 [12.12.12.1]
跟踪完成。
```

第4章 局域网安全接入管理

交换机是计算机接入网络所需的最常见的设备，对交换机的端口、MAC 地址转发表、VLAN、数据帧等内容的管理可以灵活控制计算机的接入，增强接入的安全性。

4.1 交换机 MAC 地址转发表

交换机通过识别接收报文中数据链路层的 MAC 信息并查询 MAC 地址转发表来确定数据帧从哪个端口转发出去。交换机上使用"show mac-address-table"指令查看 MAC 地址转发表。

```
Ruijie# show mac-address-table  // 查看 MAC 地址转发表

Vlan          MAC Address          Type          Interface
—————— —————————————— ————— ——————————————
   1          001a.a979.bb4c        DYNAMIC       FastEthernet 0/23
  13          4016.9ff2.48ca        DYNAMIC       FastEthernet 0/3
  13          e005.c5f3.50eb        DYNAMIC       FastEthernet 0/1
  24          4016.9ff2.2666        DYNAMIC       FastEthernet 0/2
  24          e005.c5f3.35ef        DYNAMIC       FastEthernet 0/4
```

MAC 地址转发表和 VLAN 相关联，不同的 VLAN 允许相同的 MAC 地址。每个 VLAN 都维护它自己逻辑上的一份地址表。一个 VLAN 已学习到的 MAC 地址对于其他 VLAN 而言可能是未知的，仍然需要学习。

MAC 地址转发表中的表项通常是动态产生的，可以使用下列指令手动清空。

```
Ruijie# clear mac-address-table dynamic   // 清空 MAC 地址转发表中的动态表项
```

4.1.1 交换机 MAC 地址老化

不使用指令手动清空，MAC 地址转发表中的动态表项也会被定期删除，这个过程叫做"MAC 地址老化"，其中经历的时间叫做"老化时间"，老化时间可以通过指令更改。设置以太网交换机采用地址表老化机制将不活跃的地址表项淘汰，是因为以太网交换机的 MAC 地址表是有容量限制的，为了最大限度利用地址转发表资源，以太网交换机将删除老化时间内没有更新的表项。交换机的 MAC 地址表中可以存储的 MAC 地址数量越多，数据转发的速度和效率也就越高。MAC 地址老化对静态 MAC 地址表项无效。

```
Ruijie(config)# mac-address-table aging-time ?        // 查看老化时间的配置
    <0-0>            Enter 0 to disable aging           // 永不老化
    <10-1000000>     Aging time in seconds              // 配置老化时间
```

地址被学习后保留在动态地址表中的时间长度的单位是秒，可设置为 10~1 000 000 s，默认设置为 300 s，如果 300 s 内未收到源地址为该 MAC 地址的帧，则从 MAC 地址表中将该 MAC 地址表项删除。当设置这个值为 0 时，地址老化功能将被关闭，学习到的地址将不会被老化，不会因为超时而被删除，但仍然可以使用命令"clear mac-address-table dynamic"手工删除。

下面的指令可以查看或者恢复交换机的 MAC 地址表默认老化时间。

```
Ruijie# sh mac-address-table aging-time              // 查看 MAC 地址表老化时间
Aging time     : 300 seconds
Ruijie# conf t
Ruijie(config)# no mac-address-table aging-time      // 恢复 MAC 地址表默认老化时间
```

如果因为连接的计算机关机、网络断开等原因导致交换机端口切换为 down 的状态，该端口对应的 MAC 地址表项会被立即删除，即使老化功能已关闭。

4.1.2　交换机 MAC 地址转发表的构造

交换机的 MAC 地址转发表在交换机开机时是空的，随着后续的网络连接、转发等操作，通过动态地址学习的方式构造并维护此转发表。以太网交换机学习 MAC 地址的过程如下。

（1）当交换机从某端口收到一个数据帧，首先分析该数据帧的源 MAC 地址（MAC-SOURCE），并认为目的 MAC 地址为 MAC-SOURCE 的报文可以由该端口转发。

（a）如果 MAC 地址转发表中已经包含 MAC-SOURCE，交换机将对应表项进行更新。

（b）如果 MAC 地址转发表中尚未包含 MAC-SOURCE，交换机则将这个新的 MAC 地址（以及该 MAC 地址对应的转发端口）作为一个新的表项加入 MAC 地址转发表中。

（2）完成对报文的源地址学习过程后，交换机开始转发报文。

（a）对于目的 MAC 地址已经存在于 MAC 地址转发表中的报文，系统将直接使用硬件转发。

（b）对于目的 MAC 地址没有存在于 MAC 地址转发表中的报文，系统将在接收端口所在 VLAN 内向除接收端口外的所有端口转发该报文，通常称为对该报文进行广播操作。

（3）在对该报文进行广播操作之后，交换机根据是否收到应答报文采取以下的操作。

（a）如果交换机收到目的设备对此广播报文的回应，表示报文已正常发送至目的设备。在应答报文中将包含目的设备的 MAC 地址，交换机通过地址学习将目的设备的 MAC 地址加入 MAC 地址转发表中。之后去往同一目的 MAC 地址的报文，就可以利用该新增的 MAC 地址表项直接进行转发了。

（b）如果交换机没有收到目的设备的回应，表示目的设备不可达或目的设备虽然收到报文但没有回复。这种情况下，交换机仍将无法学习到目的设备的 MAC 地址。因此，交换机在下一次转发目的为该 MAC 地址的报文时，依然以广播方式进行发送。

图 4-1 中二层交换机连接 3 台计算机，IP 与 MAC 地址如图所示，默认情况下二层交换机所有端口都在 1 号 VLAN 中，计算机配置同一网段的 IP 后即可通信，因为在同一网段，它们之间的通信可以不配置网关参数。

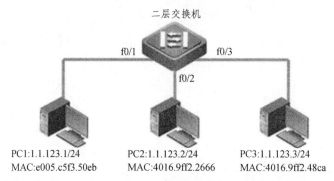

图 4-1　MAC 地址转发表构造拓扑

计算机配置 IP 后，连接交换机端口之前打开 Wireshark 之类的数据分析软件监听数据包，然后连接计算机与交换机端口之间的链路，Wireshark 将捕获到免费 ARP（Gratuitous ARP）报文，如图 4-2 所示。

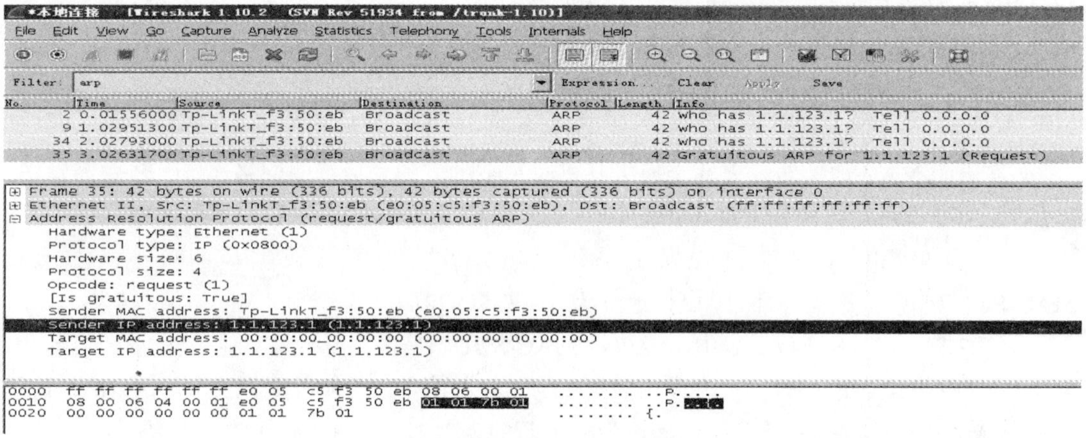

图 4-2　免费 ARP 报文

免费 ARP 报文与普通 ARP 请求报文的区别在于：普通的 ARP 请求报文内封装的"目的 IP 地址"是其他机器的 IP 地址，而免费 ARP 的请求报文封装的"目的 IP 地址"是其自己的 IP 地址。免费 ARP 主要用于检测 IP 地址冲突。当一台主机发送了免费 ARP 请求报文后，如果收到了 ARP 响应报文，则说明网络内已经存在使用该 IP 的主机。

二层交换机在收到免费 ARP 报文后会检查 MAC 地址转发表，如果没有则添加表项，报文从 f0/1 端口进入，该端口属于 1 号 VLAN，源 MAC 地址是 e005.c5f3.50eb，以动态方式添加表项，在二层交换机上使用命令"show mac-address-table"查看：

Ruijie# show mac-address-table			
Vlan	MAC Address	Type	Interface
----------	--------------------	---------	--------------------
1	e005.c5f3.50eb	DYNAMIC	FastEthernet 0/1

同样的方式，其余两台计算机接入交换机后，MAC 地址转发表中将出现 3 台计算机对应的表项。此时如果 PC3 要发送数据帧给 PC1，则 PC3 将构造一个目的 MAC 地址为 PC1 的数据帧并从网卡发出，交换机的 f0/3 端口收到此数据帧后查找转发表，查找命中表项的

"Interface" 字段确定从 "FastEthernet 0/1" 端口将数据帧转发出去。

如果查找不能命中，即转发表中没有对应表项，这个数据包将在 1 号 VLAN 内广播。在 PC2 上打开 Wireshark 软件，在 PC3 上使用 "ping" 命令的 "t" 参数测试 PC1 的 IP 地址，如图 4-3 所示。

图 4-3　PC3 使用 ping 命令测试 PC1 连通性

此时，PC2 上 Wireshark 软件并不能捕获到 PC3 和 PC1 之间的 "ping" 命令产生的 ICMP 数据包，原因是交换机上具备转发表项，查表后确定了转发端口，不需向所有端口转发。接下来在交换机上清空转发表的所有表项，PC2 上 Wireshark 软件将捕获到一个 ICMP 数据包，如图 4-4 所示，这是由于 MAC 地址转发表中表项缺失引发的交换机向 1 号 VLAN 中所有端口转发的报文，被网卡处于混杂模式的 PC2 接收。

因为交换机向 1 号 VLAN 中所有端口转发，所以 PC2 收到的报文 PC1 同样能够收到，PC2 收到报文后判断该报文不是发给自己的，不做任何响应。PC1 收到后将发送 ICMP 应答报文，此应答报文从交换机通过时将在交换机的 MAC 地址转发表中新增一个表项，有了这个表项，交换机收到的后续报文就不会向所有端口转发了，因此，PC2 只收到了一个 ICMP 请求报文。

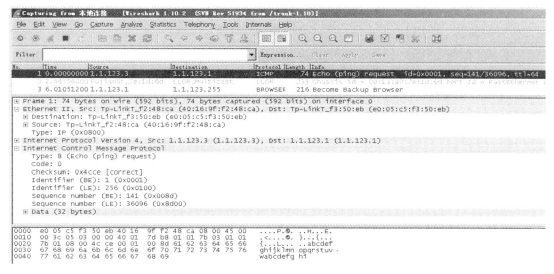

图 4-4　PC2 捕获的广播报文

4.1.3 交换机静态 MAC 地址与过滤 MAC 地址

1. 静态 MAC 地址

在图 4-1 中，假设 PC1 是局域网内的服务器或者网关，如果 PC2 将自己的 MAC 地址改成 PC1 的 MAC 地址后果会怎样？不难想象，PC2 冒充 PC1 的 MAC 地址会影响 PC3 与 PC1 之间的通信，下面具体分析。

假设 PC1 的 MAC 地址是 E005.C5F3.50EB，即 PC2 冒充的 MAC 地址。交换机将会分别从 f0/1 和 f0/2 端口收到源 MAC 地址是 E005.C5F3.50EB 的数据帧，交换机收到数据帧后更新 MAC 地址转发表，关于 E005.C5F3.50EB 表项可能会如下所示。

```
Ruijie# sh mac-address-table

Vlan          MAC Address           Type          Interface
----------    --------------------  --------      --------------------
    1         4016.9ff2.48ca        DYNAMIC       FastEthernet 0/3
    1         e005.c5f3.50eb        DYNAMIC       FastEthernet 0/2
```

或者如下所示。

```
Ruijie# sh mac-address-table

Vlan          MAC Address           Type          Interface
----------    --------------------  --------      --------------------
    1         4016.9ff2.48ca        DYNAMIC       FastEthernet 0/3
    1         e005.c5f3.50eb        DYNAMIC       FastEthernet 0/1
```

究竟从哪个端口转发取决于哪个端口发送的报文最新，大量的报文接收会致使交换机频繁更新 MAC 地址转发表，PC3 本来应该经过 f0/1 端口发向 PC1 的数据包有可能因为错误的 MAC 地址转发表项经过 f0/2 端口发向 PC2。最终在 PC3 上出现的效果是网络时断时续，影响正常通信。

为了防范这种恶作剧式的攻击，解决办法就是在交换机上将 MAC 地址 E005.C5F3.50EB 绑定到正确的端口上，静态 MAC 地址绑定就是完成此项功能，配置指令如下。

```
Ruijie(config)# mac-address-table static e005.c5f3.50eb vlan 1 interface fa0/1
Ruijie# show mac-Address-table

Vlan          MAC Address           Type          Interface
----------    --------------------  --------      --------------------
    1         4016.9ff2.48ca        DYNAMIC       FastEthernet 0/3
    1         e005.c5f3.50eb        STATIC        FastEthernet 0/1
```

因为静态 MAC 地址表项是管理员手动配置的，优先权比较高，动态表项将不再记录，交换机将不会更新 MAC 地址 E005.C5F3.50EB 对应的表项。取消静态 MAC 地址绑定的指令如下。

```
Ruijie(config)# no mac-address-table static e005.c5f3.50eb vlan 1 interface fa0/1
```

2. 过滤 MAC 地址

如果管理员需要禁止某一台计算机访问网络，可以使用过滤 MAC 地址功能。例如：PC2 的 MAC 地址为 4016.9FF2.2666，因为某些特殊原因，禁止其访问网络，在二层交换机上配置 MAC 地址过滤，指令如下。

```
Ruijie(config)# mac-address-table filtering 4016.9FF2.2666 vlan 1
// 在 VLAN 1 中接收到源地址或目的地址为 4016.9FF2.2666 的报文时，将丢弃此报文
Ruijie# sh mac-address-table filtering  // 查看 MAC 地址过滤信息
Vlan          MAC Address           Type      Interface
----------    --------------------  --------  --------------------
  1           4016.9ff2.2666        FILTER
```

取消 MAC 地址过滤的指令如下。

```
Ruijie(config)# no mac-address-table filtering 4016.9FF2.2666 vlan 1
```

4.2　交换机全局 IP 和 MAC 地址绑定

前面介绍的过滤 MAC 地址似乎不能很好地限制某台计算机，对于掌握了更改 MAC 地址方法的用户来说，只需要更改计算机的 MAC 地址就可以突破"过滤 MAC 地址功能"的限制。事实确实如此，为了严格控制接入设备的输入源的合法性，可以应用交换机 IP 和 MAC 地址绑定功能。

通过手动配置 IP 和 MAC 地址绑定功能，可以对输入的报文进行 IP 地址和 MAC 地址绑定关系的验证。如果将一个指定的 IP 地址和一个 MAC 地址绑定，则设备只接收源 IP 地址和 MAC 地址均匹配这个绑定地址的 IP 报文；否则该 IP 报文将被丢弃。

以图 4-1 为例，在二层交换机上配置 IP 和 MAC 地址绑定需要经过两个步骤：第一是启用 IP 和 MAC 地址绑定功能，第二是添加地址绑定表。

首先配置计算机的 IP 地址，同网段通信可以不设置网关，按照图 4-1 所示拓扑连接设备。此时三台计算机在同一 VLAN，并且 IP 地址在同一网段，可以互相通信。在交换机上全局启用 IP 和 MAC 地址绑定功能，指令如下。

```
Ruijie(config)# address-bind install       // 全局启用 IP 和 MAC 地址绑定功能
```

如果执行"address-bind install"之后，没有配置 IP+MAC 绑定表，则所有 IP+MAC 绑定功能不生效，所有报文可以通过。此时测试 3 台计算机的连通性可以发现都能互相通信。在交换机上配置针对 PC2 的 IP+MAC 绑定表，指令如下。

```
Ruijie(config)# address-bind 1.1.123.2 4016.9ff2.2666       // IP 地址和 MAC 地址绑定
```

配置完后，测试三台计算机的连通性，发现都不能"ping"通了。分析如下：

从 PC1 和 PC3 发出的 ping 数据包中的源地址不在 IP+MAC 绑定表中，交换机将予以丢

弃。例如，从 PC3 上"ping"主机 PC1 时，ICMP 请求数据包从 PC3 网卡发出，进入交换机 f0/3 端口，因为启用了地址绑定功能，并且绑定表不为空，交换机查表发现不存在 PC3 的 IP 地址和 MAC 地址的绑定，数据包被丢弃，ICMP 请求数据包无法达到 PC1。在 PC1 上打开 Wireshark 软件捕获数据包可以发现收不到 ICMP 报文，因为 ARP 报文不经过 IP 层封装，只可以通过交换机。

从 PC2 发出的 ping 数据包中的源地址在 IP+MAC 绑定表中，交换机将予以转发，但应答数据包从 PC1 或 PC3 发出时将被丢弃，效果也是无法"ping"通 PC1 和 PC3。

继续添加 PC1 和 PC3 对应的地址绑定表，使 3 台 PC 的 IP 和 MAC 地址绑定项都出现在绑定表中，指令如下。

```
Ruijie(config)# address-bind 1.1.123.1 e005.c5f3.50eb    // IP 地址和 MAC 地址绑定
Ruijie(config)# address-bind 1.1.123.3 4016.9ff2.48ca    // IP 地址和 MAC 地址绑定
Ruijie(config)# exit
Ruijie# sh address-bind                                  // 查看 IP 地址和 MAC 地址绑定表
Total Bind Addresses in System : 3

IP Address          Binding MAC Addr
---------------     ----------------
        1.1.123.2   4016.9ff2.2666                       // PC2 的绑定信息
        1.1.123.1   e005.c5f3.50eb                       // PC1 的绑定信息
        1.1.123.3   4016.9ff2.48ca                       // PC3 的绑定信息
```

配置完后，测试 3 台计算机的连通性，都能"ping"通了。

IP 地址和 MAC 地址绑定功能在全局模式下配置，默认对设备上的所有端口都生效，通过配置例外端口的方式可以使此绑定功能在部分端口不生效。通常将设备连接至上层设备的端口配置为例外口，不进行 IP 地址与 MAC 地址的绑定检查，指令如下。

```
Ruijie(config)# address-bind uplink f0/24        // 配置该端口为例外口，不检查绑定关系
```

还记得本节开始提到的通过过滤 MAC 地址限制某台计算机访问网络吗？配置 IP+MAC 绑定后，可以应用过滤 MAC 地址功能，这样用户改变 MAC 地址也无法访问网络。例如，在交换机上配置下列指令限制 PC2 访问网络。

```
Ruijie(config)# mac-address-table    filtering 4016.9ff2.2666 vlan 1        // 配置 MAC 地址过滤
```

在 PC2 上改变 MAC 地址再次测试，仍然不能访问网络。

那如果将 PC2 的 IP 地址和 MAC 地址都改成 PC1 的，能和 PC3 通信吗？答案是肯定的，因为 IP+MAC 地址绑定功能配置在全局模式，对所有端口生效，PC2 主机发出的数据包因为不包含端口信息，交换机检查绑定关系会参照 PC1 的表项，因为 IP 地址和 MAC 地址匹配，所以数据包可以通过。但此时 PC1 和 PC2 会提示 IP 地址冲突。

因为交换机识别接入的终端（如计算机）是通过数据包中的 MAC 地址与 IP 地址，如果 PC2 改变自己的 MAC 地址与 IP 地址，交换机是无法识别出来的。有没有办法限制 PC2 访问网络呢？因为交换机通常位于安全区域，没有管理员的权限，用户无法更改接入端口，通过对端口的管理可以灵活限制 PC2 对网络的访问。交换机的端口安全功能可以提供完整的端口接入访问控制。

4.3　交换机的端口安全功能

端口安全功能通过报文的源 MAC 地址来限定报文是否可以进入交换机的端口，可以静态设置特定的 MAC 地址或者动态学习限定个数的 MAC 地址来控制报文是否可以进入端口，使能端口安全功能的端口称为安全端口。只有源 MAC 地址为端口安全地址表中配置或者学习到的 MAC 地址的报文才可以进入交换机通信，其他报文将被丢弃。

还可以设定端口安全地址绑定 IP+MAC，或者仅绑定 IP，用来限制必须符合绑定的以端口安全地址为源 MAC 地址的报文才能进入交换机通信；符合 IP+MAC 或者 IP 绑定的安全地址的 IP 报文和 ARP 报文可以进入交换机，不符合绑定的 IP 和 ARP 报文将被丢弃。

端口安全还支持 Sticky MAC 地址功能，通过使能该功能，可以将动态学习到的安全地址转换为静态配置。用"show running-config"可以看到配置，保存配置后，重启不用重新学习这些动态安全地址，而如果没有启用该功能，那么动态学习到的安全 MAC 地址在交换机重启后要重新学习。

可以为每个安全端口配置最大可允许的安全地址数，最大安全地址数指的是静态配置与动态学习的安全地址总数，当安全端口下安全地址没有达到最大安全地址数时，安全端口能够动态学习新的动态安全地址，当安全地址数达到最大数时，安全端口将不再学习动态安全地址，如果此时有新的用户接入安全端口，将产生安全违例事件。违例事件将按照用户指定的处理方式执行，共有如下 3 种。

（1）protect：当安全地址个数满后，安全端口将丢弃所有新接入的用户数据流。该处理模式为默认的违例处理模式。

（2）restrict：当违例产生时，将发送一个 Trap 通知。

（3）shutdown：当违例产生时，将关闭端口并发送一个 Trap 通知。

端口安全的安全地址支持老化配置，可以指定只老化动态学习的地址，或指定老化静态配置与动态学习同时进行的安全地址。

图 4-5 中，配置计算机的 IP 地址在同一网段，如 1.1.123.0/24，它们的 MAC 地址如图所示，默认情况下所有计算机在 1 号 VLAN，可以互相通信，图中的二层和三层交换机都支持端口安全功能，三层交换机可以替换为二层交换机。

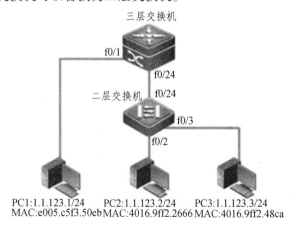

三层交换机

f0/1

f0/24

二层交换机　f0/24

f0/3

f0/2

PC1:1.1.123.1/24　PC2:1.1.123.2/24　PC3:1.1.123.3/24
MAC:e005.c5f3.50eb MAC:4016.9ff2.2666 MAC:4016.9ff2.48ca

图 4-5　交换机端口安全配置拓扑

4.3.1 端口地址绑定

通过端口地址绑定功能可以方便地管理接入的设备，如禁止某台计算机接入网络。交换机端口地址绑定支持两种方式：仅绑定 IP 地址，IP 地址与 MAC 地址同时绑定。

1. 仅绑定 IP 地址

以图 4-5 为例，首先测试 PC2 与 PC3 的连通性，在此基础上配置二层交换机的 f0/2 端口，绑定 IP 地址为 1.1.123.2，配置指令如下。

```
Ruijie# conf t                                              // 进入全局配置模式
Ruijie(config)# int fa0/2                                   // 进入 f0/2 端口配置模式
Ruijie(config-if-FastEthernet 0/2)# switchport port-security ?   // 查看端口安全下的子命令
    aging           Port-security aging commands
    binding         Binding Secure address                 // 地址绑定子命令
    help            Help information
    mac-address     Secure mac address
    maximum         Max secure addrs
    violation       Security Violation Mode
    <cr>                                                   // 接受回车
Ruijie(config-if-FastEthernet 0/2)# switchport port-security   // 启用端口安全功能，本端口有效
Ruijie(config-if-FastEthernet 0/2)# switchport port-security binding ?
    A.B.C.D         IP address                             // 只绑定 IP 地址
    H.H.H           48-bit hardware address                // MAC 地址和 IP 地址都绑定
    X:X:X:X::X      IPV6 address
Ruijie(config-if-FastEthernet 0/2)# switchport port-security binding 1.1.123.2    // 绑定 IP 地址
```

默认情况下交换机的各端口没有启用端口安全功能，在配置各项具体功能前，需要通过配置指令 "switchport port-security" 将其启用。将端口 f0/2 绑定了 IP 地址 1.1.123.2 后进行测试，更改 PC2 的 IP 地址为 1.1.123.22，与原本能够通信的 PC3 进行 "ping" 测试，结果如图 4-6 所示。

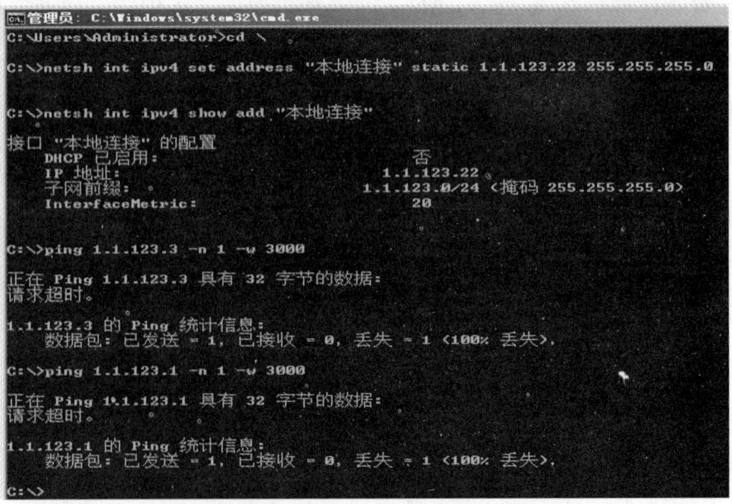

图 4-6　配置 IP 绑定后测试 PC2 与其他计算机的连通性

图 4-6 使用"netsh"指令更改了 PC2 的 IP 地址并进行查看，使用"ping"指令测试 PC2 与 PC1 和 PC3 的连通性，发送测试数据包 1 次，尽管设置了比较长的超时时间（3000 ms），但是返回的结果提示还是："请求超时"，说明交换机的端口 f0/2 没有接受 PC2 发出的数据包，导致 3000 ms 后也没有收到应答报文。

将 PC2 的 IP 地址更改回 1.1.123.2 后，再次测试，结果显示可以通信，如图 4-7 所示。

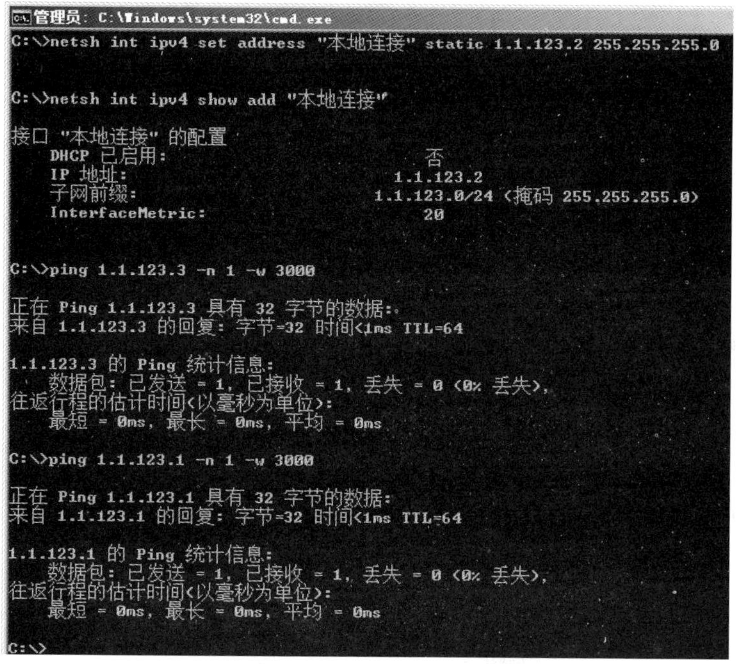

图 4-7 还原 PC2 的 IP 后测试与其他计算机的连通性

端口绑定 IP 地址不会对 MAC 做限制，更改 PC2 的 MAC 地址仍然能够接入网络。在特权模式下可以通过"show port-security binding address int fa0/2"指令查看安全地址绑定信息。

Ruijie# sh port-security binding address int fa0/2		// 查看安全地址绑定信息			
Vlan Mac Address	IP Address	Type	Port	Remaining Age(mins)	
---- ---------------	-------------	----------	--------	--------------	
--	1.1.123.2	Configured	Fa0/2	–	// IP 地址绑定
1 4016.9ff2.2666		Dynamic	Fa0/2	–	
Ruijie#					

2. 同时绑定 MAC 地址与 IP 地址

在交换机上配置端口 f0/2，同时绑定 MAC 地址与 IP 地址，配置指令如下：

```
Ruijie(config)# int fa0/2
Ruijie(config-if-FastEthernet 0/2)#   switchport port-security binding 4016.9ff2.2666 vlan 1 1.1.123.22
// 配置 fa0/2 端口只可通过 1 号 VLAN 中 IP 地址为 1.1.123.22 并且 MAC 地址为 4016.9ff2.2666 的
数据包
```

更改 PC2 的 MAC 地址，如改为 4016.9ff2.2677，测试其与 PC1 和 PC3 的连通性。结果显示依然可以通信。原因是 PC2 的 IP 地址当前为 1.1.123.2，在交换机上查看安全地址绑定信息会发现，存在一条表项，对 IP 地址为 1.1.123.2 的数据包 MAC 地址没有限制。

```
Ruijie# sh port-security binding address int fa0/2

Vlan Mac Address          IP Address        Type         Port         Remaining Age (mins)

──── ──────────────── ──────────── ────────── ──────── ──────────────

        --        1.1.123.2        Configured    Fa0/2      –    // 只绑定 IP 地址，不限制
MAC 地址
1    4016.9ff2.2666 1.1.123.22      Configured    Fa0/2      –    // MAC 与 IP 地址同时满足
1    4016.9ff2.2666                  Dynamic       Fa0/2      –    // 动态添加
1    4016.9ff2.2677                  Dynamic       Fa0/2      –    // 动态添加
```

更改 PC2 的 IP 地址为 1.1.123.22，测试其与 PC1 和 PC3 的连通性，结果显示不可以通信。原因是 PC2 当前不是绑定表中的 4016.9ff2.2666，接着更改 PC2 的 MAC 地址为 4016.9ff2.2666，测试其与 PC1 和 PC3 的连通性，结果显示可以通信。接着再次更改 PC2 的 IP 地址为 1.1.123.222，测试其与 PC1 和 PC3 的连通性，结果显示不可以通信。原因很简单，绑定表中不存在 IP 地址为 1.1.123.222 的表项。

交换机的全局配置模式下同样可以配置端口地址绑定，配置指令如下。

```
Ruijie(config)# switchport port-security interface fa0/2 1.1.123.222     // 全局模式下配置地址绑定
```

在 PC2 上测试 PC1 和 PC3 的连通性，因为添加了 IP 地址为 1.1.123.222 的表项，所以可以通信。通过"no"命令可以删除绑定的表项，为了后续的实验不受影响，删除所有的地址绑定。

```
Ruijie(config-if-FastEthernet 0/2)# no switchport port-security binding 4016.9ff2.2666 vlan 1 1.1.123.22
```

4.3.2　端口接入 MAC 地址数量设置

默认情况下，交换机每个端口能够接入的安全 MAC 地址数量是 128 个，这个值也是端口能支持的最大值。以图 4-5 为例，在交换机上可以使用指令"sh port-security int f0/3"查看端口的安全配置信息。

```
Ruijie(config)# int fa0/3                                       // 进入端口配置模式
Ruijie(config-if-FastEthernet 0/3)# switchport port-security    // 启用端口安全功能
Ruijie(config-if-FastEthernet 0/3)# end
Ruijie# sh port-security int f0/3                               // 查看 f0/3 端口的安全配置
Interface : FastEthernet 0/3
Port Security : Enabled                                         // 端口安全已启用
Port status : up
Violation mode : Protect                                        // 违例处理模式
Maximum MAC Addresses : 128                                     // 安全地址的最大个数
```

```
Total MAC Addresses : 1
Configured Binding Addresses : 0
Configured MAC Addresses : 0
Aging time : 0 mins
SecureStatic address aging : Disabled
Ruijie#
```

端口 f0/3 连接的 PC3 的 MAC 地址是：4016.9ff2.48ca，目前该端口安全地址的最大个数是默认值 128，交换机在该端口能记录 128 个安全地址，如果超出 128 个，将产生违例。从下列指令可以看出，当前 f0/3 端口已经记录的 MAC 地址表中只有一条记录，并且类型为动态学习（Dynamic）获得，这条记录是当 PC3 发送数据包时交换机 f0/3 端口动态学习到的。

```
Ruijie# sh port-security address int fa0/3      // 查看端口 f0/3 下的安全 MAC 地址

Vlan Mac Address      IP Address      Type        Port       Remaining Age(mins)
---- --------------   -------------   ---------   --------   -----------------
1    4016.9ff2.48ca                   Dynamic     Fa0/3      -
```

如果将 f0/3 端口的最大连接数改为 1，在 PC3 上"ping"主机 PC1，结果显示可以通信。改动拓扑，将 PC2 连接在 f0/3 端口，在 PC2 上"ping"主机 PC1，结果显示也可以通信，但此时端口 f0/3 下的安全 MAC 地址表为如下所示。

```
Ruijie(config)# int fa0/3
Ruijie(config-if-FastEthernet 0/3)# switchport port-security maximum 1      // 更改安全地址的最大个
数为 1
Ruijie(config-if-FastEthernet 0/3)# end
Ruijie# sh port-security address int fa0/3                // 查看端口 f0/3 下的安全 MAC 地址
Vlan Mac Address      IP Address      Type        Port       Remaining Age(mins)
---- --------------   -------------   ---------   --------   -----------------
1    4016.9ff2.2666                   Dynamic     Fa0/3      -
```

可以看到，安全 MAC 地址表中依然是只有一条记录，不过这条记录是 PC2 的 MAC 地址，虽然限制了最大个数为 1，但此最大个数表示的含义是安全 MAC 地址中存储记录的最大值。当 PC3 离开交换机的 f0/3 端口后，交换机改变此端口的状态为 DOWN，并且清空了安全 MAC 地址表。PC2 接入交换机后，f0/3 端口重新学习到了 PC2 的 MAC 地址，所以此时 MAC 地址表中只有一条记录，就是 PC2 的 MAC 地址。

安全 MAC 地址表中的记录除了交换机动态学习，还可以由管理员手工配置，下列指令为 f0/3 端口添加一个安全 MAC 地址。

```
Ruijie(config)# int fa0/3
Ruijie(config-if-FastEthernet 0/3)# switchport port-security mac-address 4016.9ff2.2666 vlan 1
```

添加的安全地址是 PC2 的 MAC 地址，在 PC2 上"ping"主机 PC1，结果显示可以通信，查看安全 MAC 地址表如下。

```
Ruijie# sh port-security address int fa0/3     // 查看端口 f0/3 下的安全 MAC 地址
Vlan Mac Address        IP Address      Type         Port      Remaining Age(mins)
____ _____  _____  _____   _____  _____
1     4016.9ff2.2666                     Configured   Fa0/3              -
```

此时查看到的类型不再是动态学习获得，而是管理员配置获得（Configured）。原拓扑为 PC2 连接 f0/2 端口，PC3 连接 f0/3 端口，在 PC3 上 "ping" 主机 PC1，结果显示不可以通信。交换机上会出现安全违例发生的提示：

```
%PORT_SECURITY-2-PSECURE_VIOLATION: Security violation occurred, caused by MAC address 4016.9ff2.48ca on port FastEthernet 0/3.
```

此时因为安全地址表中静态配置的 MAC 地址不会被删除，并且限制了最大连接数为 1，所以交换机在收到 PC3 的数据包时认为多于 1 个连接发生，因此产生违例。在交换机上删除手工配置的安全 MAC 地址后再次测试 PC3 与 PC1 的连通性，结果显示可以通信。

```
Ruijie(config-if-FastEthernet 0/3)# no switchport port-security mac-address 4016.9ff2.2666 vlan 1
```

在交换机级联的情况下，计算端口安全 MAC 地址要考虑交换机本身的 MAC 地址。仍然以图 4-5 所示的拓扑为例，三层交换机端口 f0/1 直连了 PC1，端口 f0/24 级连了二层交换机，对于端口 f0/24 来讲，安全 MAC 地址数在计算的时候要考虑到二层交换机是否具备 MAC 地址。在三层交换机上查看 MAC 地址表，指令如下。

```
Ruijie# sh mac-address-table     // 查看 MAC 地址表
Vlan        MAC Address              Type         Interface
_____  _____  _____    _____
1           001a.a97e.1d6d           DYNAMIC      FastEthernet 0/24
1           4016.9ff2.2666           DYNAMIC      FastEthernet 0/24
1           4016.9ff2.48ca           DYNAMIC      FastEthernet 0/24
1           e005.c5f3.50eb           DYNAMIC      FastEthernet 0/1
```

将结果与图 4-5 中的 MAC 地址比对可知，MAC 地址 001a.a97e.1d6d 就是二层交换机的本机 MAC 地址，二层管理型交换机都具备一个 MAC 地址，在一些协议中会用到，如生成树协议。下面将三层交换机的 f0/24 端口的安全地址最大个数配置为 2，这将会导致一台设备的数据包不能通过该端口，可能是 PC2 或者 PC3，也可能是二层交换机发出的数据包。

首先断开二层交换机和三层交换机之间的链路，也断开 PC3 与二层交换机之间的链路，在三层交换机上配置 f0/24 端口开启端口安全功能，并设置安全地址最大个数为 2，指令如下。

```
Ruijie(config)# int fa0/24                                        // 进入接口配置模式
Ruijie(config-if-FastEthernet 0/24)# switchport port-security      // 开启端口安全功能
Ruijie(config-if-FastEthernet 0/24)# switchport port-security maximum 2   // 配置端口最大安全地址数
```

断开链路的目的是清空端口上自动学习到的 MAC 表。再次连接二层交换机和三层交换机之间的链路，在 PC2 上使用 "ping" 命令测试与 PC1 的连通性，结果显示可以通信。在三层交换机上查看端口安全 MAC 地址表，指令如下。

```
Ruijie# sh port-security address int fa0/24        // 查看端口 f0/24 下的安全 MAC 地址

Vlan Mac Address            IP Address     Type        Port      Remaining Age(mins)

———— ———————————————  ——————————   ——————————  ————————  ——————————————

 1   4016.9ff2.2666                        Dynamic     Fa0/24    –

 1   001a.a97e.1d6d                        Dynamic     Fa0/24    –
```

此时表中的记录数已经有 2 条，接下来连接 PC3 与二层交换机之间的链路，在 PC3 上使用 "ping" 命令测试与 PC1 的连通性，结果显示不可以通信，原因就是三层交换机的 f0/24 端口已达最大连接数 2。在三层交换机上配置最大连接数为 3，再次测试 PC3 上与 PC1 的连通性，测试结果将是可以通信。

4.3.3　端口违例方式设置

交换机端口上接入的计算机超出安全端口上配置的最大接入数时，超出的计算机将不能接入网络，并且产生违例事件，违例事件共有 3 种：protect、restrict 和 shutdown，其中 protect 是默认处理方式，当安全地址个数满后，安全端口将丢弃不在地址表中的包。protect 是最宽容的处理方式。shutdown 是最严厉的处理方式，当违例产生时，将关闭端口并发送一个 Trap 通知。restrict 处于两者之间，当违例产生时，将发送一个 Trap 通知。当端口因为违例而被关闭后，在全局配置模式下使用命令 "errdisable recovery" 可以将端口从错误状态中恢复过来。

修改图 4-5 中三层交换机 f0/24 端口的最大连接数为 2，并且修改违例方式为 shutdown，过程如下。

首先断开二层交换机和三层交换机之间的链路，也断开 PC3 与二层交换机之间的链路，在三层交换机上配置 f0/24 端口安全地址最大个数为 2，设置违例方式为 shutdown，指令如下。

```
Ruijie(config)# int f0/24     // 进入接口配置模式

Ruijie(config-if-FastEthernet 0/24)# switchport port-security maximum 2        // 配置端口最大安全
地址数

Ruijie(config-if-FastEthernet 0/24)# switchport port-security violation shutdown   // 配置违例方式
```

连接二层交换机和三层交换机之间的链路，在 PC2 上使用 "ping" 命令测试与 PC1 的连通性，结果显示可以通信，连接 PC3 与二层交换机之间的链路，在 PC3 上使用 "ping" 命令测试与 PC1 的连通性，发现此时 PC2 与 PC3 都无法与 PC1 通信了，在三层交换机上使用命令 "show int status" 查看端口状态，f0/24 端口状态为 "disabled"。

```
Ruijie# sh int status    // 查看交换机端口状态

Interface              Status      Vlan    Duplex    Speed     Type

——————————————————— ————————  ————  ———————  ————————  ——————

………… // 省略

FastEthernet 0/24         disabled     1    Unknown   Unknown   copper   // 端口状态为 disabled
```

修改 f0/24 端口的最大连接数为 3，并在全局配置模式下使用 "errdisable recovery" 命令恢复端口状态。

```
Ruijie(config)# int fa0/24                                          // 进入接口配置模式
Ruijie(config-if-FastEthernet 0/24)# switchport port-security maximum 3 // 配置端口最大安全地址数
Ruijie(config-if-FastEthernet 0/24)# exit
Ruijie(config)# errdisable recovery                                 // 恢复端口为 up 状态
Ruijie(config)# exit
Ruijie# sh int status                                               // 查看交换机端口状态
Interface                      Status    Vlan   Duplex   Speed    Type
————————————————————————— ———————— ———— ———————— ———————— ——————
…………                                                              // 省略
FastEthernet 0/24              up         1      Full     100M     copper
```

4.3.4 端口安全地址老化

在很多应用场景中，会遇到交换机端口限制最大接入数，但是不限制接入用户是哪一个的情况。当计算机接入需求大于端口最大接入数时，如果接入的 MAC 地址永远存在于安全 MAC 地址表中，永不过期，那么后续接入的用户将永远无法访问网络。在安全端口上通常会配置地址老化时间，老化时间按照绝对的方式倒计时，经过指定的时间后，这个地址将被自动删除。

图 4-5 的拓扑中配置三层交换机 f0/24 端口的最大连接数为 1，并且修改违例方式为 protect，同时修改端口老化时间为 1 min。

```
Ruijie(config)# int fa0/24
Ruijie(config-if-FastEthernet 0/24)# switchport   port-security   max 1
Ruijie(config-if-FastEthernet 0/24)# switchport   port-security   violation   protect
Ruijie(config-if-FastEthernet 0/24)#   switchport port-security aging time ?
  <0-1440>   Aging time in minutes. If aging time is 0, aging is disabled   // 老化时间范围
Ruijie(config-if-FastEthernet 0/24)# switchport port-security aging time 1   // 配置老化时间为 1 min
```

以上指令在配置时可能会遇到因为 MAC 地址表中存在的记录数大于 1 而引起的错误提示，此时断开二层交换机和三层交换机之间的链路,清空端口地址表即可。老化时间的范围为 0~1440，单位为分钟，0 代表永远不超时，是默认值。

确保二层交换机和三层交换机之间的链路连接好后，从 PC2 和 PC3 同时使用带"t"参数的"ping"命令测试与 PC1 的连通性，会发现 PC2 和 PC3 不能同时"ping"通 PC1，而能够交替"ping"通 PC1，这是因为 1 min 超时时间到达后,安全 MAC 地址表中的记录被删除，另外一台的 MAC 地址如果被记录则能"ping"通。1 min 之后,该记录同样也会被删除。在三层交换机上查看安全 MAC 地址表，只会存在一条记录，可能是 PC1 的或者 PC2 的，又或者是二层交换机的本机 MAC 地址，超时时间都是 1 min。

```
Ruijie# sh port-security address
Vlan Mac Address      IP Address     Type       Port       Remaining Age (mins)
```

```
____ _____ _____ _____ _____ _____
1       4016.9ff2.48ca          Dynamic        Fa0/24      1                // 超时时间
Ruijie#
```

这 3 台设备的 MAC 地址会被三层交换机交替地动态学习到，如果将二层交换机发出的数据包过滤掉可能会导致生成树协议故障，因此，为了使二层交换机的本机 MAC 地址对应的记录不超时，可以将其配置为静态地址（Configured）。

```
Ruijie(config-if-FastEthernet 0/24)#   switchport port-security mac-address 001a.a97e.1d6d
Ruijie(config-if-FastEthernet 0/24)# end
Ruijie# sh port-security add
Vlan Mac Address          IP Address     Type        Port          Remaining Age
                                                                    (mins)
____ _____ _____ _____ _____ _____
1       001a.a97e.1d6d                         Configured      Fa0/24           –
```

此时，因为最大连接数为 1，PC2 和 PC3 的 MAC 地址将不会被三层交换机动态学习了，它们都无法与 PC1 通信。接口模式下"switchport port-security aging　static"指令配置的老化时间将同时应用于手工配置的安全地址。

4.4　ARP 欺骗与交换机的 ARP-Check 功能

4.4.1　ARP 欺骗

1. ARP 协议原理

ARP 是地址解析协议（Address Resolution Protocol）的简称，它的功能是在局域网中找出某 IP 对应的 MAC 地址。例如"ping"命令的常见格式是："ping 1.1.1.1"，其中的参数是 IP 地址，但以太网交换机并不能识别 32 位 IP 地址，它们是以 48 位以太网地址传输以太网数据包。因此，在真正发送"ping"命令产生的 ICMP 报文前，必须发送 ARP 请求报文得到目的 IP 地址（1.1.1.1）对应的以太网地址。

ARP 协议的工作流程如下。

（1）首先，每台主机都会在自己的 ARP 缓冲区 (ARP Cache)中建立一个 ARP 列表，以表示 IP 地址和 MAC 地址的对应关系。

（2）当源主机需要将一个数据包发送到目的主机时，会首先检查自己 ARP 列表中是否存在该 IP 地址对应的 MAC 地址，如果有，就直接将数据包发送到这个 MAC 地址；如果没有，就向本地网段发起一个 ARP 请求的广播包，查询此目的主机对应的 MAC 地址。此 ARP 请求数据包里包括源主机的 IP 地址、硬件地址，以及目的主机的 IP 地址。

（3）网络中所有的主机收到这个 ARP 请求后，会检查数据包中的目的 IP 是否和自己的 IP 地址一致。如果不相同就忽略此数据包；如果相同，该主机首先将发送端的 MAC 地址和 IP 地址添加到自己的 ARP 列表中，如果 ARP 表中已经存在该 IP 的信息，则将其覆盖，然后给源主机发送一个 ARP 响应数据包，告诉对方自己是它需要查找的 MAC 地址。

（4）源主机收到这个 ARP 响应数据包后，将得到的目的主机的 IP 地址和 MAC 地址添加到自己的 ARP 列表中，并利用此信息开始数据的传输。如果源主机一直没有收到 ARP 响应数据包，表示 ARP 查询失败。

在 Windows 系列操作系统的命令提示符窗口中可以使用"arp -a"或"arp -g"命令查看本地的 ARP 缓冲区，使用"arp –d＊"命令删除本地动态产生的 ARP 记录。ARP 命令的其他用法可以键入"arp /?"查看帮助信息。

2. ARP 欺骗原理

ARP 的请求报文如同向所有人（广播）询问"谁能告诉我 1.1.1.1 的 MAC 地址"？ARP 的响应报文如同悄悄回答（单播）说"我是 1.1.1.1，我的 MAC 地址是 1111.1111.1111"。如果存在某台 IP 地址为 1.1.1.2 MAC 地址为 1111.1111.2222 的恶意主机发送 ARP 响应报文悄悄回答"我是 1.1.1.1，我的 MAC 地址是 1111.1111.2222"，因为请求的主机没有判断响应报文真伪的机制，所以会信以为真，在缓冲区中覆盖真正地址记录下来。这种冒充 IP 地址为 1.1.1.1 的主机进行欺骗的行为就是 ARP 欺骗。ARP 的这种缺陷是因为对响应报文缺少验证引起的。

3. ARP 欺骗实例

ARP 欺骗工具非常多，比较出名的有 ARPSpoof、Cain&abel 等，ARPSpoof 在 Windows、Linux 操作系统平台都有实现，Kali 操作系统中已经集成安装。在图 4-8 所示的拓扑中实施 ARP 欺骗，在 PC3 上开启 Kali 虚拟机，利用其中的 ARPSpoof 工具同时欺骗 PC1 与 PC2，使 PC1 与 PC2 通信的数据包都经过 PC3。图中交换机使用二层或者三层都是可以的。

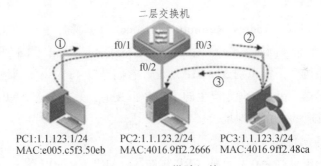

图 4-8　ARP 欺骗拓扑

按照图 4-8 的拓扑连接线路并配置 IP 地址，同一网段内的计算机通信可以不设置网关。使用"ping"命令测试 PC1 与 PC2 的连通性，此时两台计算机可以通信，在 PC3 上使用 Wireshark 软件监听数据包，不能收到 PC1 与 PC2 之间的 ICMP 数据包。

在 PC3 上开启 Kali 虚拟机，以 root 用户登录，密码为：toor，在虚拟机设置对话框中设置虚拟机以"桥接模式"接入 PC3 所在的网络，如图 4-9 所示。

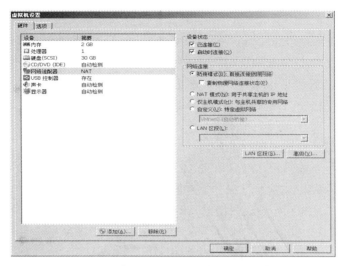

图 4-9　虚拟机以桥接模式与网络连接

在 Kali 虚拟机的终端使用命令“ifconfig eth0 1.1.123.33 netmask 255.255.255.0 up”更改 IP 地址为 1.1.123.33，网络掩码为 255.255.255.0，同时激活网卡，如图 4-10 所示。

```
root@kali:~# ifconfig  eth0 1.1.123.33 netmask 255.255.255.0 up
root@kali:~# ifconfig
eth0      Link encap:Ethernet  HWaddr 00:0c:29:ec:83:ec
          inet addr:1.1.123.33  Bcast:1.1.123.255  Mask:255.255.255.0
          inet6 addr: fe80::20c:29ff:feec:83ec/64 Scope:Link
          UP BROADCAST RUNNING MULTICAST  MTU:1500  Metric:1
          RX packets:10395 errors:0 dropped:0 overruns:0 frame:0
          TX packets:709 errors:0 dropped:0 overruns:0 carrier:0
          collisions:0 txqueuelen:1000
          RX bytes:727602 (710.5 KiB)  TX bytes:63224 (61.7 KiB)
          Interrupt:19 Base address:0x2000

lo        Link encap:Local Loopback
          inet addr:127.0.0.1  Mask:255.0.0.0
          inet6 addr: ::1/128 Scope:Host
          UP LOOPBACK RUNNING  MTU:65536  Metric:1
          RX packets:52 errors:0 dropped:0 overruns:0 frame:0
          TX packets:52 errors:0 dropped:0 overruns:0 carrier:0
          collisions:0 txqueuelen:0
          RX bytes:3504 (3.4 KiB)  TX bytes:3504 (3.4 KiB)
```

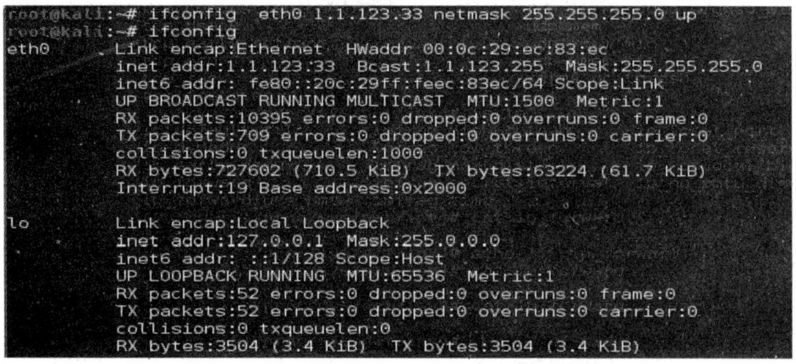

图 4-10　更改 Kali 操作系统下网卡参数

在 Kali 虚拟机的终端里使用“ping”命令测试与 PC1、PC2、PC3 的连通性，结果显示都可以通信。在终端命令行中输入“arpspoof -i eth0 –t 1.1.123.2 -r 1.1.123.1”命令开始 ARP 欺骗，如图 4-11 所示。

```
root@kali:~# arpspoof -i eth0  -t 1.1.123.2  -r  1.1.123.1
0:c:29:ec:83:ec 40:16:9f:f2:26:66 0806 42: arp reply 1.1.123.1 is-at 0:c:29:ec:83:ec
0:c:29:ec:83:ec e0:5:c5:f3:50:eb 0806 42: arp reply 1.1.123.2 is-at 0:c:29:ec:83:ec
^CCleaning up and re-arping targets...
0:c:29:ec:83:ec 40:16:9f:f2:26:66 0806 42: arp reply 1.1.123.1 is-at e0:5:c5:f3:50:eb
0:c:29:ec:83:ec e0:5:c5:f3:50:eb 0806 42: arp reply 1.1.123.2 is-at 40:16:9f:f2:26:66
0:c:29:ec:83:ec 40:16:9f:f2:26:66 0806 42: arp reply 1.1.123.1 is-at e0:5:c5:f3:50:eb
0:c:29:ec:83:ec e0:5:c5:f3:50:eb 0806 42: arp reply 1.1.123.2 is-at 40:16:9f:f2:26:66
0:c:29:ec:83:ec 40:16:9f:f2:26:66 0806 42: arp reply 1.1.123.1 is-at e0:5:c5:f3:50:eb
0:c:29:ec:83:ec e0:5:c5:f3:50:eb 0806 42: arp reply 1.1.123.2 is-at 40:16:9f:f2:26:66
0:c:29:ec:83:ec 40:16:9f:f2:26:66 0806 42: arp reply 1.1.123.1 is-at e0:5:c5:f3:50:eb
0:c:29:ec:83:ec e0:5:c5:f3:50:eb 0806 42: arp reply 1.1.123.2 is-at 40:16:9f:f2:26:66
0:c:29:ec:83:ec 40:16:9f:f2:26:66 0806 42: arp reply 1.1.123.1 is-at e0:5:c5:f3:50:eb
0:c:29:ec:83:ec e0:5:c5:f3:50:eb 0806 42: arp reply 1.1.123.2 is-at 40:16:9f:f2:26:66
root@kali:~#
root@kali:~#
```

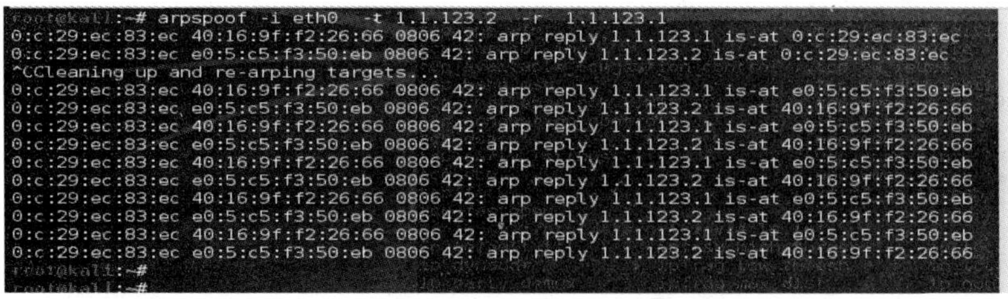

图 4-11　使用 ARPSpoof 工具开始 ARP 欺骗

ARPSpoof 的命令格式如下。

```
root@kali:~#    arpspoof -h
Version: 2.4
Usage: arpspoof [-i interface] [-c own|host|both] [-t target] [-r] host
```

（1）"-i eth0"参数：指明从本机的哪一块网卡发送欺骗数据包，"eth0"是默认网卡名字。

（2）"-t 1.1.123.2"参数：指定要欺骗的主机（target）的 IP 地址为 1.1.123.2，如果"-t"后不加 IP 地址的话，默认将欺骗所在网段下所有主机。

（3）"-r"参数：表示对 targe 和 host 进行双向欺骗，即 PC2 发往 PC1 的数据包将发往虚拟机的网卡，PC1 发往 PC2 的数据包也将发往虚拟机的网卡，这个参数只有在指定"-t"参数的时候才有效。

（4）"host"参数：指定假冒的主机。

（5）"Ctrl+C"键：能停止已经启动的 ARP 欺骗，在停止前，ARPSpoof 会向刚刚欺骗的主机发送 5 个正确的 ARP 响应报文来还原初始正确的状态。

（6）"-c"参数：用来指定最后发出的 ARP 响应报文的源 MAC 地址用谁的，"own"代表用虚拟机的，"host"代表用每台主机自己的，"both"代表用每台主机自己的发一遍再用虚拟机的发一遍，所以共有 10 个还原报文（ARP 响应）。如果不指定"-c"参数，默认使用"own"方式，因为使用"host"方式要伪造源 MAC 地址，可能会对某些转发设备有影响。

启动 ARPSpoof 后观察 PC2 与 PC1 的连通性，它们之间将不能"ping"通了，如果在 PC2 和 PC1 主机上使用 Wireshark 软件进行数据包捕获，能够发现大约 2 s 会收到一个 ARP 响应报文，这个报文就是 Kali 虚拟机发出的 ARP 欺骗报文，PC2 和 PC1 收到后会在自己的 ARP 缓冲区中更新。如果此时 PC1 和 PC2 有数据需要发送，将根据 IP 地址查询 ARP 缓冲区，查到的是错误的 MAC 地址，这样就会将数据发送到了冒充者的主机（即 PC3），观察 PC3 捕获的报文，将看到其捕获了 ICMP 请求报文。

停止 ARP 欺骗后，在 Kali 虚拟机的终端里使用命令"cat /proc/sys/net/ipv4/ip_forward"查看内容是否为"1"，如果不是，使用命令"echo 1 > /proc/sys/net/ipv4/ip_forward"将字符"1"写入 ip_forward 文件，再次开启 ARP 欺骗，如图 4-12 所示。

图 4-12 修改数据包转发控制文件

PC1 与 PC2 可以"ping"通，并不是 ARP 欺骗没有成功，而是 Kali 虚拟机启用了报文转发，将收到的报文转发到了正确的主机，图 4-8 中的箭头与标号指明了数据转发路径。此时在 PC3 上使用 Wireshark 软件进行数据包捕获，将看到 PC3 收到了 PC1 与 PC2 通信的报文并且转发出去，如图 4-13 所示。

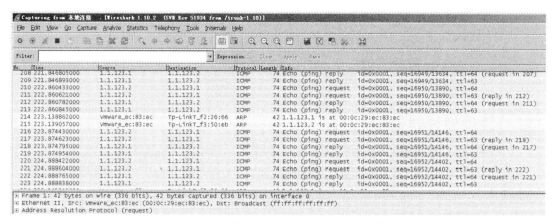

图 4-13　PC3 转发 PC1 与 PC2 之间的通信报文

与使用"ifconfig"命令配置网卡参数一样，使用命令"echo 1 > /proc/sys/net/ipv4/ip_forward"修改 ip_forward 文件在 Kali 操作系统重启后会失效，即还原为 0，如果需要系统重启后仍然为 1，需要修改/etc/sysctl.conf 文件，打开此文件找到"# net.ipv4.ip_forward=1"这一行，将行首的"#"删掉，解除此行的注释即可。

4.4.2　防御 ARP 欺骗

1. 防御 ARP 欺骗的原理

要想防御 ARP 欺骗，应该首先分析 ARP 欺骗能够成功的条件，然后进行限制。在明白 ARP 欺骗原理后，很容易找到关键之处：冒充者伪造了 ARP 响应报文，如果交换机端口接收到 ARP 响应报文后能够检查报文真伪并且不转发伪造报文就可以对 ARP 欺骗进行防御了。

图 4-14 是一个伪造的 ARP 响应报文，这个报文是从 1.1.123.33 网卡发出的，但是 ARP 响应报文的"Sender IP address"字段却是 1.1.123.2，也就是说，IP 地址为 1.1.123.33 的主机冒充 IP 地址为 1.1.123.2 的主机向 IP 地址为 1.1.123.1 的主机发送的 ARP 响应报文。

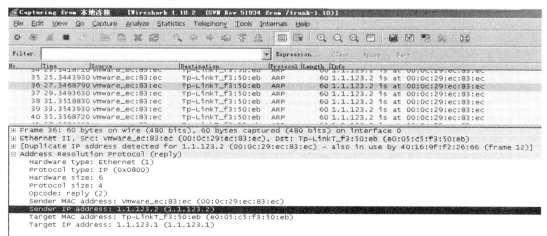

图 4-14　一个伪造的 ARP 响应报文

开启交换机端口的 ARP 报文检查（ARP Check）功能可以检查端口收到的 ARP 响应报文中的"Sender IP address"字段是否与交换机中存储的允许接入的 IP 一致，从而进行过滤，对所有非法的 ARP 报文进行丢弃，这样就能够有效地防止网络中的 ARP 欺骗，提高网络的稳定性。

2. 交换机的 ARP Check 功能

ARP Check 功能检测逻辑端口下的所有的 ARP 报文中的 Sender IP 字段或<Sender IP, Sender MAC>是否满足合法用户信息表中的匹配关系，所有不在合法用户信息表中的 ARP 报文将被丢弃，合法用户信息表可以由已经配置的端口安全、全局 IP + MAC 绑定、802.1x IP 授权、IP Source Guard、GSN 绑定等功能产生。目前 ARP Check 支持的检测方式包括：

（1）仅检测 IP 字段：包括端口安全功能中的"仅 IP 模式"和 IP Source Guard 手工配置的"仅 IP 模式"。

（2）检测 IP+MAC 字段：包括端口安全功能的 IP + MAC 绑定模式、全局 IP + MAC 绑定功能、802.1x IP 授权功能、IP Source Guard 功能、GSN 绑定功能。

ARP check 属于硬件芯片检查安全表项，不消耗 CPU 资源。

3. 端口安全限制 IP 接入模式下的 ARP Check 实例

在部署交换机的端口安全功能限制接入计算机的 IP 地址时需要管理员通过指令配置合法的绑定的 IP 地址，这个地址表配合 ARP Check 功能就可以过滤掉伪造的 ARP 响应报文。仍然采用图 4-8 所示网络在 PC3 上开启 Kali 虚拟机使用 ARPSpoof 进行 ARP 欺骗，如果不应用端口的 ARP Check 功能，欺骗能够成功。下面在交换机的 f0/3 端口配置端口安全功能限制接入 IP 为 PC3 的 IP 地址与虚拟机中 Kali 操作系统的网卡地址，即 1.1.123.3 和 1.1.123.33，配置指令如下。

```
Ruijie(config)# int fa0/3
Ruijie(config-if-FastEthernet 0/3)# switchport port-security
Ruijie(config-if-FastEthernet 0/3)# sw port-security binding 1.1.123.3
Ruijie(config-if-FastEthernet 0/3)# sw port-security binding 1.1.123.33
Ruijie(config-if-FastEthernet 0/3)# end
Ruijie# show port-security binding address all                    // 查看绑定的 IP 地址
```

Vlan	Port	Arp-Check	Mac Address	IP Address	Type	Remaining Age(mins)
	Fa0/3	Disabled		1.1.123.33	Configured	-
	Fa0/3	Disabled		1.1.123.3	Configured	-
1	Fa0/3	Disabled	4016.9ff2.48ca		Dynamic	-

```
Ruijie#
```

此时端口 f0/3 没有开启 ARP Check 功能，PC3 上仍然可以用 ARPSpoof 进行 ARP 欺骗。下面的指令在端口 f0/3 上开启 ARP Check 功能。

```
Ruijie(config-if-FastEthernet 0/3)# arp-check                          //开启 ARP Check 功能
Ruijie(config-if-FastEthernet 0/3)# end
Ruijie# show port-security binding address all
Vlan Port     Arp-Check   Mac Address     IP Address   Type       Remaining Age(mins)

---- -------- ---------- -------------- ------------ ---------- --------------
     Fa0/3    Enabled                     1.1.123.33   Configured   -    // ARP Check 功能开启
     Fa0/3    Enabled                     1.1.123.3    Configured   -    // ARP Check 功能开启
1    Fa0/3    Enabled    4016.9ff2.48ca               Dynamic      -
1    Fa0/3    Enabled    000c.29ec.83ec               Dynamic      -
Ruijie# show interfaces arp-check list                                  // 查看 ARP Check 产生的表项
Interface   Sender MAC        Sender IP        Policy Source

---------- --------------- --------------- --------------------
Fa0/3          --            1.1.123.33       port-security
Fa0/3          --            1.1.123.3        port-security
Ruijie#
```

端口 f0/3 开启 ARP Check 功能后，PC3 上使用 ARPSpoof 进行 ARP 欺骗将不会成功，在 PC1 和 PC2 上不能收到伪造的 ARP 响应报文了，交换机 f0/3 端口没有转发伪造的报文。

在交换机端口开启 ARP Check 功能十分简单，用一条指令 "arp-check" 就完成了，但是生效的前提是交换机中已经存在合法用户信息表。上面的例子演示了使用端口安全功能只绑定 IP 地址产生合法用户信息表。

第5章   DHCP 服务的配置与管理

DHCP（Dynamic Host Configuration Protocol，动态主机配置协议）是 IETF 为实现 IP 的自动配置而设计的协议，通过它可以为客户机自动分配 IP 地址、子网掩码以及默认网关、DNS 服务器地址等 TCP/IP 参数。使用 DHCP 能降低配置和部署客户端设备的时间，降低发生配置错误的可能性，可以集中化管理设备的 IP 地址分配。DHCP 协议是利用 UDP 数据包进行数据封装的。

5.1   DHCP 协议原理

DHCP 客户端为了获取合法的动态 IP 地址，在不同阶段与服务器之间交互不同的信息，通常存在以下 3 种模式，RFC2131 文档对此做了说明。

5.1.1   DHCP 客户端首次登录网络

DHCP 客户端首次登录网络时，主要通过 4 个阶段与 DHCP 服务器建立联系。

1. 发现阶段

发现阶段，即 DHCP 客户端寻找 DHCP 服务器的阶段。DHCP 客户端通过发送 DHCP DISCOVER 报文来寻找 DHCP 服务器。由于 DHCP 服务器的 IP 地址对于客户端来说是未知的，所以 DHCP 客户端以广播方式发送 DHCP DISCOVER 报文。所有收到 DHCP DISCOVER 报文的 DHCP 服务器都会发送回应报文，DHCP 客户端据此可以知道网络中存在的 DHCP 服务器的位置。

2. 提供阶段

提供阶段，即 DHCP 服务器提供 IP 地址的阶段。网络中接收到 DHCP DISCOVER 报文的 DHCP 服务器会从地址池中选择一个合适的 IP 地址，连同 IP 地址租约期限和其他配置信息（如网关地址、域名服务器地址等）以单播方式通过 DHCP OFFER 报文发送给 DHCP 客户端

3. 选择阶段

选择阶段，即 DHCP 客户端选择 IP 地址的阶段。如果有多台 DHCP 服务器向 DHCP 客户端回应 DHCP OFFER 报文，则 DHCP 客户端只接收第一个收到的 DHCP OFFER 报文。然后

以广播方式发送 DHCP REQUEST 请求报文，该报文中包含了服务器标识选项（Option54），这个选项中的内容是客户端选择的 DHCP 服务器的 IP 地址信息。以广播方式发送 DHCP REQUEST 请求报文是为了通知所有的 DHCP 服务器,客户端将选择 Option54 中标识的 DHCP 服务器提供的 IP 地址，其他的没有被选中的 DHCP 服务器可以重新使用曾提供给客户端但客户端没有选用的 IP 地址，用于其他客户端的 IP 地址申请。

4. 确认阶段

确认阶段，即 DHCP 服务器确认所提供 IP 地址的阶段。当 DHCP 服务器收到 DHCP 客户端回答的 DHCP REQUEST 报文后，DHCP 服务器会根据 DHCPREQUEST 报文中携带的 MAC 地址来查找有没有相应的租约记录。如果有，则以单播方式向客户端发送包含它所提供的 IP 地址和其他设置的 DHCP ACK 确认报文。DHCP 客户端收到该确认报文后，会以广播的方式发送免费 ARP 报文，探测是否有主机使用服务器分配的 IP 地址，如果在规定的时间内没有收到回应，客户端才使用此地址。

如果 DHCP 服务器收到 DHCP REQUEST 报文后，没有找到相应的租约记录，或者由于某些原因无法正常分配 IP 地址，则以单播方式发送 DHCP NAK 报文作为应答，通知 DHCP 客户端无法分配合适 IP 地址。DHCP 客户端需要重新发送 DHCP DISCOVER 报文来申请新的 IP 地址。 DHCP Client 获得 IP 地址后，上线之前会检测正在使用的网关的状态，如果网关地址错误或网关设备故障，DHCP 客户端将重新使用 4 步交互方式请求新的 IP 地址。

数据包交互方式如图 5-1 所示。

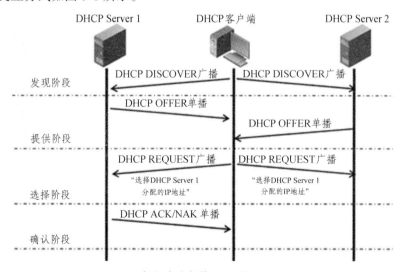

图 5-1　DHCP 客户端动态获取 IP 地址的四步交互过程

5.1.2　DHCP 客户端重新登录网络

重新登录网络是指客户端曾经分配到可用的 IP 地址，再次登录网络时 IP 地址还在相应的租期之内。客户端不需要再发送 DHCP DISCOVER 报文，而是直接发送包含前一次分配的 IP 地址的 DHCP REQUEST 请求报文，即报文中的 Option50（请求的 IP 地址选项）字段填入曾经使用过的 IP 地址。DHCP 服务器收到 DHCP REQUEST 报文后，如果客户端申请的地址没有被分配，则返回 DHCP ACK 确认报文，通知该 DHCP 客户端继续使用原来的 IP 地址。如果此 IP 地址无法再分配给该 DHCP 客户端使用（例如，已分配给其他客户端），DHCP 服务器将返回 DHCP NAK 报文。客户端收到后，重新发送 DHCP DISCOVER 报文请求新的 IP 地址。

5.1.3 DHCP 客户端延长 IP 地址的租用有效期

DHCP 服务器分配给客户端的动态 IP 地址通常有一定的租借期限，期满后服务器会收回该 IP 地址。如果 DHCP 客户端希望继续使用该地址，需要更新 IP 地址的租约（如延长 IP 地址租约）。DHCP 客户端向服务器申请地址时可以携带期望租期，服务器在分配租约时把客户端期望租期和地址池中的租期配置比较，分配其中一个较短的租期给客户端。

当 DHCP 客户端获得 IP 地址时，会进入到绑定状态，客户端会设置 3 个定时器，分别用来控制租期更新、重绑定和判断是否已经到达租期。DHCP 服务器为客户分配 IP 地址时，可以为定时器指定确定的值。若服务器没有设置定时器的值，客户端就使用默认值。默认情况下，IP 租约期限达到 50%（T1）时，DHCP 客户端会自动以单播的方式，向 DHCP 服务器发送 DHCP REQUEST 报文，请求更新 IP 地址租约。如果收到 DHCP ACK 报文，则租约更新成功；如果收到 DHCP NAK 报文，则重新发起申请过程。IP 租约期限达到 87.5%（T2）时，如果仍未收到 DHCP 服务器的应答，DHCP 客户端会自动向 DHCP 服务器发送更新其 IP 租约的广播报文。如果收到 DHCP ACK 报文，则租约更新成功；如果收到 DHCP NAK 报文，则重新发起申请过程。如果 IP 租约到期前都没有收到服务器响应，客户端停止使用此 IP 地址，重新发送 DHCP DISCOVER 报文请求新的 IP 地址。

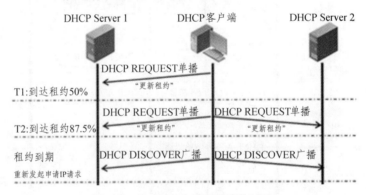

图 5-2 DHCP 客户端更新租约过程

5.1.4 DHCP 客户端主动释放 IP 地址

DHCP 客户端不再使用分配的 IP 地址时，会主动向 DHCP 服务器发送 DHCP RELEASE 报文，通知 DHCP 服务器释放 IP 地址的租约。DHCP 服务器会保留这个 DHCP 客户端的配置信息，以便该客户端重新申请地址时，重用这些参数。

5.2　DHCP 服务配置与管理

DHCP 服务器能够在多种操作系统平台上安装或者配置，如 Windows Server、Linux 系列操作系统、三层交换机、路由器等网络设备操作系统。

5.2.1　在三层交换机上配置 DHCP 服务

因为二层交换机处理的是"二层数据"，即包含网卡地址的数据帧，不能识别 IP 地址，所以在二层交换机上不能配置分配 IP 地址功能的 DHCP 服务。在三层交换机或路由器这样的三层设备上可以配置开启 DHCP 服务。图 5-3 中的 4 台计算机划分在两个不同的 VLAN 中，需要配置三层交换机使其能够为计算机分配相对应 VLAN 的 IP 地址，并且要求 PC2 分配固定地址：1.1.24.100/24。配置过程如下。

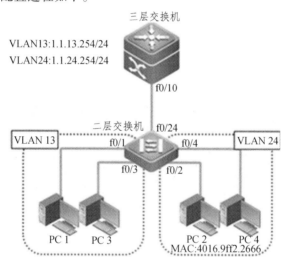

图 5-3　三层交换机上配置 DHCP 服务

计算机配置 IP 地址获得方式为"自动获得 IP 地址"，如图 5-4 所示。点击"确定"关闭

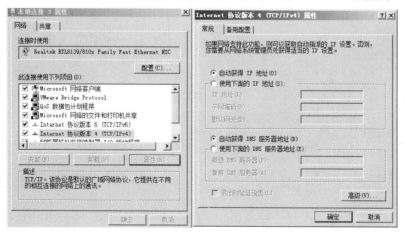

图 5-4　计算机配置自动获得 IP

对话框后，计算机开始发送 DHCP DISCOVER 广播包，并将花费 1 s 的时间等待 DHCP 服务器的回应，因为此时网络中还没有 DHCP 服务器，所以不会收到服务器的应答报文，计算机会将这一广播包重新广播 4 次（以 2 s、4 s、8 s 和 16 s 为间隔，加上 1~1000 ms 的随机时间长度）。4 次之后，如果仍未能收到服务器的应答，则 Windows 操作系统中的 DHCP 客户机将从 169.254.0.0/16 这个自动保留的私有 IP 地址（APIPA）中选用一个 IP 地址，而运行在其他操作系统下的 DHCP 客户机将无法获得 IP 地址。APIPA（Automatic Private IP Address，自动专用地址）是 IANA（Internet Assinged Numbers Authority，互联网数字分配机构）保留的一个地址块，它的地址范围是 B 类地址块 169.254.0.0~169.254.255.255。当由于网络故障而找不到 DHCP 服务器时，Windows 操作系统的主机使用 APIPA 地址。

此时，打开命令提示符，输入"ipconfig"查看本机 IP 地址时，能够发现计算机已经获得"169.254.0.0 /16"网段的一个 IP 地址，如图 5-5 所示。不用担心主机自己选择的 APIPA 地址是否会冲突，DHCP 客户机会通过使用免费 ARP 协议测试是否存在地址冲突，以确保它选择的 IP 地址未在局域网上使用。如果发现了冲突，客户机会选择试用另一 IP 地址。DHCP 客户机配置 APIPA 地址后仍然会继续在后台每隔 5 min 检查一次 DHCP 服务器，如果随后发现 DHCP 服务器，客户机将不再使用自动配置的 APIPA 地址，而使用向 DHCP 服务器申请到的地址来更新其 IP 配置。

图 5-5　计算机自动配置的 APIPA 地址

虽然 4 台计算机目前配置的 IP 都是 APIPA 地址，但是他们在局域网内是可以互相通信的，这就是设置 APIPA 地址的意义。可以使用"ping"命令测试 4 台计算机的连通性，此时 4 台计算机之间可以互相访问，共享资源。

在二层交换机上配置端口 VLAN。

```
Ruijie>en
Ruijie# conf t
Ruijie(config)# vlan 13                              // 创建 13 号 VLAN
Ruijie(config-vlan)# exit
Ruijie(config)# vlan 24                              // 创建 24 号 VLAN
Ruijie(config-vlan)# exit
Ruijie(config)# int rang
Ruijie(config)# int range fa0/1,0/3                  // 进入端口配置模式
Ruijie(config-if-range)# sw mode acc                 // 端口配置为 access 模式
Ruijie(config-if-range)# sw acc vlan 13              // 端口加入到 13 号 VLAN
```

```
Ruijie(config-if-range)# exit
Ruijie(config)# int range fa0/2,0/4                      // 进入端口配置模式
Ruijie(config-if-range)# sw mode acc                     // 端口配置为 access 模式
Ruijie(config-if-range)# sw acc vlan 24                  // 端口加入到 24 号 VLAN
Ruijie(config-if-range)# exit
Ruijie(config)# int fa0/24                               // 进入端口配置模式
Ruijie(config-if-FastEthernet 0/24)# sw mode trunk       // 端口配置为 trunk 模式
Ruijie(config-if-FastEthernet 0/24)# end
```

在三层交换机上配置启用 DHCP 服务、地址池等参数。

```
Ruijie>en
Ruijie# conf t
Ruijie(config)# vlan 13                                  // 创建 13 号 VLAN
Ruijie(config-vlan)# int vlan 13                         // 进入 13 号 SVI 端口配置模式
Ruijie(config-if-VLAN 13)# ip add 1.1.13.254 255.255.255.0   // 配置 IP 地址
Ruijie(config-if-VLAN 13)# exit
Ruijie(config)# vlan 24                                  // 创建 24 号 VLAN
Ruijie(config-vlan)# int vlan 24                         // 进入 24 号 SVI 端口配置模式
Ruijie(config-if-VLAN 24)# ip add 1.1.24.254 255.255.255.0   // 配置 IP 地址
Ruijie(config-if-VLAN 24)# exit
Ruijie(config)# int fa0/10                               // 进入端口配置模式
Ruijie(config-if-FastEthernet 0/10)# sw mode trunk       // 端口配置为 trunk 模式
Ruijie(config)# ip dhcp pool Vlan13IpPool                // 创建 DHCP 地址池,名字为 Vlan13IpPool
```

DHCP 的地址分配,以及给客户端传送的 DHCP 各项参数都需要在 DHCP 地址池中进行定义。地址池的名字由字符和数字组成。每个设备都可以定义多个地址池,根据 DHCP 请求包中的中继代理 IP 地址来决定分配哪个地址池的地址。

(1)如果 DHCP 请求包中没有中继代理的 IP 地址,就分配与接收 DHCP 请求包接口的 IP 地址同一子网或网络的地址给客户端。如果没定义这个网段的地址池,地址分配就失败。

(2)如果 DHCP 请求包中有中继代理的 IP 地址,就分配与该地址同一子网或网络的地址给客户端。如果没定义这个网段的地址池,地址分配就失败。

地址池的配置模式显示为"Ruijie(dhcp-config)#",在此模式下可以配置该地址池的可分配 IP 范围、默认网关、DNS 服务器 IP、租约等参数。

```
Ruijie(dhcp-config)# network 1.1.13.0 255.255.255.0      // 可分配的 IP 地址范围,一般按顺序进行分配
Ruijie(dhcp-config)# default-router 1.1.13.254           // 默认网关,必须与 DHCP 客户端的 IP 地址在同一网络
Ruijie(dhcp-config)# dns-server 8.8.8.8                  // 配置地址池的 DNS Server
Ruijie(dhcp-config)# lease ?                             // 查看租约信息
```

<0-365>　　Days　(default vlaue:1)	// 默认情况下租期为 1 天
help　　　　　Help information	
infinite　　　Infinite lease	// 永不过期
Ruijie(dhcp-config)# lease 0 1 2	// 配置租期为 1 h　2 min
Ruijie(dhcp-config)# domain-name hhtc.edu.cn	// 配置客户端的域名

// 当客户端通过主机名访问网络资源时，不完整的主机名会自动加上域名后缀形成完整的主机名。

Ruijie(dhcp-config)# exit	// 退出地址池配置模式
Ruijie(config)# ip dhcp excluded-address　1.1.13.200 1.1.13.254	// 配置 DHCP 排斥地址

// 排斥地址是管理员规划的不分配给客户端的 IP 地址，可以配置多个。一个好的习惯是将所有已明确分配的地址全部不允许 DHCP 分配，这样可以带来两个好处：不会发生地址冲突；DHCP 分配地址时减少了检测时间从而提高 DHCP 分配效率。

Ruijie(config)# ip dhcp ping packets 5	// 配置 ping 包次数

// 默认情况下，当 DHCP 服务器试图从地址池中分配一个 IP 地址时，会对该地址执行两次 ping 命令（一次一个数据包）。如果 ping 没有应答，DHCP 服务器认为该地址为空闲地址，就将该地址分配给 DHCP 客户端；如果 ping 有应答，DHCP 服务器认为该地址已经在使用，就试图分配另外一个地址给 DHCP 客户端，直到分配成功。

Ruijie(config)# ip dhcp ping timeout 1000	// 配置 ping 包超时时间

// 默认情况下，DHCP 服务器 ping 操作如果 500 ms 没有应答，就认为没有该 IP 地址主机存在。可以通过调整 ping 包超时时间，改变服务器 ping 等待应答的时间。

配置到此，为 13 号 VLAN 的计算机准备的"Vlan13IpPool"地址池已经配置完毕，但是 13 号 VLAN 的计算机还不能获取 IP，原因是缺少在全局模式下启动 DHCP 服务器功能的指令"Ruijie(config)# service dhcp"，为了避免排斥地址在配置前已经被分配出去，建议将此配置指令留在最后配置，接下来为 24 号 VLAN 的计算机配置"Vlan24IpPool"地址池，最后再启用 DHCP 服务器功能。

Ruijie(config)# ip dhcp pool Vlan24IpPool	// 创建 DHCP 地址池，名字为 Vlan24IpPool
Ruijie(dhcp-config)# network 1.1.24.0 255.255.255.0	// 可分配的 IP 地址范围，一般按顺序进行
分配	
Ruijie(dhcp-config)# default-router 1.1.24.254	// 默认网关，必须与 DHCP 客户端的 IP
地址在同一网络	
Ruijie(dhcp-config)# dns-server 114.114.114.114	// 配置地址池的 DNS Server
Ruijie(dhcp-config)# lease 0 1 2	// 配置租期为 1 h　2 min
Ruijie(dhcp-config)# domain-name hhtc.edu.cn	// 配置客户端的域名
Ruijie(dhcp-config)# exit	// 退出地址池配置模式
Ruijie(config)# ip dhcp excluded-address　1.1.24.200 1.1.24.254	// 配置 DHCP 排斥地址
Ruijie(config)# ip dhcp excluded-address　1.1.24.1 1.1.24.10	// 配置 DHCP 排斥地址

针对为 PC2 固定分配地址 1.1.24.100/24 的需求，在 DHCP 服务器数据库中，需要手工绑定 IP 地址和 MAC 地址，手工绑定其实是一个特殊地址池。

Ruijie(config)# ip dhcp pool staticPc2　　　　　　　　// 创建 DHCP 地址池，名字为 staticPc2
　　　　　// 要进行手工地址绑定，首先需要为每一个手工绑定定义一个主机地址池，
Ruijie(dhcp-config)# host 1.1.24.100 255.255.255.0　　　// 定义待分配的 IP 地址和子网掩码
Ruijie(dhcp-config)# client-identifier 0140.169f.f226.66　　// 定义客户端标识

PC2 的 MAC 地址是：4016.9FF2.2666，客户端标识包含了网络媒介类型和 MAC 地址。关于媒介类型的编码，请参见 RFC 1700 中关于 "Address Resolution Protocol Parameters" 部分的内容，以太网类型为 "01"。客户端标识其实就是在 MAC 地址前加上以太网类型，即在 "4016.9FF2.2666" 前加上 "01"，也就是 "0140.169f.f226.66"。

Ruijie(dhcp-config)# default-router 1.1.24.254　　　　　　// 默认网关，必须与 DHCP 客户端的 IP
地址在同一网络
Ruijie(dhcp-config)# dns-server 8.8.4.4　　　　　　　　// 配置地址池的 DNS Server
Ruijie(dhcp-config)# lease infinite　　　　　　　　　　// 配置租期为永不过期
Ruijie(dhcp-config)# domain-name hhtc.edu.cn　　　　　// 配置客户端的域名
Ruijie(dhcp-config)# exit

在交换机上配置的特殊的地址池 "staticPc2" 就是为了给 PC2 分配特定的 IP 地址 "1.1.24.100/24"。DHCP DISCOVER 报文中有一个字段 "Option61" 是 Client Identifier，如图 5-6 所示，该字段包含了发送此报文的主机 MAC 地址，如果与 DHCP 服务器上配置的一致，DHCP 服务器将分配对应的 IP。

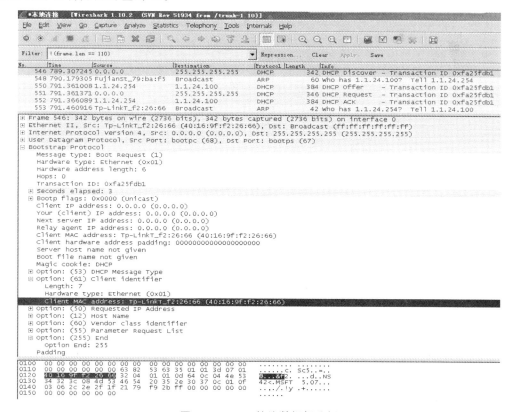

图 5-6　DHCP 协议数据报分析

| Ruijie(config)# service dhcp | // 启动 DHCP 服务器功能 |

最后启动 DHCP 服务器功能，配置完毕。

为了检查配置效果，分别在 4 台计算机上的命令提示符中使用命令"ipconfig"查看获得的 IP 地址，如果已经动态获得 IP 了则使用"ipconfig /release"命令释放 IP，再使用"ipconfig /renew"命令重新获取 IP。

PC1 与 PC3 获取的 IP 是 1.1.13.1 或者 1.1.13.2，PC2 获取的 IP 是 1.1.24.100，PC4 获取的 IP 是 1.1.24.11，因为前 10 个 IP 作为排斥地址不分配。图 5-6 显示了 PC2 获取 IP 地址的数据报交互过程。因为在三层交换机上配置了 SVI 端口，4 台 PC 可以通信。

在计算机的命令提示符中可以查看到主机获取到的 IP 地址、网关、DNS、租期等信息。那么前面使用命令"Ruijie(config)# ip dhcp ping packets 5"配置的分配 IP 地址前的 ping 包次数如何验证呢？我们可以在 PC1 和 PC3 上完成下列操作。

（1）记录下 PC1 已经获取的 IP 地址。

（2）在 PC1 上使用"ipconfig /release" 命令释放 IP 地址。

（3）在 PC3 上配置（1）步骤中记录下的 PC1 的地址。

（4）在 PC3 上启动 Wireshark 之类的数据分析软件捕获数据包。

（5）在 PC1 上使用"ipconfig /renew" 重新获取 IP。

PC3 上的数据包捕获软件将捕获到从 172.28.15.254 地址"ping"出来的 ICMP 报文，总共 5 次。如图 5-7 所示。其中 DHCP DISCOVER 报文中的字段 Option50 是原先使用过但被占用的 IP。

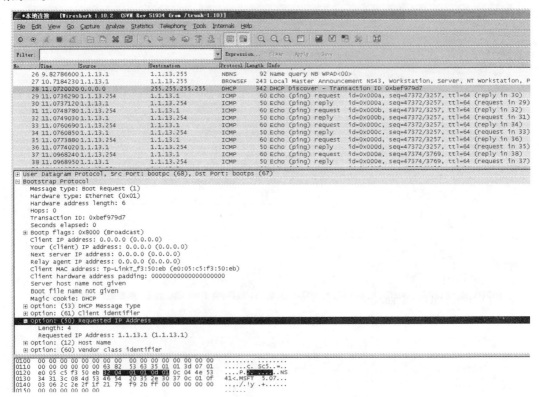

图 5-7　DHCP 分配 IP 地址前使用 ping 包测试 IP 是否被占用

在交换机的特权模式下可以查看 DHCP 绑定、冲突、中继等信息，绑定信息的查看如下所示。

```
Ruijie# sh ip dhcp ?
   binding              DHCP address bindings
   conflict             DHCP address conflicts
   relay                Show ip dhcp relay user
   relay-statistics     Show ip dhcp ralay statistics.
   server               Miscellaneous DHCP server information
   snooping             Show dhcp snooping status
   socket               Show ip dhcp socket.
Ruijie# sh ip dhcp binding                       // 查看 DHCP 服务器绑定信息
IP address           Client-Identifier/      Lease expiration          Type
                     Hardware address
1.1.24.100           0140.169f.f226.66       IDLE                      Manual
1.1.13.1             01e0.05c5.f350.eb       000 days 00 hours 59 mins Automatic
1.1.13.2             0140.169f.f248.ca       000 days 01 hours 01 mins Automatic
1.1.24.11            01e0.05c5.f335.ef       000 days 01 hours 00 mins Automatic
Ruijie#
```

不只计算机可以动态获取 IP 地址，交换机或者路由器的接口都可以动态获取 IP 地址。例如，在二层交换机上配置管理 VLAN 为 13，动态获取 IP 地址如下所示。管理 VLAN 的 IP 地址通常由管理员规划指定，这里仅演示交换机接口如何动态获取 IP。

```
Ruijie(config)# int vlan 13                      // 进入 13 号 SVI 接口
Ruijie(config-if-VLAN 13)# ip add dhcp           // 配置接口 IP 为动态获取
Ruijie(config-if-VLAN 13)# end
Ruijie# sh   ip int b
Interface    IP-Address(Pri)    IP-Address(Sec)    Status    Protocol
VLAN 13      1.1.13.3/24        no address         up        up
Ruijie#
```

5.2.2　在三层交换机上配置 DHCP 中继服务

在大型网络中，用户的网关设备众多，分布零散，如果在每个网关设备（如图 5-3 中的三层交换机）都配置 DHCP server 功能，不仅工作量巨大，而且不好统一管理。通常在网络中心的服务器区部署一台专门的 DHCP server 用于 IP 地址的统一分配和维护。但是问题出现了：DHCP 发现报文（DHCP DISCOVER）和请求报文（DHCP REQUEST）的目的 IP 地址为 255.255.255.255，是广播报文，这种类型报文的转发局限于子网内，会被三层交换机和路由器隔离，也就是说广播报文不会被三层交换机和路由器转发。为了实现跨网段的动态 IP 地址分配，DHCP 中继（DHCP relay）被设计出来了。

DHCP 中继将收到的 DHCP 请求报文以单播方式转发给 DHCP 服务器，同时将收到的 DHCP 响应报文转发给 DHCP 客户端。DHCP 中继相当于一个转发站，负责沟通位于不同网段的 DHCP 客户端和 DHCP 服务器，即转发客户端 DHCP 请求报文、转发服务端 DHCP 应答报文。这样就实现了只要安装一个 DHCP 服务器，就可以实现对多个网段的动态 IP 管理，即 Client—Relay—Server 模式的 DHCP 动态 IP 管理。

DHCP 中继代理的数据转发，与通常路由转发是不同的。通常的路由转发相对来说是透明传输的，设备一般不会修改 IP 包内容。而 DHCP 中继代理接收到 DHCP 消息后，将源目的 IP 和 MAC 地址转换生成一个 DHCP 消息，然后转发出去。

图 5-8 中，在路由器上配置开启 DHCP 服务器功能，如果在三层交换机上没有配置 DHCP 中继，则计算机发出的广播报文不能被三层交换机转发，导致计算机无法获取 DHCP 服务器提供的 IP 地址。为使计算机获得 IP，在三层交换机上面配置 DHCP 中继功能，使其能够完成计算机与 DHCP 服务器之间的 DHCP 报文代理交互。

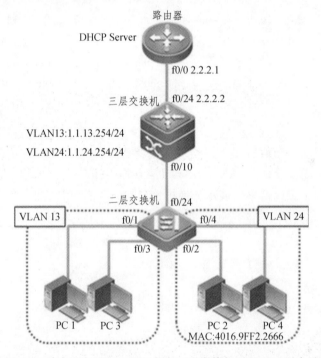

图 5-8　路由器上配置 DHCP 服务三层交换机配置 DHCP 中继

在二层交换机上配置端口 VLAN：

```
Ruijie>en
Ruijie# conf t
Ruijie(config)# vlan 13                          // 创建 13 号 VLAN
Ruijie(config-vlan)# exit
Ruijie(config)# vlan 24                          // 创建 24 号 VLAN
Ruijie(config-vlan)# exit
Ruijie(config)# int range fa0/1,0/3              // 进入端口配置模式
```

```
Ruijie(config-if-range)# sw mode acc              // 端口配置为 Access 模式
Ruijie(config-if-range)# sw acc vlan 13           // 端口加入到 13 号 VLAN
Ruijie(config-if-range)# exit
Ruijie(config)# int range fa0/2,0/4               // 进入端口配置模式
Ruijie(config-if-range)# sw mode acc              // 端口配置为 Access 模式
Ruijie(config-if-range)# sw acc vlan 24           // 端口加入到 24 号 VLAN
Ruijie(config-if-range)# exit
Ruijie(config)# int fa0/24                        // 进入端口配置模式
Ruijie(config-if-FastEthernet 0/24)# sw mode trunk   // 端口配置为 Trunk 模式
Ruijie(config-if-FastEthernet 0/24)# end
```

在三层交换机上配置启用 SVI 接口用于计算机的网关：

```
Ruijie>en
Ruijie# conf t
Ruijie(config)# vlan 13                           // 创建 13 号 VLAN
Ruijie(config-vlan)# int vlan 13                  // 进入 13 号 SVI 端口配置模式
Ruijie(config-if-VLAN 13)# ip add 1.1.13.254 255.255.255.0   // 配置 IP 地址
Ruijie(config-if-VLAN 13)# exit
Ruijie(config)# vlan 24                           // 创建 24 号 VLAN
Ruijie(config-vlan)# int vlan 24                  // 进入 24 号 SVI 端口配置模式
Ruijie(config-if-VLAN 24)# ip add 1.1.24.254 255.255.255.0   // 配置 IP 地址
Ruijie(config-if-VLAN 24)# exit
Ruijie(config)# int fa0/10                        // 进入端口配置模式
Ruijie(config-if-FastEthernet 0/10)# sw mode trunk   // 端口配置为 Trunk 模式
Ruijie(config-if-FastEthernet 0/10)# exit
Ruijie(config)# int fa0/24                        // 进入端口配置模式
Ruijie(config-if-FastEthernet 0/24)# no switchport   // 切换到路由端口模式
Ruijie(config-if-FastEthernet 0/24)# ip add 2.2.2.2 255.255.255.0   // 配置 IP 地址
Ruijie(config-if-FastEthernet 0/24)# no shut      // 激活端口
Ruijie(config-if-FastEthernet 0/24)# end
```

在路由器上配置 DHCP 服务：

```
Ruijie>en
Ruijie# conf t
Ruijie(config)# int fa0/0                         // 进入端口配置模式
Ruijie(config-if-FastEthernet 0/0)# ip add 2.2.2.1 255.255.255.0   // 配置 IP 地址
Ruijie(config-if-FastEthernet 0/0)# no shut       // 激活端口
Ruijie(config-if-FastEthernet 0/0)# exit
Ruijie(config)# ip dhcp pool Vlan13IpPool          // 创建 DHCP 地址池，名字为 Vlan13IpPool
```

```
Ruijie(dhcp-config)# network 1.1.13.0 255.255.255.0 // 可分配的 IP 地址范围，一般按顺序进行分配
Ruijie(dhcp-config)# default-router 1.1.13.254        // 默认网关，必须与 DHCP 客户端的 IP 地址在
同一网络
Ruijie(dhcp-config)# dns-server 8.8.8.8               // 配置地址池的 DNS Server
Ruijie(dhcp-config)# lease 0 1 2                      // 配置租期为 1 h   2 min
Ruijie(dhcp-config)# exit
Ruijie(config)# ip dhcp excluded-address 1.1.13.1 1.1.13.10    // 配置 DHCP 排斥地址
Ruijie(config)# ip dhcp pool Vlan24IpPool             // 创建 DHCP 地址池，名字为 Vlan24IpPool
Ruijie(dhcp-config)# network 1.1.24.0 255.255.255.0   // 可分配的 IP 地址范围，一般按顺序进行分配
Ruijie(dhcp-config)# default-router 1.1.24.254        // 默认网关，必须与 DHCP 客户端的 IP 地址在
同一网络
Ruijie(dhcp-config)# dns-server 114.114.114.114       // 配置地址池的 DNS Server
Ruijie(dhcp-config)# lease 0 1 2                      // 配置租期为 1 h   2 min
Ruijie(dhcp-config)# domain-name hhtc.edu.cn          // 配置客户端的域名
Ruijie(dhcp-config)# exit
Ruijie(config)# ip dhcp excluded-address    1.1.24.200 1.1.24.254    // 配置 DHCP 排斥地址
Ruijie(config)# ip dhcp excluded-address    1.1.24.1 1.1.24.10       // 配置 DHCP 排斥地址
Ruijie(config)# ip dhcp pool staticPc2               // 创建 DHCP 地址池，名字为
staticPc2
Ruijie(dhcp-config)# host 1.1.24.100 255.255.255.0           // 定义待分配的 IP 地址和子网
掩码
Ruijie(dhcp-config)# client-identifier 0140.169f.f226.66    // 定义客户端标识
Ruijie(dhcp-config)# default-router 1.1.24.254        // 默认网关，必须与 DHCP 客户端的 IP
地址在同一网络
Ruijie(dhcp-config)# dns-server 8.8.4.4               // 配置地址池的 DNS Server
Ruijie(dhcp-config)# lease infinite                   // 配置租期为永不过期
Ruijie(dhcp-config)# domain-name hhtc.edu.cn          // 配置客户端的域名
Ruijie(dhcp-config)# exit
Ruijie(config)# service dhcp                          // 启用 DHCP 服务
```

在三层交换机上启用 DHCP 服务用于中继，配置 IP 帮助地址（ip helper-address）：

```
Ruijie# conf t
Ruijie(config)# ip helper-address 2.2.2.1            // 配置 IP 帮助地址
Ruijie(config)# service dhcp                          // 启用 DHCP 服务
```

DHCP 中继需要在 DHCP 服务启动的前提下才能发挥作用，通过配置 IP 帮助地址指定 DHCP 报文转发的目的地。在三层交换机上配置 DHCP 中继的 IP 帮助地址后，设备将收到的 DHCP 请求报文转发给该地址；同时，将从该地址收到的 DHCP 服务器响应报文转发给 DHCP 客户端。DHCP 服务器的 IP 帮助地址可以全局配置，也可以在三层接口上配置。全局或者每

个三层接口上最多可以配置 20 个 IP 帮助地址。在接口收到 DHCP 请求报文时，首先使用接口上的 IP 帮助地址列表；如果接口没有配置 IP 帮助地址列表，则使用全局配置的 IP 帮助地址列表。

此时计算机还不能获取到路由器提供的 IP 地址，在三层交换机上监控 f0/24 端口的数据包如图 5-9 所示。

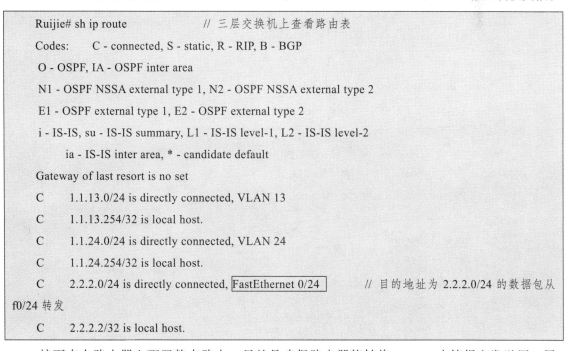

图 5-9　三层交换机作为 DHCP 中继转发的数据包

从图 5-9 中可以看出，由三层交换机发出到路由器 f0/0 端口的 DHCP 数据包源 IP 是 1.1.13.254 或者 1.1.24.254，目的地址是 2.2.2.1，这个数据包就是三层交换机作为 DHCP 中继转发的数据包，三层交换机如果从 f0/10 端口收到来自 13 号 VLAN 的 DHCP DISCOVER 发现报文（源 IP 是 0.0.0.0，目的 IP 是 255.255.255.255），则修改报文的源 IP 为 13 号 VLAN 的 SVI 地址 1.1.13.254，目的 IP 为中继地址 2.2.2.1，然后在三层交换机上查找路由表，确定转发端口为 f0/24，最后数据包进行底层封装后从 f0/24 端口发出。24 号 VLAN 的 DHCP 报文转换类似。

```
Ruijie# sh ip route          // 三层交换机上查看路由表
Codes:    C - connected, S - static, R - RIP, B - BGP
O - OSPF, IA - OSPF inter area
N1 - OSPF NSSA external type 1, N2 - OSPF NSSA external type 2
E1 - OSPF external type 1, E2 - OSPF external type 2
i - IS-IS, su - IS-IS summary, L1 - IS-IS level-1, L2 - IS-IS level-2
     ia - IS-IS inter area, * - candidate default
Gateway of last resort is no set
C    1.1.13.0/24 is directly connected, VLAN 13
C    1.1.13.254/32 is local host.
C    1.1.24.0/24 is directly connected, VLAN 24
C    1.1.24.254/32 is local host.
C    2.2.2.0/24 is directly connected, FastEthernet 0/24     // 目的地址为 2.2.2.0/24 的数据包从
f0/24 转发
C    2.2.2.2/32 is local host.
```

接下来在路由器上配置静态路由，目的是确保路由器能够将 DHCP 应答报文发送回三层

交换机。路由器从 f0/0 端口收到源 IP 是 1.1.13.254 或者 1.1.24.254、目的地址是 2.2.2.1 的 DHCP 中继数据包后进行 DHCP 服务响应，处理后需要发送 DHCP OFFER 响应报文。这个报文的源地址和目的地址与收到的 DHCP DISCOVER 报文的源地址和目的地址互换，即源 IP 是 2.2.2.1，目的地址是 1.1.13.254 或者 1.1.24.254，此数据包在发出前先查找路由表，路由表如下。没有到达 1.1.13.254 或者 1.1.24.254 的路由条目，数据包无法转发，路由器将丢弃此数据包。

```
Ruijie# sh ip route                    // 路由器上查看路由表
Codes:     C - connected, S - static, R - RIP, B - BGP
 O - OSPF, IA - OSPF inter area
 N1 - OSPF NSSA external type 1, N2 - OSPF NSSA external type 2
 E1 - OSPF external type 1, E2 - OSPF external type 2
 i - IS-IS, su - IS-IS summary, L1 - IS-IS level-1, L2 - IS-IS level-2
     ia - IS-IS inter area, * - candidate default
Gateway of last resort is no set
C     2.2.2.0/24 is directly connected, FastEthernet 0/0
C     2.2.2.1/32 is local host.
```

为了使 DHCP 响应数据包在路由器上找到出口，回到三层交换机，在路由器上手工配置静态路由如下。

```
Ruijie(config)# ip route 1.1.13.254 255.255.255.255 2.2.2.2        // 配置静态路由
Ruijie(config)# ip route 1.1.24.254 255.255.255.255 2.2.2.2        // 配置静态路由
// 或者配置默认路由 Ruijie(config)# ip route 0.0.0.0 0.0.0.0 2.2.2.2
```

再次查看路由器的路由表，数据包将从端口 f0/0 向地址 2.2.2.2 发出。

```
Ruijie# sh ip route                    // 路由器上查看路由表
Codes:     C - connected, S - static, R - RIP, B - BGP
 O - OSPF, IA - OSPF inter area
 N1 - OSPF NSSA external type 1, N2 - OSPF NSSA external type 2
 E1 - OSPF external type 1, E2 - OSPF external type 2
 i - IS-IS, su - IS-IS summary, L1 - IS-IS level-1, L2 - IS-IS level-2
     ia - IS-IS inter area, * - candidate default
Gateway of last resort is no set
S     1.1.13.254/32 [1/0] via 2.2.2.2
S     1.1.24.254/32 [1/0] via 2.2.2.2
C     2.2.2.0/24 is directly connected, FastEthernet 0/0
C     2.2.2.1/32 is local host.
```

此时，计算机将获得路由器上 DHCP 服务提供的 IP 地址，在三层交换机上监控 f0/24 端口的数据包交换，如图 5-10 所示。

```
518 642.906087000    1.1.13.254    2.2.2.1        DHCP    342 DHCP Discover - Transaction ID 0x9da7dd03
519 642.907059000    2.2.2.1       1.1.13.254     DHCP    370 DHCP Offer    - Transaction ID 0x9da7dd03
520 642.910346000    1.1.13.254    2.2.2.1        DHCP    346 DHCP Request  - Transaction ID 0x9da7dd03
521 642.911383000    2.2.2.1       1.1.13.254     DHCP    370 DHCP ACK      - Transaction ID 0x9da7dd03
523 646.401324000    1.1.13.254    2.2.2.1        DHCP    342 DHCP Inform   - Transaction ID 0xd72da578
524 646.402394000    2.2.2.1       1.1.13.254     DHCP    342 DHCP ACK      - Transaction ID 0xd72da578
```

图 5-10　三层交换机作为 DHCP 中继转发数据包完整过程

图 5-10 展示了一个完整的 DHCP 数据包交互过程，其中的 DHCP INFORM 报文用来从 DHCP 服务器端获取更为详细的配置信息，服务器收到该报文后，将根据租约进行查找，找到相应的配置信息后，发送 ACK 报文回应 DHCP 客户端。

5.3　交换机 DHCP Snooping 功能

snooping 这个单词是指窥探或探听，DHCP Snooping 即 DHCP 窥探的意思，但从字面不太好理解究竟是什么功能。简单讲，DHCP Snooping 就是开启记录功能。此功能不开启的情况下，客户端与 DHCP 服务器之间传输的各种类型的 DHCP 报文不会在交换机上留下任何记录；此功能开启后，交换机将去"理解"DHCP 报文的内容并留下一些记录。例如：某个端口通过一系列 DHCP 报文申请到了某个 IP，交换机将记录这个端口和 IP 的映射关系并保存在 DHCP Snooping 绑定数据库，有了这个数据库就可以很容易配置防 ARP 欺骗等功能了。当然，DHCP Snooping 应用不止如此，具体功能如下。

（1）过滤非法的 DHCP 服务器。
（2）利用 IP Source Guard 防止用户私设静态 IP。
（3）利用 ARP Check 防范 ARP 欺骗。

5.3.1　过滤非法的 DHCP 服务器

每个网络通常部署不超过一台 DHCP 服务器，过多的 DHCP 服务器会影响正常的 DHCP 服务，使用户从错误的服务器获得无效 IP 或造成 IP 地址冲突。私设 DHCP 服务器可能是有意的，如恶意用户设置非法的 DHCP 服务器窃取用户信息或者干扰网络；也可能是无意的，如网络中个别用户使用 Windows Server 2008 之类的服务器操作系统忘了关闭 DHCP 服务，或者是一些接入层的端口连接有 TPLINK，DLINK 这样的无线路由器，开启了 DHCP 分配 IP 的服务。

DHCP Snooping 把端口分为两种类型：TRUST 口和 UNTRUST 口，设备只转发 TRUST 口收到的 DHCP 应答报文，而丢弃所有来自 UNTRUST 口的 DHCP 应答报文。这样，我们把合法的 DHCP Server 连接的端口设置为 TRUST 口，其他口设置为 UNTRUST 口，就可以实现对非法 DHCP Server 的屏蔽。

图 5-11 中在三层交换机上配置 DHCP Server，在二层交换机上开启 DHCP Snooping 功能。三层交换机可由二层交换机或服务器代替，只要能提供 DHCP 服务即可。

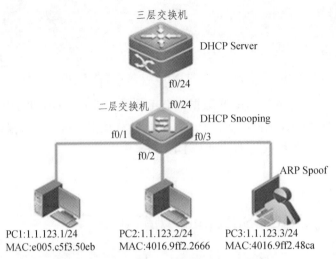

三层交换机
DHCP Server
f0/24
二层交换机 f0/24
DHCP Snooping
f0/1 f0/3
f0/2
ARP Spoof

PC1:1.1.123.1/24 PC2:1.1.123.2/24 PC3:1.1.123.3/24
MAC:e005.c5f3.50eb MAC:4016.9ff2.2666 MAC:4016.9ff2.48ca

图 5-11 DHCP Snooping 功能演示拓扑

按照图 5-11 的拓扑连接网络，暂时不连接交换机之间的 f0/24 端口的线路，计算机配置为 DHCP 动态获得 IP，首先在三层交换机上配置 DHCP 服务，配置指令如下。

```
Ruijie(config)# service dhcp        // 启动 DHCP 服务器功能
Ruijie(config)# int vlan 1    // 在默认 VLAN 上配置 IP
Ruijie(config-if-VLAN 1)# ip add 1.1.123.254 255.255.255.0        // 配置的 SVI 端口的 IP 作为计算机的网关
Ruijie(config-if-VLAN 1)# exit
Ruijie(config)#
Ruijie(config)# ip dhcp pool vlan1                // 创建 DHCP 地址池
Ruijie(dhcp-config)# network 1.1.123.0 255.255.255.0        // 可分配的 IP 地址范围，一般按顺序进行分配
Ruijie(dhcp-config)# default-router 1.1.123.254        // 默认网关，必须与 DHCP 客户端的 IP 地址在同一网络
Ruijie(dhcp-config)# dns-server 8.8.8.8        // 配置地址池的 DNS Server
```

在二层交换机上开启 DHCP Snooping，配置指令如下。

```
Ruijie(config)# ip dhcp snooping        // 全局模式下启用 DHCP Snooping 功能
Ruijie(config)# int range fa0/2-3        // 进入 f0/2 和 f0/3 端口配置模式
Ruijie(config-if-range)# ip dhcp snooping ?
  suppression   Config interface suppression dhcp request   // 端口 DHCP 请求报文抑制功能
  trust         Config interface as trust interface
  vlan          DHCP Snooping vlan
Ruijie(config-if-range)# ip dhcp snooping suppression        // 启用端口 DHCP 请求报文抑制功能
```

全局开启 DHCP Snooping 功能后，只有配置为 TRUST 端口连接的服务器发出的 DHCP 响应报文才能够被转发，而默认情况下所有端口都为 UNTRUST 口，即此时二层交换机不转

发任何一个端口收到的 DHCP 响应报文。

　　连接交换机之间 f0/24 端口的线路，虽然在物理上已经连通了，但因为二层交换机的所有端口全部为 UNTRUST 口，所以此时 3 台计算机都无法获取 IP 地址。端口上启用 DHCP Snooping 的 DHCP 请求报文抑制子功能后，这个端口将不会转发收到的 DHCP 请求报文，当不想对某个端口下的用户提供 DHCP 服务时，可以配置此功能。

　　在二层交换机上将端口 f0/24 配置为 TRUST 口，配置指令如下。

```
Ruijie(config-if-FastEthernet 0/24)# ip dhcp snooping trust        // 配置端口 f0/24 为 TRUST 口
Ruijie# sh ip dhcp snooping                                        // 查看 DHCP Snooping 状态
Switch DHCP snooping    status            :    ENABLE              // DHCP Snooping 已经开启
DHCP snooping   Verification of hwaddr status :  DISABLE
DHCP snooping database write-delay time   :    0 seconds
DHCP snooping option 82 status            :    DISABLE
DHCP snooping Support bootp bind status   :    DISABLE
Interface                    Trusted         Rate limit (pps)
-------------------          -------         ----------------
FastEthernet 0/24            YES             unlimited            // 信任端口
Ruijie# sh ip dhcp snooping binding               // 查看 DHCP Snooping 绑定数据库的用户信息
Total number of bindings: 1
MacAddress          IpAddress       Lease(sec)   Type            VLAN   Interface
----------------    ------------    ----------   -------------   -----  ----------------
e005.c5f3.50eb      1.1.123.1       85774        dhcp-snooping   1      FastEthernet 0/1
// 交换机记录下 IP 地址为 1.1.123.1，MAC 地址为 e005.c5f3.50eb 的主机在端口 FastEthernet 0/1 接入
```

　　在 3 台计算机的命令提示符窗口中使用 "ipconfig" 查看 IP 地址，只有 PC1 获得地址：1.1.123.1。原因是 f0/2 和 f0/3 端口被抑制转发 DHCP 请求报文，在二层交换机上配置端口 f0/2 取消抑制，配置指令如下。

```
Ruijie(config-if-FastEthernet 0/2)# no ip dhcp snooping suppression   // 端口取消 DHCP 请求报文抑
制功能
```

　　现在 PC2 可以从 DHCP 服务器获取 IP 了，获得的 IP 是 1.1.123.2。在端口上设置 DHCP 请求报文抑制功能后，仅仅不转发此端口接收到的 DHCP 请求报文，对于其他报文并不过滤，因此在 PC3 上手动配置 IP 地址 1.1.123.2/24，网关 1.1.123.254，仍然能够接入网络，并且能够与 PC1、PC2 和网关通信。在三层交换机上查看 IP 分配情况如下。

```
Ruijie# sh ip dhcp binding                        // 查看 DHCP Server IP 分配情况
IP address        Client-Identifier/              Lease expiration            Type
                  Hardware address
1.1.123.1         01e0.05c5.f350.eb               000 days 23 hours 24 mins   Automatic
1.1.123.2         0140.169f.f226.66               000 days 23 hours 44 mins   Automatic
// 客户端标示信息，前面两位数字 "01" 表示以太网获取，后面 12 位是客户端的 MAC 地址
```

5.3.2 利用 IP Source Guard 防止用户私设静态 IP

在 DHCP 环境的网络里经常会出现用户随意设置静态 IP 地址的问题，用户随意设置的 IP 地址不但使网络难以维护，而且会导致一些合法的使用 DHCP 获取 IP 的用户因为冲突而无法正常使用网络。

为了阻止用户随意设置静态 IP，可以配置 IP Source Guard 功能。IP Source Guard 功能维护一个 IP 源地址绑定数据库，通过将该数据库中的用户信息[VLAN、MAC、IP、PORT]设置为硬件过滤表项，从而允许合法用户访问网络。

IP Source Guard 之所以在 DHCP 使用中能够有效地进行安全控制，主要取决于 IP 源地址绑定数据库，IP Source Guard 会自动将 DHCP Snooping 绑定数据库中的合法用户绑定同步到 IP Source Guard 的 IP 源地址绑定数据库，这样 IP Source Guard 就可以在打开 DHCP Snooping 功能的设备上对客户端的报文进行严格过滤。

DHCP Snooping 绑定数据库是启用 DHCP Snooping 功能的交换机通过窥探 Client 和 Server 之间交互的报文，记录用户获取到的 IP 信息以及用户 MAC、所属 VLAN 编号、端口、租约时间等信息而形成的。

针对手工配置 IP 地址的 PC3，在二层交换机上完成下列配置，使主机设置静态 IP 地址后端口 f0/3 不再为主机转发数据。

```
Ruijie(config)# int fa0/3
Ruijie(config-if-FastEthernet 0/3)# ip verify source port-security
// 打开端口上的 IP Source Guard 功能，默认为基于仅 IP 的过滤，port-security 将配置基于 IP+MAC 的过滤
```

保持 PC3 上手动配置的 IP 地址 1.1.123.2/24，网关 1.1.123.254，使用 "ping" 命令测试与 PC1、PC2 和网关的连通性，结果显示不能通信了。在二层交换机查看绑定信息：

```
Ruijie# show ip dhcp snooping binding      // 查看 DHCP Snooping 绑定数据库的用户信息
Total number of bindings: 2

MacAddress          IpAddress        Lease(sec)     Type          VLAN       Interface
_____      _____     _____     _____   _____    _____

4016.9ff2.2666      1.1.123.2        70322          dhcp-snooping 1          FastEthernet 0/2
e005.c5f3.50eb      1.1.123.1        69140          dhcp-snooping 1          FastEthernet 0/1
Ruijie#

Ruijie# show ip source binding   // 查看 IP 源地址绑定数据库信息
MacAddress          IpAddress        Lease(sec)     Type          VLAN   Interface
_____      _____     _____     _____   _____  _____

4016.9ff2.2666      1.1.123.2        68680          dhcp-snooping 1      FastEthernet 0/2
e005.c5f3.50eb      1.1.123.1        67498          dhcp-snooping 1      FastEthernet 0/1
Total number of bindings: 2
Ruijie#

Ruijie# sh ip verify source // 查看 IP Source Guard 过滤表项
```

Interface	Filter-type	Filter-mode	Ip-address	Mac-address	VLAN
FastEthernet 0/3	ip+mac	active	deny-all	deny-all	

因为在端口 f0/3 上启用了 IP Source Guard 功能，DHCP Snooping 绑定数据库中没有关于端口 FastEthernet 0/3 的 IP 绑定信息，所以 IP Source Guard 的 IP 源地址绑定数据库中也没有能同步过来的关于端口 FastEthernet 0/3 的绑定信息。因此，IP Source Guard 的过滤表项中 Ip-address 和 Mac-address 字段都为 "deny-all"，即任何 IP 和 MAC 的数据包都不允许通过。

接下来取消端口 f0/3 上的 DHCP 请求报文抑制，并在 PC3 上更改获得 IP 参数的设置为动态获得 IP。再次查看 DHCP Snooping 绑定数据库、IP Source Guard 的 IP 源地址绑定数据库和过滤表项，测试 PC3 与 PC1、PC2 和网关的连通性。

```
Ruijie(config-if-FastEthernet 0/3)# no ip dhcp snooping suppression    // 端口取消 DHCP 请求报文抑
制功能
Ruijie# sh ip dhc snooping binding    // 查看 DHCP Snooping 绑定数据库的用户信息
Total number of bindings: 3
MacAddress          IpAddress       Lease(sec)      Type            VLAN    Interface
──────────────      ──────────      ──────────      ──────────      ─────   ──────────────
4016.9ff2.2666      1.1.123.2       69294           dhcp-snooping 1         FastEthernet 0/2
4016.9ff2.48ca      1.1.123.3       86385           dhcp-snooping 1         FastEthernet 0/3
e005.c5f3.50eb      1.1.123.1       68112           dhcp-snooping 1         FastEthernet 0/1
Ruijie#
Ruijie# show ip source binding    //查看 IP 源地址绑定数据库信息
MacAddress          IpAddress       Lease(sec)      Type            LAN     Interface
──────────────      ──────────      ──────────      ──────────      ─────   ──────────────
4016.9ff2.2666      1.1.123.2       68012           dhcp-snooping 1         FastEthernet 0/2
4016.9ff2.48ca      1.1.123.3       85103           dhcp-snooping 1         FastEthernet 0/3
e005.c5f3.50eb      1.1.123.1       66830           dhcp-snooping 1         FastEthernet 0/1
Total number of bindings: 3
Ruijie#
Ruijie# show ip verify source    // 查看 IP Source Guard 过滤表项
Interface           Filter-type Filter-mode Ip-address          Mac-address         VLAN
──────────────      ────────── ────────── ──────────────      ──────────────      ────────
FastEthernet 0/3    ip+mac      active      1.1.123.3           4016.9ff2.48ca      1    // 新增的记录
FastEthernet 0/3    ip+mac      active      deny-all            deny-all
```

DHCP Snooping 绑定数据库和 IP Source Guard 的 IP 源地址绑定数据库中增加了端口 f0/3 对应的记录。IP Source Guard 过滤表项在原记录前也增加了新的允许 IP 地址为 1.1.123.3 且 MAC 地址为 4016.9ff2.48ca 的数据包通过的记录。PC3 能够 "ping" 通 PC1、PC2 和网关了。此时即使将 PC3 的 IP 地址参数手工配置为与动态获得的一模一样（1.1.123.3/24）也无法访问网络。

在某些应用情况下，某些端口下的用户希望能够静态使用某些 IP，可以通过添加静态用户信息到 IP 源地址绑定数据库中来实现。例如，PC3 需要手工配置静态 IP 地址参数，同时也能访问网络，在二层交换机上配置如下。

```
Ruijie(config)# ip source binding 4016.9ff2.48ca vlan 1 1.1.123.3 interface f0/3
// 向 IP 源地址绑定数据库中添加静态记录
```

在 PC3 上手工配置 IP 地址参数为 1.1.123.3/24，网关为 1.1.123.254，DNS 为 8.8.8.8，测试与 PC1、PC2 和网关的连通性，可以 "ping" 通。在二层交换机上查看绑定信息：

```
Ruijie# show ip dhcp snooping binding      // 查看 DHCP Snooping 绑定数据库的用户信息
Total number of bindings: 2
MacAddress          IpAddress          Lease(sec)      Type              VLAN    Interface
--------------------------------------------------------------------------------------------
4016.9ff2.2666      1.1.123.2          65966           dhcp-snooping 1           FastEthernet 0/2
e005.c5f3.50eb      1.1.123.1          64784           dhcp-snooping 1           FastEthernet 0/1
Ruijie# show ip source binding      //查看 IP 源地址绑定数据库信息
MacAddress          IpAddress          Lease(sec)      Type              VLAN    Interface
--------------------------------------------------------------------------------------------
4016.9ff2.2666      1.1.123.2          66129           dhcp-snooping     1       FastEthernet 0/2
4016.9ff2.48ca      1.1.123.3          infinite        static            1       FastEthernet 0/3
// 静态的
e005.c5f3.50eb      1.1.123.1          64947           dhcp-snooping     1       FastEthernet 0/1
Total number of bindings: 3
Ruijie#
```

静态记录是管理员手工添加的，不是从 DHCP Snooping 绑定数据库中同步而来的。

```
Ruijie# show ip verify source      // 查看 IP Source Guard 过滤表项
Interface           Filter-type     Filter-mode     Ip-address       Mac-address          VLAN
--------------------------------------------------------------------------------------------
FastEthernet 0/3    ip+mac          active          1.1.123.3        4016.9ff2.48ca       1
FastEthernet 0/3    ip+mac          active          deny-all         deny-all
```

IP Source Guard 利用 DHCP Snooping 功能产生的记录限制用户私设静态 IP，其配置维护简单，无须手工完成每个用户的 IP 和 MAC 的绑定，但它对交换机的安全功能要求较高，需要同时支持 DHCP Snooping 和 IP Source guard 功能。对于需要设置静态 IP 地址的主机，网络管理员可以手工配置完成。

5.3.3　利用 ARP Check 防范 ARP 欺骗

在二层交换机仅部署 DHCP Snooping 功能并不能防止 ARP 欺骗，在 PC3 上开启 Kali 虚拟机，动态获得 IP 地址 1.1.123.4，使用 ARPSpoof 对 1.1.123.2 发动 ARP 欺骗攻击，如图 5-12

所示。

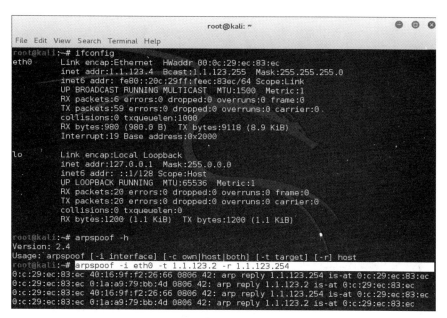

图 5-12　在 DHCP Snooping 环境下进行 ARP 欺骗

从图 5-12 中看到，ARP 欺骗可以成功，PC2 与网关的通信被中断。

在部署 DHCP Snooping 功能的基础上，开启 ARP Check 功能可以很容易防范 ARP 欺骗。ARP Check 对经过交换机的所有 ARP 报文进行检查。DHCP Snooping 提供绑定数据库信息供 IP Source Guard 使用，IP Source Guard 提供 IP 源地址绑定数据库信息供 ARP Check 使用。在开启 ARP Check 功能的设备上，当收到 ARP 报文时，ARP Check 模块就根据报文查询数据库，只有当开启 IP Source Guard 地址绑定的端口收到的 ARP 报文数据字段的源 MAC、源 IP 和端口信息都匹配时才认为收到的 ARP 报文是合法的，才进行相关的学习和转发操作，否则丢弃该报文。

在已经开启了 DHCP Snooping 和 IP Source Guard 功能的基础上，配置交换机的 f0/3 端口开启 ARP Check 功能，配置指令如下。

Ruijie(config-if-FastEthernet 0/3)# arp-check　　// 开启 ARP Check 功能

再次在 PC3 上使用 ARPSpoof 对 1.1.123.2 发动 ARP 欺骗攻击，攻击失败，因为伪造的 ARP 响应报文没有被 f0/3 端口转发。

Ruijie# sh interfaces arp-check list			// 查看 ARP Check 检测表项
Interface	Sender MAC	Sender IP	Policy Source
————	—————	—————	————————
Fa0/3	000c.29ec.83ec	1.1.123.4	DHCP snooping　// 只有匹配 IP 和 MAC 的 ARP 报文才能通过端口
Fa0/3	4016.9ff2.48ca	1.1.123.3	DHCP snooping

第6章　交换机端口镜像功能

交换机处理的数据在端口与端口之间转发，某些情况下网络管理员需要查看某个端口流入或流出的数据，如在排查网络中的故障或监听网络中的数据时。配置 SPAN 功能可以满足这种需求，SPAN 功能也常被叫作端口镜像功能。

6.1　SPAN 功能配置

SPAN（Switched Port Analyzer，交换端口分析器）是一种能够将某个或某些端口（源端口）进出的数据复制一份发送到另外一个端口（目的端口）的技术，这个过程并不会影响源端口的数据交换，它只是将源端口发送或接收的数据包副本发送到目的端口。源端口也可以称为被监听口，目的端口也可以称为监听口。

6.1.1　基于端口的 SPAN 配置

图 6-1 中的 3 台计算机在同一网段，互相能够"ping"通，其中 PC2 安装数据包捕获软件，如 Wireshark。在配置 SPAN 功能前，PC2 上运行 Wireshark 监听本地网卡接口，但无法捕获到 PC1 与 PC3 之间的数据包。这是因为交换机转发数据包时是不会将转发的数据包进行广播的。因此，PC1 与 PC3 的数据通信只存在于 f0/1 和 f0/3 之间，f0/2 是收不到的。

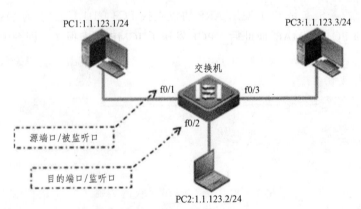

图 6-1　基于端口的 SPAN 配置拓扑图

在交换机上进行如下配置，实现 f0/2 端口监听 f0/1 端口。

```
Ruijie> en
Ruijie# conf t
Ruijie(config)# monitor session 1 source interface fastEthernet 0/1
Ruijie(config)# monitor session 1 destination interface fastEthernet 0/2
```

上面的配置指令创建了一个监听会话（monitor session），编号为 1，同一台交换机最多支持 4 个会话，设置了监听的数据流从交换机端口 f0/1 流出（source），目的地是端口 f0/2（destination）。

完成上述配置后，在 PC1 上使用 "ping" 命令测试其与 PC3 的连通性，同时在 PC2 上运行 Wireshark 监听本地网卡接口，此时可以收到 PC1 与 PC3 之间的 ARP 和 ICMP 数据包，如图 6-2 所示。

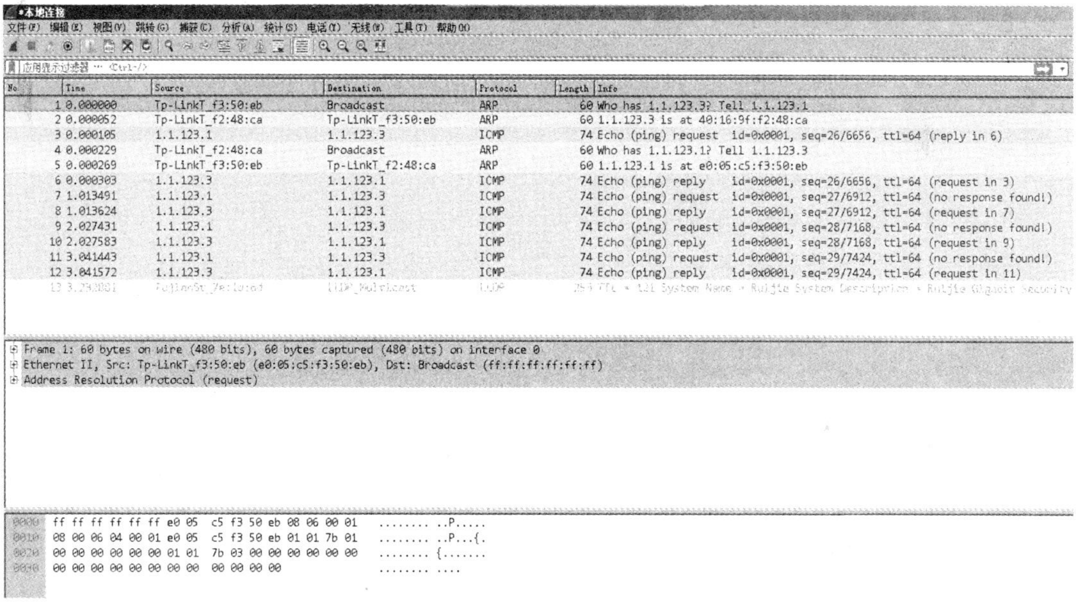

图 6-2　PC2 监听到 PC1 与 PC3 之间的数据包

图 6-2 中，前两条报文是 PC1 使用 ARP 协议查找 PC3（1.1.123.3）的 MAC 地址的请求与响应报文。得到 PC3 的 MAC 地址后，PC1 发送了 ICMP 请求报文，即图中第 3 条报文。PC3 接收到 ICMP 请求报文后同样使用 ARP 协议获取了对方的 MAC 地址，之后就是 ICMP 报文的请求与应答。

SPAN 功能的配置比较简单，但仍需要注意以下两点。

1. 可以同时监听多个端口上转发的数据

在配置被监听端口时，可以使用 "," 或 "-" 设置多个端口，并且在每个端口上都可以设置接收或发送两个方向的数据监听。rx 代表交换机接收的数据，tx 代表交换机发出的数据，both 代表两个方向的数据都监听，是默认设置。通过在指令中使用 "？" 可以查看。由于某些原因(如端口安全)，从源端口输入的报文可能会被交换机丢弃，但这不影响 SPAN 功能，该报文仍然会被转发到目的端口。

```
Ruijie(config)# monitor session 1 source interface fastEthernet 0/1 ?
    ,      Comma
    -      Hyphen
    both   Monitor received and transmitted traffic
    rx     Monitor received traffic only
    tx     Monitor transmitted traffic only
    <cr>
```

交换机可以对监听会话中接收的数据（rx 方向）应用访问控制列表（ACL）进行数据流限制，只监听匹配的 ACL 数据流。

```
Ruijie(config)# monitor session 1 source int f0/1 rx ?
    acl    Acl name or acl id
    <cr>
Ruijie(config)# monitor session 1 source int f0/1 rx acl ?
    <1-199>        Standard And Extended ACL
    <1300-2699>    Standard And Extended ACL(Expand)
    <2700-2899>    Expert Extended Acl
    <700-799>      MAC Extended ACL
    WORD           ACL Name by user selected string
```

2. 监听端口是否需要转发数据

上述指令在交换机上配置完成后，PC2 虽然可以监听到数据包，但是 PC2 无法和任何主机通信了，f0/2 不再转发除了此监听会话外的所有数据，如果需要 PC2 仍然保持通信状态，需要添加"switch"指令，如下所示。

```
Ruijie(config)# monitor session 1 destination interface fastEthernet 0/2 ?
    switch  Switch
    <cr>
Ruijie(config)# monitor session 1 destination interface fastEthernet 0/2    switch
```

无论监听端口与被监听端口是否在一个 VLAN 中，端口模式是否一致，SPAN 功能都是有效的。读者可以尝试将 f0/2 端口划分到与 f0/1 和 f0/3 不同的 VLAN 中观察数据包捕获的情况。也可以尝试将 f0/2 改为 Trunk 模式观察数据包捕获的情况。

在特权模式下可以查看 SPAN 会话，在全局配置模式下可以使用"no"命令清除 SPAN 会话，如下所示。

```
Ruijie# show monitor session   1            // 查看 1 号 SPAN 会话
sess-num: 1                                 // 会话编号
span-type: LOCAL_SPAN                       // 本地 SPAN 功能
src-intf:                                   // 源端口，即被监听端口
```

```
FastEthernet 0/1                    frame-type Both
dest-intf:                                          // 目的端口, 即监听端口
FastEthernet 0/2
Ruijie#conf t
Ruijie(config)#no monitor session 1                 // 清除 1 号 SPAN 会话
Ruijie(config)#
```

6.1.2　基于 VLAN 的 SPAN 配置

除了监听某一个或一些**端口**的数据包, 还可以配置监听某一个或一些 **VLAN** 的数据包, 也称为 VSPAN。在图 6-3 中, PC1 与 PC5 属于 15 号 VLAN, PC2 与 PC6 属于 26 号 VLAN, 两交换机之间配置为 Trunk 链路。在交换机 B 的 f0/4 接口连接安装了数据包捕获软件的 PC4。下面的配置可以完成在 PC4 上监听 PC1 与 PC5 之间的数据包, 同时不监听 PC2 与 PC6 之间的数据包。

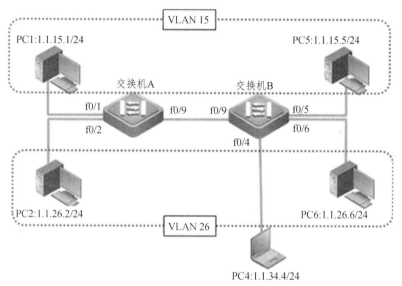

图 6-3　基于 VLAN 的 SPAN 配置拓扑图

交换机 B 的 f0/9 接口是 Trunk 模式, 同时转发 15 号与 26 号 VLAN 的数据包, 如果将接口 f0/9 作为监听对象, 那么两个 VLAN 的数据包都将被监听到, 因此需要将监听对象配置为 15 号 VLAN。

按照图 6-3 所示搭建实验环境, 在两台交换机上配置 VLAN 与 Trunk 链路, 使 PC1 与 PC5, PC2 与 PC6 能够通信, 配置如下。

交换机 A:

```
Ruijie> en
Ruijie# conf t
Ruijie(config)# hostname SwitchA
```

```
SwitchA(config)# vlan 15                                              // 创建 15 号 VLAN
SwitchA(config-vlan)# exit
SwitchA(config)# int fa0/1
SwitchA(config-if-FastEthernet 0/1)# sw acc vlan 15                   // 端口加入到 15 号 VLAN
SwitchA(config-if-FastEthernet 0/1)# exit
SwitchA(config)# vlan 26                                              // 创建 26 号 VLAN
SwitchA(config-vlan)# exit
SwitchA(config)# int fa0/2
SwitchA(config-if-FastEthernet 0/2)# sw acc vlan 26                   // 端口加入到 26 号 VLAN
SwitchA(config-if-FastEthernet 0/2)# exit
SwitchA(config)# int fa0/9
SwitchA(config-if-FastEthernet 0/9)# sw mode trunk                    // 端口配置为 Trunk 模式
SwitchA(config-if-FastEthernet 0/9)# exit
SwitchA(config)#
```

交换机 B：

```
Ruijie> en
Ruijie# conf t
Ruijie(config)# hostname SwitchB
SwitchB(config)# vlan 15
SwitchB(config-vlan)# exit
SwitchB(config)# int fa0/5
SwitchB(config-if-FastEthernet 0/5)# sw acc vlan 15
SwitchB(config-if-FastEthernet 0/5)# exit
SwitchB(config)# vlan 26
SwitchB(config-vlan)# exit
SwitchB(config)# int fa0/6
SwitchB(config-if-FastEthernet 0/6)# sw acc vlan 26
SwitchB(config-if-FastEthernet 0/6)# exit
SwitchB(config)# int fa0/9
SwitchB(config-if-FastEthernet 0/9)# sw mode trunk
SwitchB(config-if-FastEthernet 0/9)# exit
SwitchB(config)#
```

此时交换机 B 上连接 PC4 的 f0/4 接口在 1 号 VLAN 中，PC1 与 PC5、PC2 与 PC6 能够通信。在交换机 B 上配置 VLAN SPAN。

```
SwitchB(config)# monitor session 1 source vlan 15 rx
```

```
SwitchB(config)# monitor session 1 destination interface fa0/4
```

在 PC4 上打开 Wireshark，即可捕获到 PC1 与 PC5 之间的数包。PC2 与 PC6 能够通信，但之间的数据包没有被监听。锐捷 S26E 与 S3760E 系列产品只支持 rx 方向 VSPAN 镜像，不支持 tx 方向的 VSPAN。即使指令中可以输入 "monitor session 1 source vlan 15 both"，但在配置生效后会收到错误提示，例如：

```
SwitchB(config)# monitor session    1 source    vlan    15 both
SwitchB(config)# monitor session    1 destination int fa0/4
Mirror setting failed!
Set failed: the hardware does no support!
The following VLANs can not be mirrored to interface FastEthernet 0/4 on tx direction 15
```

如果希望 PC4 继续监听 PC2 与 PC6 之间的通信，继续输入下列配置。

```
SwitchB(config)# monitor session 1 source vlan 26 rx
```

使用 "show monitor session" 指令或者 "show running-config" 指令查看配置。

```
SwitchB# show monitor session 1
sess-num: 1                                              // 会话编号
span-type: LOCAL_SPAN                                    // 本地 SPAN 功能
dest-intf:
FastEthernet 0/4                                        // 目的端口，即监听端口
Source vlans            :
    RX Only            : 15,26                           // 被监听的 15，26 号 VLAN
SwitchB# show running-config | include mon
monitor session 1 destination interface FastEthernet 0/4    // 目的端口，即监听端口
monitor session 1 source vlan 15,26 rx                      // 被监听的 15，26 号 VLAN
```

6.2　RSPAN 功能配置

使用 SPAN 功能可以很方便地捕获交换机转发的数据包，但是只能在一台设备上使用。如果需要管理的网络设备非常多，距离比较远，SPAN 功能的优点就突显不出了。RSPAN 即 Remote SPAN，它的中文名称是远程端口镜像，可以扩展 SPAN 功能，允许监听对象与被监听对象不在一台设备，可以跨越多个网络设备。这样网络管理员就可以坐在中心机房通过数据包捕获软件观测远端被镜像端口的报文了。

如图 6-4 所示，PC1 与 PC2 在同一个 VLAN 中，通过配置 3 台交换机，能够使连接在交换机 C 上的 PC3 捕获到 PC1 与 PC2 之间通信的数据包。

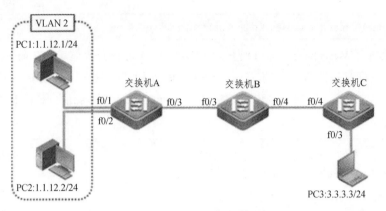

图 6-4　RSPAN 配置拓扑图

首先在交换机 A 上配置 VLAN 信息，使 PC1 与 PC2 在 12 号 VLAN 中，指令如下。

```
Ruijie> en
Ruijie# conf t
Ruijie(config)# hostname SwitchA
SwitchA(config)# vlan 12
SwitchA(config-vlan)# exit
SwitchA(config)# int fa0/1
SwitchA(config-if-FastEthernet 0/1)# sw acc vlan 12
SwitchA(config-if-FastEthernet 0/1)# exit
SwitchA(config)# int fa0/2
SwitchA(config-if-FastEthernet 0/2)# sw acc vlan 12
SwitchA(config-if-FastEthernet 0/2)# exit
```

在 PC1 与 PC2 上配置图中所示的 IP 地址后，两台计算机可以互相通信。此时在 PC3 上无法捕获 PC1 与 PC2 之间通信的数据包，因为根据交换机转发数据包的原理，PC1 与 PC2 之间的数据通信存在于交换机 A 的 f0/1 接口与 f0/2 接口之间，不会从 f0/3 接口发送出去，PC3 不可能收到任何数据包。

为了完成 PC3 的监听功能,首先要确保交换机 A 能够把 PC1 与 PC2 之间的数据包经过交换机 B 发送到交换机 C，交换机之间的链路需要设置为 Trunk 模式。

```
SwitchA(config)# int fa0/3
SwitchA(config-if-FastEthernet 0/3)# sw mode trunk
SwitchA(config-if-FastEthernet 0/3)# exit
```

在交换机 B 上配置 Trunk 链路，配置如下。

```
Ruijie> en
Ruijie# conf t
Ruijie(config)# hostname SwitchB
SwitchB(config)# int fa0/3
SwitchB(config-if-FastEthernet 0/3)# sw mode trunk
SwitchB(config-if-FastEthernet 0/3)# exit
SwitchB(config)# int fa0/4
```

```
SwitchB(config-if-FastEthernet 0/4)# sw mode trunk
SwitchB(config-if-FastEthernet 0/4)# exit
```

在交换机 C 上配置 Trunk 链路，配置如下。

```
Ruijie> en
Ruijie# conf t
Ruijie(config)# hostname SwitchC
SwitchC(config)# int fa0/4
SwitchC(config-if-FastEthernet 0/4)# sw mode trunk
SwitchC(config-if-FastEthernet 0/4)# exit
```

RSPAN 镜像功能在实现时使用 Remote VLAN，这种 VLAN 不能用来承载正常的业务数据，只传输镜像报文，镜像数据流通过 Remote VLAN 进行广播。所有被镜像的报文通过该 VLAN 从源交换机传递到目的交换机的指定端口，实现在目的交换机上对源交换机远程端口的报文监听功能。Remote VLAN 不能是 1 号 VLAN，也不能是 Private VLAN，一个 Remote VLAN 对应一个 RSPAN 会话。在上面的例子中，定义 100 号 VLAN 作为 Remote VLAN，3 个交换机上都要创建 100 号 VLAN。

```
SwitchA(config)# vlan 100                    // 创建 100 号 VLAN
SwitchA(config-vlan)# remote-span            // 定义 100 号 VLAN 为 Remote VLAN
SwitchA(config-vlan)# exit

SwitchB(config)# vlan 100
SwitchB(config-vlan)# remote-span
SwitchB(config-vlan)# exit

SwitchC(config)# vlan 100
SwitchC(config-vlan)# remote-span
SwitchC(config-vlan)# exit
```

最后需要定义被监听数据流的转发路径，即被监听端口的数据流转发到哪里去。

```
SwitchA(config)# monitor session 1 remote-source      // 创建 RSPAN 会话 1，定义它为数据流源镜像
SwitchA(config)# monitor session 1 source int fa0/2 both
// 定义 f0/2 为 1 号 RSPAN 会话中的被监听的端口，"both"表示此端口发送与接收两个方向的数据
包都会被监听，rx 代表交换机接收的数据，tx 代表交换机发出的数据
SwitchA(config)# monitor session 1 destination remote vlan 100 int f0/3 switch
// 定义 1 号 RSPAN 会话中监听的数据将会在 100 号 VLAN 中传递，从接口 f0/3 发出，"switch"
表示此端口参与交换
SwitchC(config)# monitor session 1 remote-destination        // 创建 RSPAN 会话 1，定义它为数据流目
的镜像
SwitchC(config)# monitor session 1 destination remote vlan 100 int fa0/3
// 定义 1 号 RSPAN 会话中监听的数据将会在 100 号 VLAN 中传递，从接口 f0/3 发出
```

通过上面的配置可以看出，交换机 A 是监听数据起源的地方，交换机 B 是中间交换机，只负责将数据透传，交换机 C 是监听的数据流结束的地方。整个数据的传递通过 Remote VLAN，交换机 A 上定义被监听端口、监听方式、从哪个端口传出数据，交换机 C 上定义 Remote VLAN 中的数据从哪个端口传出。因为 PC3 连接了交换机 C 的 f0/3 接口，可以接收到来自交换机 A 的 f0/2 接口转发的数据包，实现监听 PC2 的数据通信。

6.3 多对一 RSPAN 功能配置

不论 SPAN 还是 RSPAN 都可以很轻松地完成监听多个端口数据的功能，只需要在配置被监听端口时，使用"，"或"-"设置多个端口名字即可。但是要想实现多个监听设备监听同一个数据源却没这么简单。在网络中通常有多台监控服务器，如数据库操作审计服务器、日志记录服务器、上网行为管理服务器、流量统计或者监控服务器、视频加速缓存设备，也可能是它们的任意组合接入到同一台交换机上，需要对同一份数据（通常是上联口，或者是关键服务器端口）进行采集，这种情况下需要配置多对一数据监听。

并非所有的交换机都支持多对一数据监听，对于不支持多对一的设备，可以通过普通 RSPAN 镜像功能将 RSPAN 目标端口再连接到一台空配置的交换机上，在这台交换机上划分多个端口到一个 VLAN 中（RSPAN 使用的 VLAN）并关闭所有端口的 MAC 地址学习功能和端口风暴控制。

图 6-4 中 PC3 能够捕获到 PC1 与 PC2 之间通信的数据包，为了使两台终端能够同时捕获 PC1 与 PC2 之间的数据流，在交换机 C 的 f0/3 端口连接交换机 D，将 PC3 和 PC4 连接到交换机 D 的 f0/13 和 f0/14 端口，如图 6-5 所示。

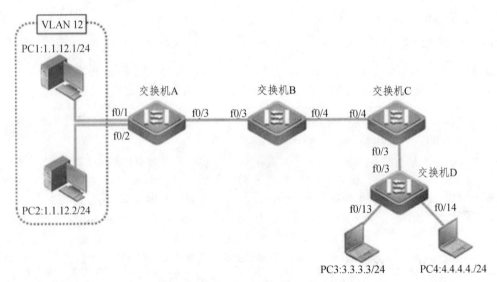

图 6-5 多对一 RSPAN 配置拓扑图

在新增的交换机 D 上增添下列配置。

```
Ruijie> en
Ruijie# conf t
Ruijie(config)# hostname SwitchD
SwitchD(config)# vlan 100                                    // 创建 VLAN，与 Remote VLAN 一致
SwitchD(config-vlan)# exit
SwitchD(config)# int fa0/3
SwitchD(config-if-FastEthernet 0/3)# sw mode trunk           // 需要设置为 Trunk 口才能接收到数据
SwitchD(config-if-FastEthernet 0/3)# no mac-address-learning  // 关闭 MAC 地址学习功能
SwitchD(config-if-FastEthernet 0/3)# no storm-control broadcast  // 关闭端口风暴控制
SwitchD(config-if-FastEthernet 0/3)# exit
SwitchD(config)# int range fa0/13, 0/14                      // 进入两个端口的接口配置模式
SwitchD(config-if-range)# sw acc vlan 100
SwitchD(config-if-range)# end
SwitchD# clear mac-address-table dynamic                     // 清除已经学习到的 MAC 地址表
```

　　关闭交换机 D 的 MAC 地址学习功能并且清除已经学习到的 MAC 地址表后，从端口 f0/3 接收的数据就会在 VLAN 100 内以广播的方式发送，端口 f0/13 和 f0/14 就能收到监听的数据包了。

　　当交换机中存在过量的广播、多播或未知名单播数据流时，就会导致网络变慢和报文传输超时机率大大增加。交换机提供了一种风暴控制机制，可以分别针对广播、多播和未知名单播数据流进行流量控制。当交换机端口接收到的广播、多播或未知名单播数据流的速率超过所设定的带宽时，设备将只允许通过所设定带宽的数据流，超出带宽部分的数据流将被丢弃，直到数据流恢复正常，从而避免过量的泛洪数据流形成风暴。在这里要关闭端口风暴控制的原因是防止镜像流量太多被抑制而丢弃。可以使用 "show storm-control" 查看接口的风暴控制使能状态。

　　在 PC3 和 PC4 上打开 Wireshark 软件测试，这两台 PC 可以同时捕获到 PC1 与 PC2 之间的数据包。

第7章　生成树协议原理与配置

在使用交换机组建计算机网络的时候，有可能出现多个交换机形成环路的现象，这可能是管理员为了提高网络的可靠性而部署的冗余链路，也可能是无意间连线错误造成的。不管怎样，形成环路的交换机将会给整个网络造成很严重的危害。通过在交换机上配置生成树协议（Spanning Tree Protocol，STP）可以在逻辑上断开环路，消除环路带来的影响。

7.1　交换机环路结构

交换机是网络拓扑中最常见的设备，负责数据帧的传递。当某台交换机节点出现故障时，如断电、端口线缆脱落等，这台交换机连接的网络就会断开，将会造成大量用户无法连接网络，在很多生产、应用场合这种情况是不可接受的，特别是金融、控制、安全等领域。

7.1.1　为什么要使用环路结构

为了解决计算机网络单点故障问题，很容易想到的一种解决方案就是引入一条备份链路以防不测，如在图 7-1 中，交换机 B 如果出现故障会影响连接在交换机 D 上的计算机，如果添加一条新的备份链路（交换机 C）如图 7-2 所示，那么计算机与交换机 A 之间的数据连接就得到了保障，毕竟两台交换机（交换机 B 和交换机 C）同时发生故障的概率非常小。使用冗余的备份链路能够为网络带来健壮性、稳定性和可靠性等好处，提高网络的容错性能。

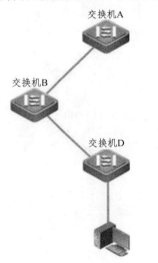

图 7-1　交换机 A 与交换机 D 之间无备份链路

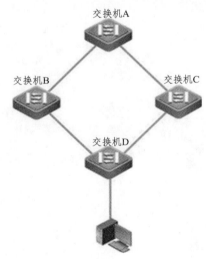

图 7-2　交换机 A 与交换机 D 之间有备份链路

在图 7-2 中，如果交换机 B 或者交换机 C 中的任意一台发生故障，数据可以通过另外一条链路传输。但是当交换机 B 和交换机 C 都正常工作时，图 7-2 所示的拓扑就存在一个由 4 台交换机组成的环路结构了。交换机的转发原理使其在环路结构中将消耗大量的 CPU、内存、带宽等资源。

7.1.2　环路结构的危害

图 7-2 中的备份链路可以解决单点故障问题，但是也带来了一个新问题：当 4 台交换机正常工作时组成了一个环路结构，这个结构会引起广播风暴、多帧复制和 MAC 地址表抖动等。

图 7-3 所示是最小的一个交换机环路结构，由两台交换机组成，PC1 与 PC2 分别连接一个交换机。为了验证交换机环路结构引起的问题，在两台 PC 上配置图中的 IP 地址，并都启动 Wireshark 软件捕获本地网卡的数据包，交换机 A 与交换机 B 之间暂时只连接一根线路，即不构成环路结构，在 PC1 和 PC2 的命令提示符中输入命令 "arp –d *" 清空 ARP 缓存，然后 PC1 端输入 "ping　-n　1　1.1.1.2" 测试与 PC2 的连通性，"-n 1" 说明只发送一次 ICMP 回送请求数据包。观察 PC1 和 PC2 中 Wireshark 软件捕获到的数据包，如图 7-4 和图 7-5 所示。

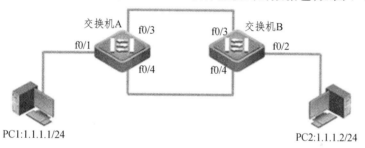

图 7-3　两台交换机组成的环路结构

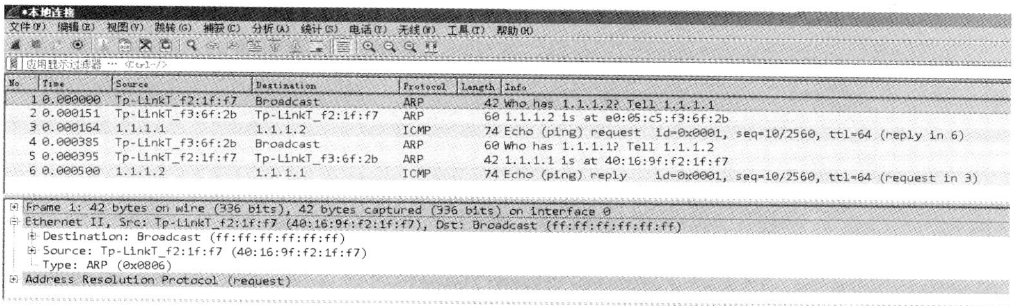

图 7-4　PC1 捕获的数据包

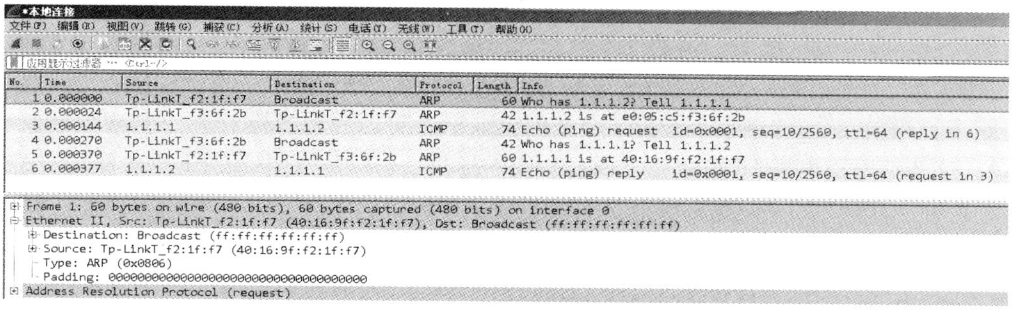

图 7-5　PC2 捕获的数据包

观察图 7-4 和图 7-5 中的数据包，不难理解 PC1 与 PC2 之间的数据流。因为清空了 ARP 缓存，所以 PC1 首先广播一个 ARP 请求，尝试获取地址 1.1.1.2 对应的 MAC 地址，经两台交换机转发后，广播数据包到达 PC2，PC2 单播发送 ARP 应答，PC1 成功接收并更新本地 ARP 缓存后构造 ICMP 回显请求报文发出，PC2 收到后也使用 ARP 协议查询 PC1 的 MAC 地址后发送 ICMP 回显应答报文。在两台交换机之间只有一条链路（无环）时的数据流非常清晰。

现在连接两台交换机之间的第二条链路，构成环状拓扑，再次重复上述步骤，即清空两台 PC 的 ARP 缓存，两台 PC 启动 Wireshark 软件捕获数据包，PC1 端输入"ping -n 1   1.1.1.2"测试与 PC2 的连通性。观察两台 PC 捕获的数据包，如图 7-6 和图 7-7 所示。

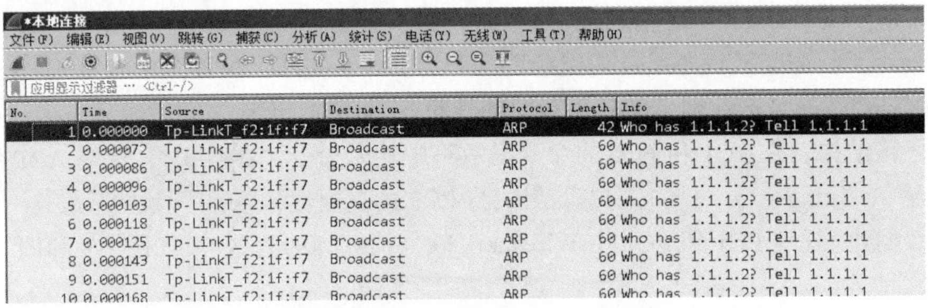

图 7-6　PC1 捕获的数据包

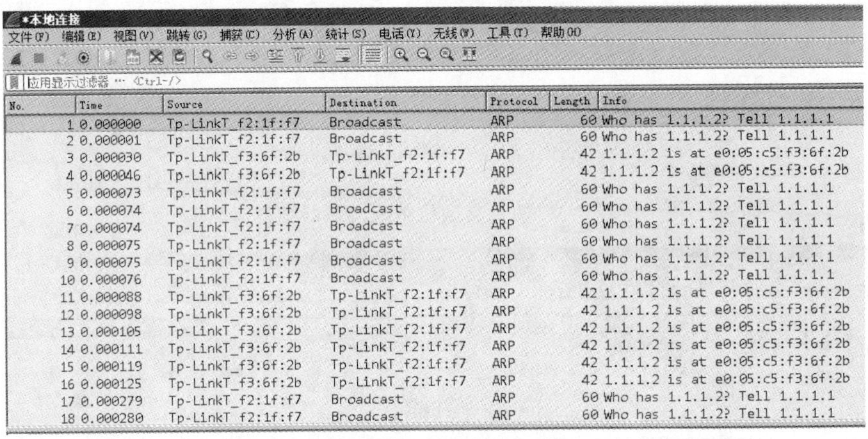

图 7-7　PC2 捕获的数据包

图 7-6 中 PC1 在 1 s 内捕获了 4000 多条 ARP 请求报文，为什么会这样呢？借助图 7-7 中 PC2 捕获数据包示意图不难理解，交换机 A 将 PC1 发出的 ARP 请求数据包向 f0/3 和 f0/4 两个端口转发，交换机 B 从 f0/3 和 f0/4 两个端口各收到一个 ARP 请求数据包。它的处理方式也是分别向另外两个端口转发，即 f0/3 端口收到后向 f0/2 和 f0/4 转发，f0/4 端口收到后向 f0/2 和 f0/3 转发。因此，交换机 B 的 f0/2 端口将转发出两个 ARP 请求数据包，PC2 将收到两个 ARP 请求数据包，图 7-7 中第 3 和第 4 个数据包是 PC2 针对收到的两个 ARP 请求数据包做出的应答。因为两个交换机之间环路的存在，使用广播方式传输的 ARP 请求数据包就变成了"不死"数据包，始终在环路间循环转发，图 7-6 中 PC1 短时间内收到大量 ARP 请求报文就是这样形成的。这个例子说明了广播风暴和多帧复制的现象。在实验时仔细观察环路结构中交换机端口的指示灯，闪烁得越快说明这个端口传输的数据越连续。

MAC 地址表抖动是指交换机中的 MAC 地址表不稳定。因为环路的存在，交换机会在不同的端口收到相同的数据包，按照交换机的转发原理，它会在自己的 MAC 地址表中记录下收到数据帧的端口与数据帧中源 MAC 地址的对应关系。例如，交换机 B 从端口 f0/3 收到 PC1 发出的数据包时，它会将端口 f0/3 与 PC1 的对应关系写入 MAC 地址表，而当交换机 B 随后又从 f0/4 收到同样的数据包时，会将 MAC 地址表中 PC1 对应的端口改为 f0/4，这就造成了 MAC 地址表的抖动。

7.2　生成树协议的原理

为了提高交换网络的健壮性增加了备份链路，而冗余的备份链路会在交换网络中引起环路，带来很多危害，生成树协议就是为了解决这些危害，消除冗余链路带来的副作用。

7.2.1　逻辑上断开环路

生成树协议要解决环路带来的问题，但也不能影响环路为网络提供的健壮性。因此它采用物理上连接，逻辑上控制的方法管理交换网络中的环路。物理上连接是指交换机与交换机之间通过线缆可以连接为环路结构；逻辑上控制是指生成树协议通过一些计算之后确定出交换机上的某些端口，并将其阻塞，从而使这些端口连接的链路逻辑上断开，最终达到任意两台交换机之间只留一条链路传送数据，从逻辑上消除环路。

通常将被阻塞的链路称为备用链路，没有阻塞的链路称为主链路。当主链路出现故障时，备用链路能够转变为主链路，接替完成数据传送任务，这一过程不需要人工干预。例如，图 7-8 中 3 台交换机的拓扑存在环路，分别在 3 台交换机上配置生成树协议后，交换机之间会周期性地发送一些数据包，经过一段时间的数据包交互协商后交换机 C 的 f0/3 接口被阻塞，不能转发数据，交换机 B 和交换机 C 之间的链路（虚线）变为备用链路。此时 PC2 与 PC3 之间的数据通信将通过交换机 A 转发。如果交换机 A 与交换机 C 之间的链路出现故障（如被物理拆除），则交换机 C 的 f0/3 接口从阻塞状态变为转发状态，交换机 B 和交换机 C 之间的链路承担数据转发任务。

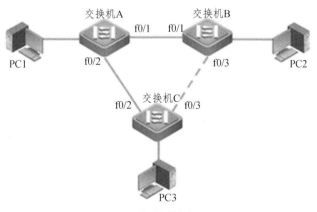

图 7-8　生成树协议原理

7.2.2　生成树协议的类型

生成树协议是随着网络技术的不断发展而不断更新换代的。最初被广泛应用的是 IEEE 802.1D 1998 版本的 STP，它能有效地防止环路和提供冗余链路，但最主要的缺陷是收敛速度慢，即当网络拓扑变更时生成树重新计算并达到稳定的时间长。随后又制定了 IEEE 802.1W RSTP 快速生成树协议作为 802.1D 标准的补充，RSTP 协议提供了端口状态的快速转换功能，使网络拓扑的收敛时间大大减少，但它也存在缺陷，同一局域网内所有的交换机只能共享一棵生成树，不能以 VLAN 为单位阻塞冗余链路。IEEE802.1S MSTP 协议把 IEEE 802.1W RSTP 扩展到多生成树，为虚拟局域网中多 VLAN 环境提供了快速收敛和负载均衡的功能。

在锐捷交换机的全局配置模式下可以查看该交换机支持的生成树协议类型，如下所示。

```
Ruijie(config)#spanning-tree mode ?
  mstp    Multiple spanning tree protocol(IEEE 802.1s)
  rstp    Rapid spanning tree protocol(IEEE 802.1d-2004)
  stp     Spanning tree protocol(IEEE 802.1d-1998)
```

7.3　生成树协议的配置

最早出现的 STP 生成树协议与 RSTP 快速生成树协议完全兼容，可以混合组网，配置方法类似，因为 RSTP 比 STP 效率更高，实用性更强，所以本书只介绍 RSTP 与 MSTP 的配置管理方法。由于锐捷交换机在默认情况下没有开启生成树功能，所以在做实验前应该先配置启动该功能，再进行环路拓扑连接，以免引起广播风暴。

7.3.1　RSTP 协议的配置

1. 基本配置

RSTP 的配置比较简单，包括开启生成树功能、设置生成树类型、查看生成树参数 3 个步骤。图 7-8 中共有 3 个交换机，每台交换机上做如下相同的配置，注意配置前暂时不要连接线缆。

```
Ruijie> en
Ruijie# conf t
Ruijie(config)# spanning-tree                    // 开启生成树功能
Enable spanning-tree.                            // 提示生成树已经启动
Ruijie(config)# spanning-tree mode rstp          // 设置生成树类型为快速生成树
```

每台交换机上都配置完成后，按照如图 7-8 所示的拓扑连接线缆。为 3 台 PC 配置同一网段的 IP 地址后测试连通性，3 台 PC 之间两两可以通信。因为已经配置了生成树协议，图 7-8 所示的拓扑逻辑上不存在环路了，那么哪一个端口被阻塞了呢？

分别在三台交换机上使用"show spanning-tree summary"查看本地生成树运行信息。
交换机 A：

```
Ruijie# show spanning-tree    summary
Spanning tree enabled protocol rstp
    Root ID      Priority       32768
                 Address        001a.a979.bb4c
                 this bridge is root
                 Hello Time     2 sec   Forward Delay 15 sec   Max Age 20 sec
    Bridge ID  Priority       32768
                 Address        001a.a979.bb4c
                 Hello Time     2 sec   Forward Delay 15 sec   Max Age 20 sec
Interface          Role  Sts  Cost         Prio      Type   OperEdge
---------------    ----  ---  -----------  --------  -----  ----------------

Fa0/13             Desg FWD 200000         128       P2p    True
Fa0/2              Desg FWD 200000         128       P2p    False
Fa0/1              Desg FWD 200000         128       P2p    False
```

交换机 B：

```
Ruijie#sh spanning-tree summary
Spanning tree enabled protocol rstp
    Root ID      Priority       32768
                 Address        001a.a979.bb4c
                 this bridge is root
                 Hello Time     2 sec Forward Delay 15 sec   Max Age 20 sec
    Bridge ID Priority       32768
                 Address        001a.a97e.1d6d
                 Hello Time     2 sec Forward Delay 15 sec   Max Age 20 sec
Interface          Role  Sts  Cost         Prio      Type   OperEdge
---------------    ----  ---  -----------  --------  -----  ----------------

Fa0/13             Desg FWD 200000         128       P2p    True
Fa0/3              Desg FWD 200000         128       P2p    True
Fa0/1              Root FWD 200000         128       P2p    False
```

交换机 C：

```
Ruijie#show spanning-tree summary
Spanning tree enabled protocol rstp
    Root ID      Priority       32768
                 Address        001a.a979.bb4c
                 this bridge is root
```

Bridge ID	Hello Time	2 sec Forward Delay 15 sec		Max Age 20 sec		
	Priority	32768				
	Address	001a.a97e.1fc5				
	Hello Time	2 sec	Forward Delay 15 sec	Max Age 20 sec		
Interface	Role Sts	Cost	Prio	Type	OperEdge	
------------------	----- ---	------------	---------	------	-----------	
Fa0/13	Desg FWD	200000	128	P2p	True	
Fa0/3	Altn BLK	200000	128	P2p	False	
Fa0/2	Root FWD	200000	128	P2p	False	

从以上的配置信息可以看出交换机 C 的 F0/3 接口的状态（Sts）为"BLK"，其他所有接口都为"FWD"。"BLK"是单词 Blocking 的缩写，表示阻塞；"FWD"是单词 Forwarding 的缩写，表示转发。从中可以看出，交换机 C 的 F0/3 接口被阻塞。

注意：由于使用的设备不一样，有可能读者在实验中发现被阻塞的端口与书中介绍不一致，请根据实际情况分析。

2. 使用 PC 测试生成树

在 PC2 上使用"ping"命令测试与 PC3 的连通性，如"ping 1.1.1.3 -t"，因为使用了"-t"参数，ping 测试将一直进行直到用户使用"Ctrl＋C"中断。观察交换机的指示灯，发现处于转发状态的接口指示灯闪烁频率更高一些。保持持续"ping"的同时断开交换机 B 与交换机 C 之间的链路，可以发现并不影响"ping"的过程，恢复交换机 B 与交换机 C 之间的链路后，断开交换机 A 与交换机 C 之间的链路，观察 PC2 上"ping"的过程，发现丢失了一个数据包，如图 7-9 所示。

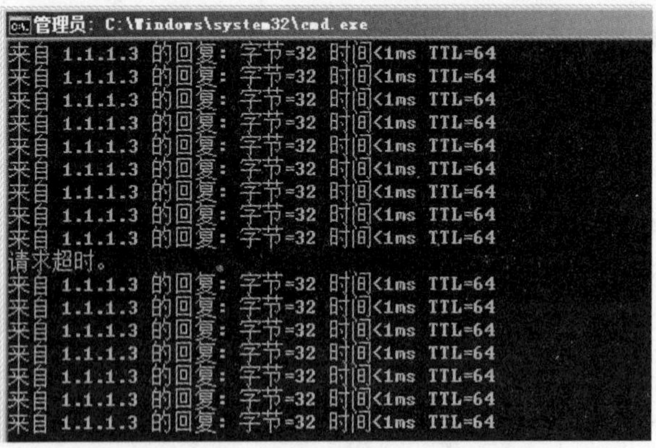

图 7-9 RSTP 链路切换过程中丢包

丢失的一个数据包是在 RSTP 激活备用链路（交换机 B 与交换机 C 之间）过程中发生的。再次在三台交换机上使用"show spanning-tree summary"查看本地生成树运行信息，观察所有的端口都处于转发状态，因为此时不存在环路。

恢复交换机 A 与交换机 C 之间的链路，此时网络拓扑中再次形成环路。生成树协议会再次计算并阻塞交换机 C 的 F0/3 接口，这个过程中同样可能发生丢包现象。

3. 使用 SVI 测试生成树

利用交换机提供的"ping"命令同样可以测试生成树的链路切换效果。为每台交换机配置 SVI 接口，例如：

```
Ruijie(config)# interface vlan 1
Ruijie(config-if-VLAN 1)# ip address 192.168.1.1 255.255.255.0
```

地址如下：

交换机名称	VLAN	IP 地址	子网掩码
交换机 A	1	192.168.1.1	255.255.255.0
交换机 B	1	192.168.1.2	255.255.255.0
交换机 C	1	192.168.1.3	255.255.255.0

在具有环路的网络拓扑中，使用"ping"命令测试交换机 C 与交换机 B 的连通性，在交换机 C 的命令提示符中输入"ping 192.168.1.2 ntimes 500"，其中"ntimes"参数指定"ping"命令测试的次数，如图 7-10 所示。

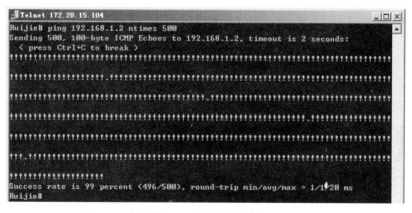

图 7-10　在交换机 C 上测试与交换机 B 的连通性

图 7-10 中的"!"表示一次成功的 ping 测试，"."表示一次不成功的 ping 测试。可以看出有规律的丢包现象，这是由于交换机 B 默认开启了 NFPP 策略。NFPP (Network Foundation Protection Policy，网络基础保护策略)是用来增强交换机自身安全的一种保护体系，通过检测攻击源头并采取限速、隔离等措施，可以使交换机的处理器和信道带宽资源得到保护，从而保证报文的正常转发以及协议状态的正常。

在交换机 B 和交换机 C 上关闭 NFPP 中的 ICMP 保护功能，如下所示。

```
Ruijie(config)# nfpp                              // 进入 NFPP 配置模式
Ruijie(config-nfpp)# no icmp-guard enable          // 关闭 NFPP 中的 ICMP 保护功能
```

在交换机 C 的命令提示符中再次输入"ping 192.168.1.2 ntimes 10000"，同时观察 3 台交换机上的指示灯，除备份链路上（交换机 B 和交换机 C 之间）的 F0/3 接口外的其他接口闪烁频率很高。断开交换机 A 和交换机 C 之间的链路，数据流在 1 s 左右的时间里切换到备份链路上。

7.3.2 RSTP 协议的工作机制

配置 RSTP 协议生效很简单，但它是如何工作的呢？例如，为什么图 7-8 中交换机 C 的 F0/3 接口会被阻塞而不是其他交换机的接口呢？这个过程包含了一系列的选举环节，RSTP 协议的工作机制主要包括下列 3 个步骤：

（1）选举根交换机。

通过比较交换机的 Identifier，越小越优先。

（2）选举根端口。

通过比较路径开销、BPDU 中的"Bridge Identifier"和"Port Identifier"字段，越小越优先。

（3）选举指定端口。

通过比较端口所在的交换机距离根交换机的路径开销、端口所在交换机的 Identifier 和 Port Identifier 字段，越小越优先。

1. 选举根交换机

生成树协议是为了解决网络拓扑中含有环路的问题，树状结构是没有环路的，根交换机相当于生成树的树根，在一个广播域中，根交换机只有一个。

选举根交换机的标准是比较每个交换机的 Identifier，它由 8 个字节组成，后 6 个字节是该交换机的 MAC 地址，来自交换机的主控模块。前 2 个字节中包含了优先级（前 4 位）与 System ID（后 12 位），其中 System ID 为以后扩展协议而用，在 RSTP 中为 0。优先级默认是 32768（0x80 00），优先级可以更改，在交换机配置窗口输入下列指令可以发现允许的优先级范围是从 0 到 61440，并且只能是 4096 的整数倍，如 4096、8192 等。

```
Ruijie(config)# spanning-tree    priority    ?
   <0-61440>    Bridge priority in increments of 4096
```

交换机的 MAC 地址是设备出厂设置的参数，是固定的，不能改动。在交换机背面的标签上可以查看，也可以使用使用"show member"指令查看。其实，每一台锐捷交换机有两个 MAC 地址，一个用于二层协议（如生成树、堆叠），另外一个用于三层协议（如 ARP、IP 通信），二层协议使用的 MAC 地址比三层协议使用的 MAC 地址小 1。查看三层协议使用的 MAC 地址使用"show arp"指令。

```
Ruijie# show   member
Member      Mac Address    Priority    Software Version                    Hardware Version   Description
———————    ————————    ————      ————————————              ————————     ————————
1           001a.a97e.1fc5    1        RGOS 10.4(3b19)p3 Release(180891)    1.04           S2628G-E
Ruijie# show   arp
Protocol    Address        Age(min)    Hardware        Type    Interface
Internet    192.168.1.3    --          001a.a97e.1fc6    arpa    VLAN 1
Total number of ARP entries: 1
Ruijie#
```

需要注意：在使用指令 "show arp" 前要确保交换机能够发送 ARP 报文，可以配置 SVI 接口。在使用指令 "show member" 前要确保交换机启动了生成树或堆叠功能。

当一台交换机启动生成树之后，就会向所有已经激活的接口发送 BPDU 数据包，默认 2 s 一次，格式如图 7-11 所示。这种数据包承载了生成树需要协商的一些参数，其中包含了交换机自己的 Identifier 字段，图中出现的字段名为 "Bridge Identifier"，有一些书上称为网桥 ID。通过比较各自的 Identifier 的大小来确定根交换机。

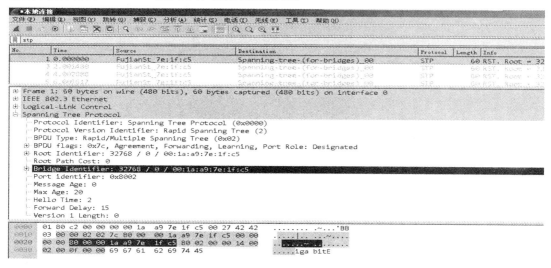

图 7-11　RSTP 协议的 BPDU 数据包

交换机 Identifier 字段的值越小越优先成为根交换机。在比较 Identifier 的时候先比较优先级，如果优先级一样，再比较交换机 MAC 地址，因为 MAC 地址具有唯一性，所以一定可以比较出大小，从而确定根交换机。管理员可以通过配置优先级来控制根交换机的选举。

BPDU 数据包中的 Root Identifier 字段是该交换机认可的根交换机的 Identifier，当某台交换机的 RSTP 刚刚启动时，此时还没有通过交换 BPDU 数据包选举根交换机，这台交换机就认为自己的 Identifier 最小，认为自己是这个网络中的根交换机，所以它将数据包中的 Root Identifier 字段设置成与 Bridge Identifier 一致，都是自己的 Identifier。

BPDU 是二层数据包，它的目的 MAC 地址是多播地址 01-80-C2-00-00-00，所有支持 RSTP 协议的交换机都会接收并处理收到的 BPDU。当交换机发现收到的 BPDU 中的 Root Identifier 值比自己的 Identifier 小时，则记录下来，更新自己认可的根交换机 Identifier。交换机不断交换 BPDU，很快网络中的交换机就可以对根交换机的 Identifier 达成共识，即完成了根交换机的选举。如果根交换机的选举完成后，有一台新的交换机加入网络中，将引起新一轮的选举，生成树的拓扑可能发生变化。

2. 选举根端口

根交换机相当于一棵树（生成树）的根，在根交换机确定后，下一步要确定根端口。每一台非根交换机上要选举出一个距离根交换机最近的端口作为根端口。这里所谓的最近是指端口到根交换机的路径上所经过的所有链路的路径开销的和最小。

图 7-12 中 4 台交换机物理连接成环路拓扑，链路带宽都为 100 Mb/s，所有交换机的优先

级都是默认的 32768，因为交换机 A 的二层 MAC 地址（001A.A979.BAF4）是四台交换机中最小的，所以交换机 A 为根交换机。交换机 D 上的两个端口中，通过 F0/4 端口只需向上经过一条链路就到达根交换机了，而通过 F0/3 接口需要向右经过 3 条链路，从图中我们可以直观地认定 F0/4 将被选举为交换机 D 上的根端口。

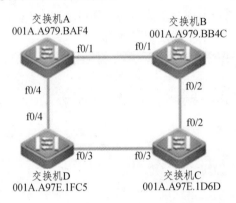

图 7-12　四台交换机连接成的环路拓扑

其实，交换机在衡量哪个端口离根交换机近的时候，不是通过链路数进行判断的，而是通过计算路径开销确定的，路径开销与链路带宽有很大关系，链路带宽越大路径开销越小。IEEE 802.1D 和 IEEE 802.1T 对相同的链路速率规定了不同的路径开销值，802.1D 的取值范围是短整型（short）（1~65 535），802.1T 的取值范围是长整型（long）(1~200 000 000)，如表 7-1 所示。

表 7-1　IEEE 802.1D 和 IEEE 802.1T 规定的路径开销

链路带宽	端口类型	IEEE 802.1D 短整型（short）	IEEE 802.1T 长整型（long）
10 Mb/s	普通端口	100	2 000 000
	聚合链路	95	1 900 000
100 Mb/s	普通端口	19	200 000
	聚合链路	18	190 000
1000 Mb/s	普通端口	4	20 000
	聚合链路	3	19 000
10 000 Mb/s	普通端口	2	2 000
	聚合链路	1	1 900

锐捷交换机默认采用 IEEE 802.1T 长整型（long），可以通过 "spanning-tree pathcost method short" 指令将计算路径开销的方法改为短整型，网络内的所有交换机需统一。

```
Ruijie(config)#spanning-tree pathcost method ?
    long     Use 32 bit based values for default port path costs        // 长整型
    short    Use 16 bit based values for default port path costs        // 短整型
Ruijie(config)#spanning-tree pathcost method short
```

在生成树收敛的过程中，确定了根交换机之后，交换机 A 发送 BPDU 数据包，其中有一个字段"Root Path Cost"表示发送报文的设备距离根交换机的路径开销，因为交换机 A 就是根交换机，所有它发出的 BPDU 报文中此字段为 0，交换机 A 向端口 F0/1 和 F0/4 发出 BPDU，交换机 D 从 F0/4 端口收到后发现报文中"Root Path Cost"字段为 0，并且通过检测 F0/4 端口带宽（100 Mb/s）判定此端口所在链路的开销为 19，将 0 与 19 相加得到端口 F0/4 距离根交换机的路径开销为 19。

在另外一个方向上，交换机 B 也从它的 F0/1 端口收到了交换机 A 发出的 BPDU 数据包，其中"Root Path Cost"字段为 0，同样通过判断端口所在链路带宽为 19，相加后交换机 B 的 F0/1 端口距离根交换机的路径开销为 19，在此之后，交换机 B 从 F0/2 端口向交换机 C 发出的 BPDU 中的"Root Path Cost"字段设置成了 19，表示交换机 B 到达根交换机的路径开销，如图 7-13 所示。

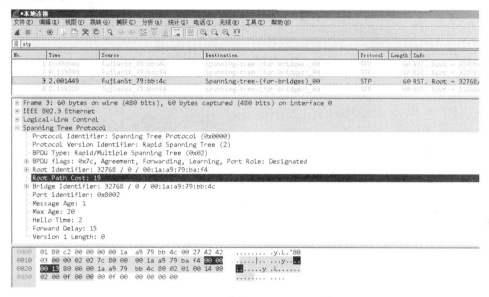

图 7-13　BPDU 中的 Root Path Cost 字段

交换机 C 从 F0/2 端口收到交换机 B 发出的 BPDU，此时"Root Path Cost"字段为 19，再通过相加的计算，交换机 C 就确定了自己的 F0/2 端口距离根交换机的路径开销为 38。交换机 C 从 F0/3 端口向交换机 D 发出的 BPDU 中的"Root Path Cost"字段为 38，交换机 D 从 F0/3 端口收到并计算后就确定了自己的 F0/3 端口距离根交换机的路径开销为 57。

交换机 D 上 F0/4 端口到达根交换机的路径开销为 19，F0/3 端口到达根交换机的路径开销为 57，所以交换机 D 认定 F0/4 端口为根端口。

因为位置对称，交换机 B 上根端口（F0/1）的认定与交换机 D 类似。可是交换机 C 上如何认定呢？两个端口到达根交换机的路径开销是一样的，都是 38。

当路径开销相同时，比较从不同端口接收到的 BPDU 中的"Bridge Identifier"字段，即每台交换机的 Identifier，Identifier 越小越优先。交换机 C 从端口 F0/3 接收到的 BPDU 来自于交换机 D，它的 Identifier 中的优先级为 32 768，MAC 地址为 001A.A97E.1FC5。交换机 C 从端口 F0/2 接收到的 BPDU 来自交换机 B，它的 Identifier 中的优先级也是 32 768，但 MAC 地址为 001A.A979.BB4C，比交换机 D 的小，所以端口 F0/2 被确定为根端口。

如果不仅路径开销相同，而且接收到的 BPDU 中的"Bridge Identifier"字段也相同怎么办？图 7-14 所示拓扑就是这种情况。

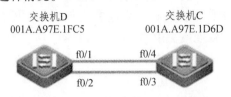

图 7-14　两台交换机连接成的环路拓扑

交换机 C 的 Identifier 小，被选举为根交换机。交换机 D 从端口 F0/1 和端口 F0/2 到根交换机的路径开销一样，收到的 BPDU 来自同一台交换机 C，也相同。此时，将比较接收到的 BPDU 中的"Port identifier"字段，越小越优先。该字段共 2 字节，由两部分组成，第 1 个字节表示端口优先级，默认值是 128（0x80），管理员可以通过指令更改，第 2 个字节表示端口编号，从端口 F0/3 发出的就是 3（0x03）。

交换机 C 从 F0/4 端口发出的 BPDU 中的"Port identifier"字段值为"0x8004"，从 F0/3 端口发出的 BPDU 中的"Port identifier"字段值为"0x8003"，交换机 D 分别从端口 F0/1 和端口 F0/2 收到后进行比较，发现从端口 F0/2 收到的 BPDU 中的"Port identifier"字段值"0x8003"小于从端口 F0/1 收到的 BPDU 中的"Port identifier"字段值"0x8004"，所以认定 F0/2 端口为根端口。

通过比较路径开销、接收的 BPDU 中的"Bridge Identifier"字段和"Port identifier"字段，每一台非根交换机都可以确定出一个根端口。

3. 选举指定端口

生成树网络中每一个"网段"都必须选举一个指定端口，有且只有一个。交换机两两之间的链路为一个"网段"，图 7-12 中共有 4 个网段。端口所在的交换机距离根交换机的路径开销越小越优先选为指定端口。因为根交换机上的端口就在根交换机上，路径开销为 0，所以根交换机上每个激活的端口都是指定端口。

在交换机 B 与交换机 C 之间的网段中，将会选举交换机 B 上的 F0/2 端口为指定端口，原因是交换机 B 距离根交换机的路径开销比交换机 C 小。同理，在交换机 D 与交换机 C 之间的网段中，会选举交换机 D 上的 F0/3 端口为指定端口。

如果距离根交换机的路径开销一样，再比较端口所在交换机的 Identifier，越小越优先。图 7-15 展示了一个路径开销一样的例子，图中交换机 B 的 Identifier 最小，为根交换机。交换机 D 和交换机 C 之间的网段将会选举交换机 C 上的 F0/3 端口为指定端口，因为它们距离跟交换机的路径开销相同，但交换机 C 的 Identifier 更小一些。

如果端口所在交换机的 Identifier 也相同，再比较 Port Identifier，即端口 Identifier，越小越优先。图 7-16 中交换机 D 上存在自环网络，交换机 C 是根交换机。交换机 D 的 F0/1 端口是根端口，在 F0/15 和 F0/17 端口之间的网段上选取指定端口的时候要比较端口 Identifier，因为这两个端口所在交换机的根路径开销和 Identifier 都相同，端口 F0/15 的 Identifier 为"0x8015"，小于端口 F0/17 的"0x8017"，所以端口 F0/15 是指定端口。在交换机 D 上查看生成树信息如下所示，"Desg"表示指定端口。

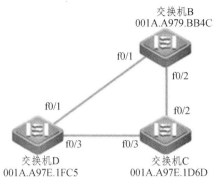

图 7-15　三台交换机连接成的环路拓扑

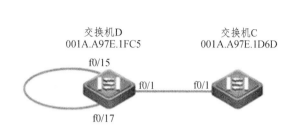

图 7-16　存在自环的交换机环路拓扑

```
Ruijie# show spanning-tree summary
Spanning tree enabled protocol rstp
    Root ID      Priority      32768
                 Address       001a.a97e.1d6d
                 this bridge is root
                 Hello Time    2 sec Forward Delay 15 sec    Max Age 20 sec
    Bridge ID    Priority      32768
                 Address       001a.a97e.1fc5
                 Hello Time    2 sec Forward Delay 15 sec    Max Age 20 sec

Interface        Role Sts Cost        Prio      Type       OperEdge
---------------- ---- --- ---------- --------- ----- ----------------

Fa0/17           Back BLK 19          128       P2p        False
Fa0/15           Desg FWD 19          128       P2p        False
Fa0/1            Root FWD 19          128       P2p        False
Ruijie #
```

在交换机 D 上将原本连接在端口 F0/15 上的线缆拔掉连接在 F0/19 端口,再次查看指定端口的选举结果,待生成树稳定后,结果如下所示,端口 F0/17 变成指定端口,因为端口 F0/17 的 Identifier 比端口 F0/19 的小。

```
Ruijie# show spanning-tree summary
Spanning tree enabled protocol rstp
    Root ID      Priority      32768
                 Address       001a.a97e.1d6d
                 this bridge is root
                 Hello Time    2 sec    Forward Delay 15 sec    Max Age 20 sec
    Bridge ID    Priority      32768
                 Address       001a.a97e.1fc5
                 Hello Time    2 sec Forward Delay 15 sec       Max Age 20 sec
Interface        Role Sts Cost        Prio      Type       OperEdge
```

```
——————————————  ————  ———  —————————  —————————  —————  ————————————————
Fa0/19              Back BLK 19         128        P2p    False
Fa0/17              Desg FWD 19         128        P2p    False
Fa0/1               Root FWD 19         128        P2p    False
Ruijie #
```

将线缆从 F0/19 端口恢复到 F0/15 端口，网络拓扑发生改变，生成树重新计算后，端口 F0/15 变为指定端口。如果此时想要将指定端口更改为 F0/17，可以使用如下指令。

```
Ruijie# conf t
Ruijie(config)# int fa0/17                    // 进入 fa0/17 端口的配置模式
Ruijie(config-if-FastEthernet 0/17)# spanning-tree port-priority ?        // 查看端口优先级的范围
  <0-240>   Port priority in increments of 16                        // 默认 128，可以更改为 16 的倍数
Ruijie(config-if-FastEthernet 0/17)# spanning-tree port-priority 96       // 更改端口优先级为 96
Ruijie# show spanning-tree summary
Spanning tree enabled protocol rstp
    Root ID      Priority         32768
                 Address          001a.a97e.1d6d
                 this bridge is root
                 Hello Time    2 sec  Forward Delay 15 sec   Max Age 20 sec
    Bridge ID    Priority         32768
                 Address          001a.a97e.1fc5
                 Hello Time       2 sec Forward Delay 15 sec  Max Age 20 sec
Interface       Role  Sts  Cost        Prio       Type    OperEdge
——————————————  ————  ———  —————————   —————————  —————   ————————————————
Fa0/17          Desg FWD 19             96         P2p     False
Fa0/15          Back BLK 19             128        P2p     False
Fa0/1           Root FWD 19             128        P2p     False
Ruijie#
```

更改 F0/17 端口的优先级为 96（小于默认的 128），此时 F0/17 端口 Identifier 比端口 F0/15 的小，变成指定端口。

通过生成树算法选出的根端口与指定端口都将工作在转发状态，不会被阻塞。除了这两种端口，RSTP 中还有两种端口：替代端口（Alternate，缩写为 Altn）和备份端口（Backup，缩写为 Back），它们在生成树稳定时会被阻塞。

替代端口为当前根端口到根交换机提供一条替代路径，例如图 7-15 中交换机 D 的 F0/3 端口，它为交换机 D 通过端口 F0/1 到根交换机 B 提供一条替代路径，如果交换机 D 与交换机 B 之间的链路故障，替代端口 F0/3 就会无时延地进入转发状态。通过生成树算法选出网络中的根端口与指定端口之后，没有被选中的端口如果收到一个来自其他交换机发来的 BPDU，并且其中的交换机 Identifier 没有自己认定的根交换机的小，那么这个端口就会变成替代端口。

备份端口为指定端口到达生成树提供一条备份路径。备份端口仅当两个端口在一个由点

对点链路组成的环路上连接时，或者当交换机有两个或多个到达共享 LAN 网段的连接时可以存在。图 7-16 中，端口 F0/17 是备份端口，它为指定端口 F0/15 提供一条备份路径。当一个端口收到来自自身交换机发来的 BPDU，并且这个 BPDU 携带的端口 Identifier 更高时，这个端口就会变成备份端口。

7.3.3　MSTP 协议的配置

MSTP 是在传统的 STP、RSTP 的基础上发展而来的新的生成树协议，本身就包含了 RSTP 的快速收敛机制。由于传统的生成树协议与 VLAN 没有任何联系，在特定网络拓扑下就会产生以下问题：如图 7-17 所示，交换机 A、B 上没有配置 VLAN 10 的信息，交换机 C、D 上分别连接了 PC1 与 PC2，都在 VLAN 10 中。4 台交换机连成环路。

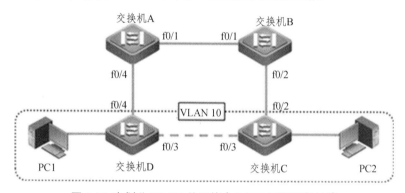

图 7-17　在划分 VLAN 的网络中 RSTP 可能引起故障

如果从交换机 D 依次通过交换机 A、B 到达交换机 C 的路径开销比从交换机 D 直接到交换机 C 的路径开销更小，RSTP 会把交换机 D 和 交换机 C 之间的链路阻塞掉。由于交换机 A、B 不包含 VLAN 10 的信息，无法转发 VLAN 10 的数据包，这样主机 PC1 就无法与 PC2 进行通信。

究其原因，是 RSTP 的工作机制没有考虑到 VLAN 的情况。在 RSTP 中所有 VLAN 共享一个生成树，这种结构不能进行网络流量的负载均衡，使得有些交换机比较繁忙，而另一些交换机又很闲，MSTP 的出现就是为了解决这些问题。

MSTP 的全称为 Multiple Spanning Tree Protocol（多生成树协议），从名字上就可以看出它能够管理多个生成树。在 MSTP 中引入了实例（Instance）的概念，交换机管理的一个或多个 VLAN 可以划分为一个 Instance，有着相同 Instance 配置的设备运行独立的生成树，多个实例对应多个生成树，生成树之间彼此独立。这样就不会出现图 7-17 中类似的问题了。每台交换机都最多可以创建 64 个 Instance（id 从 1 到 64），Instance 0 是强制存在的，没有分配的 VLAN 默认属于 Instance 0，所以系统共支持 65 个 Instance。MSTP 将环路网络修剪成为一个无环的树型网络，避免报文在环路网络中无限循环，同时还提供了数据转发的多个冗余路径，在数据转发过程中实现 VLAN 数据的负载分担。

图 7-18 中的设备与线缆的连接与图 7-12 一样，只是交换机 B 与交换机 C 的位置交换了一下，交换机 B 与交换机 D 分别连接两台 PC，一台划分在 VLAN 10 中，一台在 VLAN 20 中。

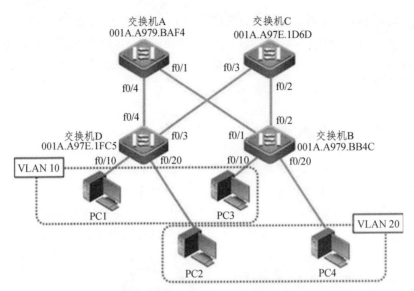

图 7-18 配置 MSTP 实现负载分担

如果在图 7-18 中配置 RSTP 协议，交换机 D 的 F0/3 端口会被阻塞，交换机 C 与交换机 D 之间的链路变为备份链路，不能传送数据，交换机 C 也不转发数据，造成了设备与链路的浪费。4 台 PC 之间的数据流全部经过交换机 D、交换机 A 和交换机 B 及它们之间的链路。

在图 7-18 中配置 MSTP 协议可以实现 VLAN 10 的数据流经过交换机 A 转发，交换机 B 上的链路作为备份链路；同时 VLAN 20 的数据流经过交换机 B 转发，交换机 A 上的链路作为备份链路。这样可以提高设备的利用率，实现数据转发的负载分担。

因为锐捷交换机默认没有启用生成树协议，在配置并启用 MSTP 前不要构成环路拓扑，可以断开任意两台交换机之间的一条链路，MSTP 配置并启用后再连接，方便观察实验效果。

在交换机 A 上配置 VLAN 信息，并且将端口设置为 Trunk 模式，参考配置如下。

```
Ruijie> en
Ruijie# conf t
Ruijie(config)# hostname SwitchA
SwitchA(config)# vlan range 10,20                        // 创建 10 号和 20 号 VLAN
SwitchA(config-vlan-range)# exit
SwitchA(config)# int range fa0/1, 0/4                    // 进入接口配置模式
SwitchA(config-if-range)# switchport mode trunk          // 配置为 Trunk 模式
SwitchA(config-if-range)# exit
```

其他 3 个交换机上同样配置 VLAN 信息与 Trunk 模式，与交换机 A 类似，配置省略。需要注意交换机 B 与交换机 D 因为分别连接了两台 PC，对应的接口也要划分到相应的 VLAN 中，例如：

```
SwitchB(config)# int fa0/10
SwitchB(config-if-FastEthernet 0/10)# switchport mode access
SwitchB(config-if-FastEthernet 0/10)# switchport access vlan 10
```

```
SwitchB(config-if-FastEthernet 0/10)# int fa0/20
SwitchB(config-if-FastEthernet 0/20)# switchport mode access
SwitchB(config-if-FastEthernet 0/20)# switchport access vlan 20
SwitchB(config-if-FastEthernet 0/20)# exit
```

在 4 台交换机上都要创建实例并关联 VLAN，参考配置如下。

```
SwitchA(config)# spanning-tree mst configuration    // 进入 MSTP 配置模式
SwitchA(config-mst)# instance 1 vlan 10             // 创建实例 1 并关联 VLAN 10
SwitchA(config-mst)# instance 2 vlan 20             // 创建实例 2 并关联 VLAN 20
```

如果弹出"%Warning:you must create vlans before configuring instance-vlan relationship"这样的警告信息可以直接忽略，它是提醒用户在管理 MSTP 实例前必须先创建好相应的 VLAN 信息。

每个实例内都可以通过配置优先级等操作指定特定交换机为根交换机。在交换机 A 上配置实例 1 中的 Identifier 优先级，使其成为根交换机。在交换机 C 上配置实例 2 中的 Identifier 优先级，使其成为根交换机。并且这两台交换机互为备份。

```
SwitchA(config)# spanning-tree mst 1 priority 4096
SwitchA(config)# spanning-tree mst 2 priority 8192


SwitchC(config)# spanning-tree    mst    1 priority    8192
SwitchC(config)# spanning-tree    mst    2 priority    4096
```

最后在 4 台交换机上配置短整形计算路径开销、生成树模式为 MSTP。开启生成树功能，参考指令如下。

```
SwitchA(config)#spanning-tree pathcost method short    // 配置短整形计算路径开销
SwitchA(config)#spanning-tree mode mstp               // 配置生成树模式为 MSTP
SwitchA(config)#spanning-tree                         // 开启生成树
```

所有配置完成后可以将物理拓扑连接完整，构成环路结构。在 4 台 PC 上测试网络连通性，相同 VLAN 的 PC 可以互相通信。

使用下列指令查看 MSTP 信息。

```
SwitchA# show spanning-tree summary        // 查看生成树简要信息
Spanning tree enabled protocol mstp        // 生成树类型为 MSTP
MST 0 vlans map : 1-9, 11-19, 21-4094      // 实例 0 是默认存在的，没有关联的 VLAN 都是属于它
    Root ID      Priority     32768
                 Address      001a.a979.baf4
                 this bridge is root
                 Hello Time    2 sec Forward Delay 15 sec    Max Age 20 sec
    Bridge ID    Priority     32768
                 Address      001a.a979.baf4
```

```
                    Hello Time    2 sec   Forward Delay 15 sec Max Age 20 sec
    Interface           Role Sts Cost          Prio          Type   OperEdge
    --------------- ---- --- ------- -------- ----- ----------------

    Fa0/4               Desg FWD 19            128           P2p    False
    Fa0/1               Desg FWD 19            128           P2p    False
```

MST 1 vlans map : 10   // 创建的实例 1 与 10 号 VLAN 关联
   Region Root Priority   4096   // 本交换机认定的实例 1 中生成树的根交换机的优先级

       Address   001a.a979.baf4   // 本交换机认定的实例 1 中生成树的根交换机的二层 MAC 地址（A 的）

```
                    this bridge is region root
    Bridge ID       Priority      4096           // 本交换机在实例 1 中的优先级
                    Address       001a.a979.baf4  // 本交换机的二层 MAC 地址
    Interface           Role   Sts   Cost         Prio     Type   OperEdge
    --------------- ---- --- ------- -------- ----- ----------------

    Fa0/4               Desg FWD 19            128      P2p    False    // 实例 1 中该端口为指定端口，
转发数据
    Fa0/1               Desg FWD 19            128      P2p    False    // 实例 1 中该端口为指定端口，
转发数据
```

MST 2 vlans map : 20   // 创建的实例 2 与 20 号 VLAN 关联
   Region Root Priority   4096   // 本交换机认定的实例 2 中生成树的根交换机的优先级

       Address   001a.a97e.1d6d   // 本交换机认定的实例 2 中生成树的根交换机的二层 MAC 地址（C 的）

```
                    this bridge is region root
    Bridge ID       Priority      8192           // 本交换机在实例 2 中的优先级
                    Address       001a.a979.baf4  // 本交换机的二层 MAC 地址
    Interface           Role   Sts   Cost         Prio     Type   OperEdge
    --------------- ---- --- ------- -------- ----- ----------------

    Fa0/4               Altn BLK 19            128      P2p    False // 实例 2 中该端口为替换端口，被阻塞
    Fa0/1               Root FWD 19            128      P2p    False // 实例 2 中该端口为根端口，转发数据
    SwitchA#
```

    从查看到的 MSTP 信息可以看出，交换机 A 在实例 1 中是根交换机，因为它认定的根交换机和自己的"Priority"和"Address"一致。交换机 A 在实例 2 中不是根交换机，它认定的根交换机是交换机 C。从这里可以看出交换机在不同的实例中扮演了不同的角色。

    通过查看其余 3 台交换机的 MSTP 信息，可以看出在实例 1 中根交换机是交换机 A，交

换机 C 的 F0/3 端口被阻塞，交换机 C 与交换机 D 之间的链路为备份链路，VLAN 10 的数据流通过交换机 D、A、B 转发，如图 7-19 中实线所示。实例 2 中的根交换机是交换机 C，交换机 A 的 F0/4 端口被阻塞，交换机 A 与交换机 D 之间的链路为备份链路，VLAN 20 的数据流通过交换机 D、C、B 转发，如图 7-20 中实线所示。

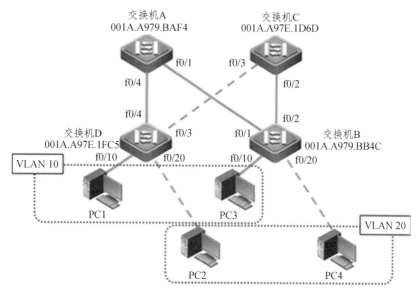

图 7-19　MSTP 实例 1 中 VLAN 10 数据转发

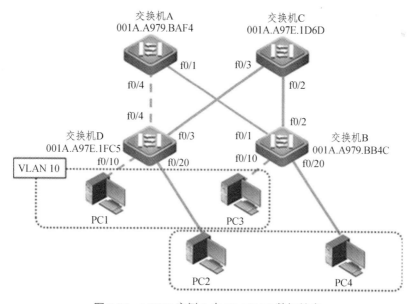

图 7-20　MSTP 实例 2 中 VLAN 20 数据转发

如果交换机需要管理的 VLAN 比较多，可以将结构相似的多个 VLAN 关联一个实例中计算生成树，因为交换机管理的实例越多，需要维护的生成树就越多，耗费的计算资源也越多。在全局配置模式下使用 "no spanning-tree" 可以关闭生成树功能，使用 "spanning-tree reset" 可以恢复生成树默认状态。

7.4 生成树协议增强安全特性

生成树协议的工作机制决定了它有可能面临一些恶意攻击。因为它完全是靠优先级之类的数值来选举根交换机的，原先连接计算机的用户可能会使用一些黑客工具伪造 BPDU 数据包来伪装成一个交换机，或者真的在原先的接入交换机与计算机之间添加一台新的交换机。如果这样的情况发生，不仅会导致生成树重新计算，甚至可能替代原先的根交换机，影响数据包的传输路径，非常危险。下面介绍的一些生成树协议增强安全特性，可以有效防止这种情况发生。

7.4.1 Portfast 快速端口

如果交换机的端口连接的是终端设备（PC 或路由器），而不是连接其他交换机，那么这样的端口可以配置为 Portfast。配置 Portfast 特性后，一旦有设备接入，端口立即进入 Forwarding 状态，端口不参与生成树的计算，但依然运行生成树议。通常把接入层交换机的端口配置为 Portfast，目的是提高接入此端口的设备转发数据的速度。

在全局模式和接口配置模式下都可以配置 Portfast，全局配置模式下使用下列指令将这台交换机上所有的端口配置为 Portfast。

```
SwitchA(config)# conf   t
SwitchA(config)# spanning-tree portfast default          // 将所有端口配置为 PortFast
```

取消将所有端口配置为 Portfast 使用下列指令。

```
SwitchA(config)# no spanning-tree portfast default
```

接口模式下的配置只会对该接口生效，例如：

```
SwitchA(config-if-FastEthernet 0/24)# spanning-tree portfast
%Warning: portfast should only be enabled on ports connected to a single host. Connecting hubs,
switches, bridges to this interface when portfast is enabled,can cause temporary loops.   // 警告信息
```

接口配置模式下使用下列指令关闭 Portfast。

```
SwitchA(config-if-FastEthernet 0/24)# spanning-tree portfast disabled
```

7.4.2 BPDU Guard 端口特性

当原本认为不会产生回路的 Portfast 端口因为管理人员的一些错误或失误操作而出现回路时，必须要有一种机制能够对其进行保护。BPDU Guard 功能就是针对生成树 Portfast 端口意外接入非法设备所进行的处理。在端口启用 Portfast 但没有启用 BPDU Guard 的情况下，如果该端口收到 BPDU 数据包，那么生成树会将该端口设置为阻塞状态；如果端口同时启用了 Portfast 和 BPDU Guard，那么当端口收到 BPDU 数据包的时候该端口就会被关闭，进入 err-disable 状态

BPDU Guard 同样可以在全局模式下和接口模式下配置。如果需要对大量接口配置，则适合于全局模式。

1. 全局模式配置 BPDU Guard

全局配置是配合 Portfast 使用的，当接口启用了 Portfast 之后，该接口才会启用 BPDU Guard，如果该接口没有启用 Portfast，那么该接口不会启用 BPDU Guard。例如：

```
Ruijie(config)#  spanning-tree  portfast  default          // 全局模式启用 Portfast
Ruijie(config)#  spanning-tree  portfast  bpduguard  default    // 全局模式启用 BPDU Guard
Ruijie(config)#  end                                        // 返回特权模式
Ruijie#  show  running-config  |  begin spanning
spanning-tree portfast bpduguard default           // 全局模式启用 BPDU Guard 已生效
spanning-tree                                       // 生成树启动
interface FastEthernet 0/1
 spanning-tree portfast                             // 接口 Portfast 已生效
!
interface FastEthernet 0/2
 spanning-tree portfast                             // 接口 Portfast 已生效
!
```

可以通过在接口 f0/1 上接入一台交换机来验证是否 BPDU Guard 生效，如果在接口 f0/1 上接入一台交换机后接口 f0/1 的指示灯很快熄灭了，说明此端口已经被关闭，查看此接口状态，为"disabled"。表示网络中可能被非法用户增加了一台网络设备，使网络拓扑发生改变。

```
Ruijie#  show  interfaces  status
Interface                 Status    Vlan   Duplex    Speed      Type
------------------------- --------- ----   -------   --------- ------
FastEthernet 0/1          disabled   1     Unknown   Unknown   copper
FastEthernet 0/2          down       1     Unknown   Unknown   copper
FastEthernet 0/3          down       1     Unknown   Unknown   copper
FastEthernet 0/4          down       1     Unknown   Unknown   copper
FastEthernet 0/5          down       1     Unknown   Unknown   copper
```

在全局模式下使用指令"errdisable　recovery"来恢复接口状态，在恢复之前可以先关闭 BPDU Guard，或者拆除接口上连接的线缆。

```
Ruijie#   conf t
Ruijie(config)#  no  spanning-tree  portfast bpduguard  default  // 全局关闭 BPDU Guard
Ruijie(config)#  errdisable  recovery  interval  600     // 设置每过600 s自动恢复一次接口状态，
默认值为300
Ruijie(config)#  errdisable  recovery                     // 恢复接口状态
Ruijie#  show  interfaces  status
```

Interface	Status	Vlan	Duplex	Speed	Type
FastEthernet 0/1	up	1	Full	100M	copper
FastEthernet 0/2	down	1	Unknown	Unknown	copper
FastEthernet 0/3	down	1	Unknown	Unknown	copper
FastEthernet 0/4	down	1	Unknown	Unknown	copper
FastEthernet 0/5	down	1	Unknown	Unknown	copper

读者可以尝试一下，如果接口没有启用 Portfast，那么命令 "spanning-tree portfast bpduguard default" 不会使该接口启用 BPDU Guard。

2. 端口模式下配置 BPDU Guard

在端口配置模式下用 "spanning-tree bpduguard enable" 命令来打开单个接口的 BPDU Guard，与该端口是否开启了 Portfast 无关。如果该端口此时收到了 BPDU 数据包，就进入 Error-disabled 状态。

```
Ruijie(config)#   spanning-tree
Ruijie(config)#   int   fa0/2
Ruijie(config-if-FastEthernet 0/2)#   spanning-tree   bpduguard   enable
```

端口模式下配置 BPDU Guard 具有很强的针对性，端口的恢复同样使用 "errdisable recovery" 指令。

7.4.3   BPDU Filter 端口特性

BPDU Filter 端口特性能够对该端口收到或发出的 BPDU 数据包进行过滤。如果 BPDU Filter 在全局下开启，则只对 Portfast 端口生效，且只能过滤掉发出的 BPDU，并不能过滤掉收到的 BPDU。如果在端口模式下开启，那么不管该端口是不是 Portfast 端口都将生效。并且会将该端口发出或收到的 BPDU 数据包都过滤掉，这样就相当于在这个端口关掉了生成树，这是很危险的操作，所以不建议在端口下开启。

```
Ruijie(config)#   spanning-tree   portfast   default           // 全局模式开启 Portfast
Ruijie(config)#   spanning-tree   portfast   bpdufilter   default   // 全局模式开启 BPDU Filter
Ruijie(config)# int   fa0/3
Ruijie(config-if-FastEthernet 0/3)# spanning-tree bpdufilter enable // 接口模式下开启 BPDU Filter
```

当同时启用 BPDU Guard 和 BPDU Filter 时，BPDU Filter 优先级较高，BPDU Guard 将失效。

第8章 静态路由

在网络传输中，当数据报到达路由器时，路由器会首先取出数据报中网络层首部中的目的 IP 地址，然后查找路由表，确定到达该目的 IP 地址应该如何转发。如果路由表中没有对应目的 IP 的转发项（也称为路由条目）就直接丢掉该数据报；如果有就根据路由条目中的转发界面将数据报发送出路由器。这期间用到的路由表通常由两种方式构建而成：一种是静态路由；另一种是动态路由。

8.1 静态路由的特点

静态路由是管理员手工配置的路由，使得数据报能够按照管理员预先规划的路径传送到指定的目标网络。它不会随着网络拓扑的变化而动态地修改，静态路由一经配置就存在于路由表中。如果网络拓扑发生变化，网络管理员必须手工修改路由表。

与动态路由相比，配置静态路由的路由器之间不需要进行路由信息交换，这样可以节省网络带宽，提高路由器 CPU 和内存的利用率。但静态路由的网络扩展性较差，当网络拓扑发生变化的时候，动态路由可以自动根据新拓扑更新路由表，静态路由则需要管理员根据具体情况手工修改。

因此，静态路由用于网络规模不大、拓扑结构固定的网络中，也可以配合动态路由协议，作为它的补充在大规模的复杂网络中使用。静态路由因为是由管理员手工配置，所以优先级比动态路由高，也就是说，当路由表中针对同一个目的 IP 地址存在一条静态一条动态两条路由转发条目时，将按照静态路由条目进行转发。路由器通过"管理距离"来判断是否优先，管理距离代表着路由信息来源的可靠性。通常管理距离是 0~255 的一个整数，值越高则可靠性越低。管理距离为 255，则表示路由信息来源不可靠。表 8-1 所示为常见路由协议的默认管理距离值，静态路由默认值为 1。

表 8-1 常见路由协议的默认管理距离值

路由来源		默认管理距离
直连网络		0
静态路由		1
动态路由	OSPF	110
	ISIS	115
	RIP	120
不可达路由		255

8.2 静态路由配置

静态路由配置指令格式如下。

Ruijie(config)# ip route [vrf vrf_name] network mask {ip-address | interface-type interface-number [ip-address]} [distance] [tag tag] [permanent | track object-number] [weight weight] [disable | enable]

上面给出的是完整的命令格式，中括号内的指令可写可不写，花括号内给出的选项必须选一个。配置静态路由需要这么多的指令吗？其实，上面看似复杂的指令格式中很多是可选参数，配合其他技术时可能才用得到，我们经常用到的指令很简单，格式如下。

Ruijie(config)# ip route network mask ip-address

其中"network"表示要到达的目标网络；"mask" 表示要到达的目标网络相应的子网掩码；"ip-address"表示下一站的 IP 地址，即相邻路由器的端口 IP 地址。

图 8-1 中有 4 台路由器，通过同步串口连接，路由器 A 与路由器 D 上分别配置了环回接口，接口与 IP 地址如图所示。配置静态路由可以实现全网互通。

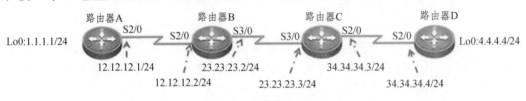

路由器A　　　　　　路由器B　　　　　　路由器C　　　　　　路由器D
　　S2/0　　　S2/0　　　S3/0　　　S3/0　　　S2/0　　　S2/0
Lo0:1.1.1.1/24　　　　　　　　　　　　　　　　　　　　　　Lo0:4.4.4.4/24
12.12.12.1/24　　　23.23.23.2/24　　　　34.34.34.3/24
　　　　12.12.12.2/24　　　23.23.23.3/24　　　34.34.34.4/24

图 8-1 静态路由配置

1. 配置接口 IP 地址

首先配置图中接口上的 IP 地址，路由器 A 的配置指令如下，其他路由器类似。

```
Ruijie> en                              // 切换到特权模式
Ruijie# conf t                          // 切换到全局配置模式
Ruijie(config)# hostname RouterA        // 更改路由器名字
RouterA(config)# line console 0         // 进入 Console 配置模式
RouterA(config-line)# exec-timeout 0 0  // 配置 Console 永不超时（为了方便实验，工作中这样配置不安全）
RouterA(config-line)# logging synchronous  // 配置 Console 的日志同步，输入命令时不会被一些弹出的日志打断
RouterA(config-line)# exit
RouterA(config)# int loopback 0         // 进入 loopback 0 端口配置模式
RouterA(config-if-Loopback 0)# ip address 1.1.1.1 255.255.255.0  // 配置 IP 地址与掩码
RouterA(config-if-Loopback 0)# exit     // loopback 端口不需要 no shutdown 激活
RouterA(config)# int s2/0               // 进入 Serial 2/0 端口配置模式
RouterA(config-if-Serial 2/0)# ip address 12.12.12.1 255.255.255.0  // 配置 IP 地址与掩码
RouterA(config-if-Serial 2/0)# no shutdown  // 激活端口
RouterA(config-if-Serial 2/0)# exit
```

　　在对交换机 A 的配置过程中并没有在端口 S2/0 上配置波特率，因为锐捷交换机在同步串口链路 DCE 端默认配置了 64 000 的波特率。下列指令查看端口 Serial 2/0 的配置信息。

```
RouterA#  show  running-config | begin interface
interface Serial 2/0
 encapsulation HDLC
 ip address 12.12.12.1 255.255.255.0
 clock rate 64000
!
```

　　这里需要注意：同步串口链路一端是 DCE，另一端是 DTE，波特率只能在 DCE 端配置，可以通过"show interfaces 端口号"查看端口类型。下列指令在路由器 B 的 S2/0 端口（DTE）配置波特率，提示错误。

```
RouterB# show interfaces s2/0              // 查看端口配置信息
Index(dec):3 (hex):3
Serial 2/0 is UP   , line protocol is UP
Hardware is SIC-1HS HDLC CONTROLLER Serial
Interface address is: 12.12.12.2/24
   MTU 1500 bytes, BW 2000 Kbit
   Encapsulation protocol is HDLC, loopback not set
   Keepalive interval is 10 sec , set
   Carrier delay is 2 sec
   RXload is 1 ,Txload is 1
   Queueing strategy: FIFO
     Output queue 0/40, 0 drops;
     Input queue 0/75, 0 drops
     1 carrier transitions
     V35 DTE cable        // 此端是 DTE
     DCD=up   DSR=up   DTR=up   RTS=up   CTS=up
5 minutes input rate 17 bits/sec, 0 packets/sec
5 minutes output rate 17 bits/sec, 0 packets/sec
   3113 packets input, 68896 bytes, 0 no buffer, 0 dropped
   Received 3108 broadcasts, 0 runts, 0 giants
   0 input errors, 0 CRC, 0 frame, 0 overrun, 0 abort
   3113 packets output, 68896 bytes, 0 underruns , 0 dropped
   0 output errors, 0 collisions, 1 interface resets
RouterB# conf t
RouterB(config)# interface s2/0
RouterB(config-if-Serial 2/0)# clock rate 128000     // 尝试更改波特率
clock rate setting is only valid for DCE ports.      // 错误提示，波特率只能配置在 DCE 端口
```

```
RouterB(config-if-Serial 2/0)#
```

2. 配置静态路由

4 台路由器上配置完接口 IP 地址后，可以分别查看每台设备上的路由表，使用"show ip route"指令，路由器 A 上的查看结果如下。

```
RouterA# show ip route
Codes:   C - connected, S - static, R - RIP, B - BGP
          O - OSPF, IA - OSPF inter area
          N1 - OSPF NSSA external type 1, N2 - OSPF NSSA external type 2
          E1 - OSPF external type 1, E2 - OSPF external type 2
          i - IS-IS, su - IS-IS summary, L1 - IS-IS level-1, L2 - IS-IS level-2
          ia - IS-IS inter area, * - candidate default
Gateway of last resort is no set
C     1.1.1.0/24 is directly connected, Loopback 0
C     1.1.1.1/32 is local host.
C     12.12.12.0/24 is directly connected, Serial 2/0
C     12.12.12.1/32 is local host.
RouterA #
```

结果中可以看出，路由器 A 有两个直连网段，字母"C"代表 connected，是直连路由的意思，类似的，字母"S"代表静态路由，字母"R"代表 RIP 动态路由等。网段"1.1.1.0/24"与"12.12.12.0/24"是直连网段，所连接的接口分别是"Loopback 0"和"Serial 2/0"。"1.1.1.1"和"12.12.12.1"是路由器接口上配置的 IP 地址。其他 3 台路由器上的配置信息与路由器 A 类似。

此时在路由器 A 上使用"ping"命令测试直连网段"12.12.12.0/24"中"12.12.12.2"的连通性。

```
RouterA(config)# exit
RouterA# ping 12.12.12.2                     // 使用 ping 测试与 12.12.12.2 的连通性
Sending 5, 100-byte ICMP Echoes to 12.12.12.2, timeout is 2 seconds:
   < press Ctrl+C to break >
!!!!!                                         // 感叹号表示连通
Success rate is 100 percent (5/5), round-trip min/avg/max = 30/32/40 ms
RouterA# ping 12.12.12.2 source 1.1.1.1      // 使用源地址为 1.1.1.1 的扩展 ping 测试与 12.12.12.2 的
连通性
Sending 5, 100-byte ICMP Echoes to 12.12.12.2, timeout is 2 seconds:
   < press Ctrl+C to break >
.....                                         // 点表示不能连通
Success rate is 0 percent (0/5)
```

```
RouterA#
```

直接使用"ping"命令时，ICMP 数据包中的 IP 源地址是与目标地址在同一网段的"12.12.12.1"，目标地址是"12.12.12.2"。在路由器 A 中查找路由表，能够找到对应的表项"C 12.12.12.0/24 is directly connected, Serial 2/0"，因此，数据包从 Serial 2/0 接口发出。路由器 B 从 S2/0 接口接收到该数据包之后将发送 ICMP 应答数据包，应答数据包中的源 IP 地址和目的 IP 地址与 ICMP 请求数据包中的源 IP 地址和目的 IP 地址位置互换，目的地址为"12.12.12.1"。在路由器 B 中查找路由表，也能找到对应的表项"C 12.12.12.0/24 is directly connected, Serial 2/0"，所以应答数据包从路由器 B 的 Serial 2/0 接口发出，路由器 A 收到后认为路由器 B （12.12.12.2）可达。

当使用扩展 ping 命令"ping 12.12.12.2 source 1.1.1.1"时，我们指定了 ICMP 数据包中的 IP 源地址是"1.1.1.1"，目标 IP 地址仍然是"12.12.12.2"。在路由器 A 中查路由表后从 Serial 2/0 接口发出，路由器 B 从 S2/0 接口收到该数据包之后将发送 ICMP 应答数据包，应答数据包中的源 IP 地址和目的 IP 地址与 ICMP 请求数据包中的源 IP 地址和目的 IP 地址位置互换，目的地址为"1.1.1.1"，在路由器 B 中查找路由表，找不到对应表项，因此，次数据包丢掉。所以路由器 A 收不到 ICMP 应答数据包，路由器 A 认为路由器 B（12.12.12.2）不可达。

在路由器 B 上配置静态路由，增加一条静态路由表项，告诉路由器 B 要想把数据包送到"1.1.1.0/24"可以通过自己的 S2/0 接口发出去，交给"12.12.12.1"。

```
RouterB# conf t
RouterB(config)# ip route 1.1.1.0    255.255.255.0 s2/0 12.12.12.1
RouterB(config)# end
RouterB# show ip route
Codes:   C - connected, S - static, R - RIP, B - BGP
         O - OSPF, IA - OSPF inter area
         N1 - OSPF NSSA external type 1, N2 - OSPF NSSA external type 2
         E1 - OSPF external type 1, E2 - OSPF external type 2
         i - IS-IS, su - IS-IS summary, L1 - IS-IS level-1, L2 - IS-IS level-2
         ia - IS-IS inter area, * - candidate default
Gateway of last resort is no set
S    1.1.1.0/24 [1/0] via 12.12.12.1, Serial 2/0
C    12.12.12.0/24 is directly connected, Serial 2/0
C    12.12.12.2/32 is local host.
C    23.23.23.0/24 is directly connected, Serial 3/0
C    23.23.23.2/32 is local host.
RouterB#
```

查看路由器 B 上的路由表可以看到"S"标记的静态路由表项，这是刚刚用指令添加的。再次使用扩展 ping 命令测试路由器 A 与 B 的连通性，结果是可以连通的。

```
RouterA# ping 12.12.12.2 source 1.1.1.1
```

```
Sending 5, 100-byte ICMP Echoes to 12.12.12.2, timeout is 2 seconds:
  < press Ctrl+C to break >
!!!!!
Success rate is 100 percent (5/5), round-trip min/avg/max = 30/30/30 ms
RouterA#
```

在路由器 A 上继续向右方的 IP 地址进行 ping 测试，测试 "23.23.23.2" 是否能够 "ping"
通，发现无论是普通 ping 还是扩展 ping 都无法 "ping" 通 IP 地址 "23.23.23.2"。IP 地址
"12.12.12.2" 与 "23.23.23.2" 在同一台路由器上，为什么 "12.12.12.2" 能 "ping" 通而 "23.23.23.2"
不行呢？原因很简单，在路由器 A 上并不存在通往 "23.23.23.0/24" 网段的路由表项，换句话
说，路由器 A 不知道应该将目的地址为 "23.23.23.0/24" 的数据包向哪个接口发出。下面在路
由器 A 上添加静态路由，命令如下。

```
RouterA# conf t
RouterA(config)#   ip route 23.23.23.0 255.255.255.0 12.12.12.2     // 静态路由，指定下一站的 IP
RouterA(config)# end
RouterA# show ip route
Codes:   C - connected, S - static, R - RIP, B - BGP
         O - OSPF, IA - OSPF inter area
         N1 - OSPF NSSA external type 1, N2 - OSPF NSSA external type 2
         E1 - OSPF external type 1, E2 - OSPF external type 2
         i - IS-IS, su - IS-IS summary, L1 - IS-IS level-1, L2 - IS-IS level-2
         ia - IS-IS inter area, * - candidate default
Gateway of last resort is no set
C     1.1.1.0/24 is directly connected, Loopback 0
C     1.1.1.1/32 is local host.
C     12.12.12.0/24 is directly connected, Serial 2/0
C     12.12.12.1/32 is local host.
S     23.23.23.0/24 [1/0] via 12.12.12.2
RouterA# conf t
RouterA(config)# no ip route 23.23.23.0 255.255.255.0 12.12.12.2      // 取消上一步添加的静态路由
RouterA(config)# ip route 23.23.23.0 255.255.255.0 s2/0 12.12.12.2    // 静态路由，指定出接口和下一
站的 IP
RouterA(config)# end
RouterA# sh ip route
Codes:   C - connected, S - static, R - RIP, B - BGP
         O - OSPF, IA - OSPF inter area
         N1 - OSPF NSSA external type 1, N2 - OSPF NSSA external type 2
         E1 - OSPF external type 1, E2 - OSPF external type 2
         i - IS-IS, su - IS-IS summary, L1 - IS-IS level-1, L2 - IS-IS level-2
```

```
            ia - IS-IS inter area, * - candidate default
Gateway of last resort is no set
C      1.1.1.0/24 is directly connected, Loopback 0
C      1.1.1.1/32 is local host.
C      12.12.12.0/24 is directly connected, Serial 2/0
C      12.12.12.1/32 is local host.
S      23.23.23.0/24 [1/0] via 12.12.12.2, Serial 2/0
RouterA#
```

上面的指令添加了一条静态路由，之后使用"no"指令取消了，然后再次添加了这条静态路由。两次添加的静态路由有一点区别：第一次并没有指定数据包发出时的接口，只有下一站的 IP 地址；第二次指定得比较明确，两者都有。不同的命令可以完成相同的效果：为"23.23.23.0/24"网段指明方向，但产生的路由表项也存在差异，仔细观察两次"show ip route"的结果。第一次的路由表项中并没有出接口，只有"via 12.12.12.2"（通过 12.12.12.2 转发），路由器将再次查表"C   12.12.12.0/24 is directly connected, Serial 2/0"才能确定数据包从 Serial 2/0 发出。通常在以太网链路上配置静态路由的时候，配置下一站的 IP 地址即可。

在路由器 A 上"ping"路由器 C 上的"23.23.23.3",发现是不通的。在路由器 A 和 C 上使用命令"show ip route"查看路由表发现两个路由器上都存在针对"23.23.23.0/24"的路由转发表项，ICMP 请求数据包最终可以被路由器 C 的 S3/0 接口收到，而在路由器 C 上查看路由表却发现没有返回的路由表项，路由器 C 不知道如何将数据包送回到"12.12.12.1"和"1.1.1.1"地址去，所以 ICMP 应答数据包无法返回。为了解决这个问题，需要给路由器 C 添加静态路由表项，在路由器 C 上添加下列指令。

```
RouterC(config)# ip route 12.12.12.0 255.255.255.0 s3/0 23.23.23.2
RouterC(config)# ip route 1.1.1.0 255.255.255.0 s3/0    23.23.23.2
```

再次测试路由器 A 与"23.23.23.3"的连通性，这次可以"ping"通了。

在路由器 A 上使用"ping"来测试"34.34.34.3"连通性，结果是不通的，根据前面的分析，自然能找出原因：路由器 A 并不知道如何达到"34.34.34.0/24"，因为路由器 A 的路由表中没有这一表项。在路由器 A 上添加下列指令，告诉路由器 A 从 S2/0 接口发出数据包交给对端"12.12.12.2"接口。

```
RouterA(config)# ip route 34.34.34.0 255.255.255.0 s2/0    12.12.12.2
```

再次测试与"34.34.34.3"的连通性，还是不通，不难分析得到：虽然路由器 A 把数据包从 S2/0 接口交给了路由器 B，但路由器 B 上不存在到达"34.34.34.3"的路由表项，因此，路由器 B 无法帮路由器 A 转发此数据包，路由器 B 将发一个数据包（目的网段不可达）告诉路由器 A 它丢掉了此数据包。解决办法是给路由器 B 添加此路由即可。

```
RouterB(config)# ip route 34.34.34.0 255.255.255.0 s3/0 23.23.23.3
```

继续使用"ping"测试下一个 IP"34.34.34.4"的连通性，依然是不通的，很容易分析出原因：路由器 D 上并没有返回数据包的路由表项，在路由器 D 上添加下列指令。

RouterD(config)# ip route 12.12.12.0 255.255.255.0 s2/0 34.34.34.3

RouterD(config)# ip route 1.1.1.0 255.255.255.0 s2/0 34.34.34.3

在告诉路由器 D 如何到达"12.12.12.0/24"和"1.1.1.0/24"之后，在路由器 A 上再次使用"ping"测试，"34.34.34.4"可达。

最后一步是测试"4.4.4.4"的可达性。由于路由器 A、B、C 都没有相应路由表项，所以都需要添加。

RouterA(config)# ip route   4.4.4.0 255.255.255.0 s2/0 12.12.12.2

RouterB(config)# ip route 4.4.4.0 255.255.255.0 s3/0 23.23.23.3

RouterC(config)# ip route 4.4.4.0 255.255.255.0 s2/0 34.34.34.4

至此，在路由器 A 可以"ping"通拓扑中所有的 IP 地址。在 4 台路由器上查看路由表，每台设备都具备了到达 5 个网段的静态路由表项，其中 2 个是直连网段，3 个是非直连网段。只有路由器 D 缺少去往"23.23.23.0/24"网段的路由，在路由器 D 上"ping"不通 23.23.23.2，可以添加此路由，这样就做到了全网互通。

RouterD(config)# ip route 23.23.23.0 255.255.255.0 s2/0 34.34.34.3

8.3　静态默认路由

静态默认路由是一种特殊的静态路由，当路由表中的明确表项都无法匹配数据包中的目的网络时，就按照静态默认路由表项转发。常用的静态默认路由的命令格式如下。

Ruijie(config)#　ip　route　0.0.0.0　0.0.0.0　ip-address

其中的"0.0.0.0　0.0.0.0"是静态默认路由的显著特征，前面的"0.0.0.0"代表所有的网络，后面的"0.0.0.0"代表相应的子网掩码，需要再次强调的是：当路由表中其他更为精确的路由条目无法完成路由的正常转发时，默认路由才会被路由器选用。

图 8-1 所示拓扑中，设备配置静态路由实现全网互通后，在路由器 A 上查看路由表，发现配置的 3 条静态路由非常相似。

RouterA# show ip route

Codes: C - connected, S - static, R - RIP, B - BGP

　　　　O - OSPF, IA - OSPF inter area

　　　　N1 - OSPF NSSA external type 1, N2 - OSPF NSSA external type 2

　　　　E1 - OSPF external type 1, E2 - OSPF external type 2

　　　　i - IS-IS, su - IS-IS summary, L1 - IS-IS level-1, L2 - IS-IS level-2

　　　　ia - IS-IS inter area, * - candidate default

Gateway of last resort is no set

C   1.1.1.0/24 is directly connected, Loopback 0

```
C        1.1.1.1/32 is local host.
S        4.4.4.0/24 [1/0] via 12.12.12.2, Serial 2/0
C        12.12.12.0/24 is directly connected, Serial 2/0
C        12.12.12.1/32 is local host.
S        23.23.23.0/24 [1/0] via 12.12.12.2, Serial 2/0
S        34.34.34.0/24 [1/0] via 12.12.12.2, Serial 2/0
RouterA#
```

可以看出配置的 3 条路由都是通过端口 Serial 2/0 转发，下一跳地址都是 "12.12.12.2"。再看一下路由器 A 在图 8-1 所示拓扑中的位置，原来它是 "末端"（stub），所谓 "末端" 是指当这个设备访问网络中其他设备时，只有一个对外的出口，就好像公交车站的终点站一样。所以路由器 A 要想与其他设备通信都是从 Serial 2/0 端口转发，在这种情况下，非常适合使用 1 条默认路由代替 3 条精确路由。

```
RouterA(config)# no ip route 4.4.4.0 255.255.255.0 s2/0 12.12.12.0
RouterA(config)# no ip route 23.23.23.0 255.255.255.0
RouterA(config)# no ip route 34.34.34.0 255.255.255.0
RouterA(config)# end
RouterA# show ip route
Codes:     C - connected, S - static, R - RIP, B - BGP
           O - OSPF, IA - OSPF inter area
           N1 - OSPF NSSA external type 1, N2 - OSPF NSSA external type 2
           E1 - OSPF external type 1, E2 - OSPF external type 2
           i - IS-IS, su - IS-IS summary, L1 - IS-IS level-1, L2 - IS-IS level-2
           ia - IS-IS inter area, * - candidate default
Gateway of last resort is no set
C        1.1.1.0/24 is directly connected, Loopback 0
C        1.1.1.1/32 is local host.
C        12.12.12.0/24 is directly connected, Serial 2/0
C        12.12.12.1/32 is local host.
RouterA# conf t
RouterA(config)# ip route 0.0.0.0 0.0.0.0 s2/0 12.12.12.2     // 配置默认路由
RouterA(config)# exit
RouterA# show ip route static                                 // 显示路由表中静态路由表项
S*       0.0.0.0/0 [1/0] via 12.12.12.2, Serial 2/0           // S* 代表默认路由
RouterA#
```

上面的指令首先取消了已经配置的 3 条静态路由，取消 "4.4.4.0/24" 时在原先完整的配置指令前添加 "no"，其他两条没有添加出站端口号与下一站 IP 地址也是可以的。添加 1 条默认路由后仍然全网互通，效果和之前 3 条精确路由一样。

8.4 浮动静态路由

数据包通过路由器转发时需要通过查询路由表才能确定转发（出方向）端口，一旦路由表稳定后，所有相同目的地址的数据包都会依赖路由表中的表项进行转发。由于静态路由是管理员手工添加的，缺少根据网络拓扑变化实时更新路由表的功能，因此存在这样一种情况，就是当下一站转发设备发生故障时，路由器还是会依据原路由表转发，将数据包交给发生故障的设备，哪怕另外还有一条正常的数据传输路径。换句话说，路由器缺乏在故障发生时自动切换到备用链路的能力。

浮动静态路由就是通过给路由器配置备份的路由表项，使路由器在主链路出现故障时能够自动切换至次优的备件链路。图 8-2 中，路由器 A 到达路由器 C 有两条物理链路，配置 IP 地址和静态路由后能够实现全网互通。在路由器 A 上能够"ping"通"3.3.3.3"，但是当正常转发数据的路径发生故障时，路由器不能切换数据传输通路，从另外一条物理链路上传输数据。

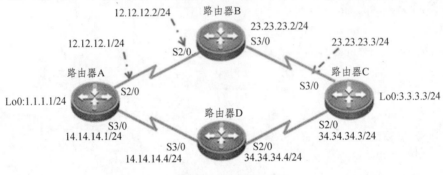

图 8-2 浮动静态路由

1. 基本配置

根据图 8-2 的拓扑配置接口 IP 地址及静态路由。配置完毕后，在 4 台路由器上查看路由表如下所示。

```
RouterA# show ip route static
S      3.3.3.0/24 [1/0] via 12.12.12.0, Serial 2/0
S      23.23.23.0/24 [1/0] via 12.12.12.0, Serial 2/0
S      34.34.34.0/24 [1/0] via 12.12.12.0, Serial 3/0
RouterA#
RouterB# show ip route static
S      1.1.1.0/24 [1/0] via 12.12.12.1, Serial 2/0
S      3.3.3.0/24 [1/0] via 23.23.23.3, Serial 3/0
S      14.14.14.0/24 [1/0] via 12.12.12.1, Serial 2/0
S      34.34.34.0/24 [1/0] via 23.23.23.3, Serial 3/0
RouterB#
RouterC# show ip route static
```

```
S      1.1.1.0/24 [1/0] via 34.34.34.4, Serial 2/0
S      12.12.12.0/24 [1/0] via 23.23.23.2, Serial 3/0
S      14.14.14.0/24 [1/0] via 34.34.34.4, Serial 2/0
RouterC#
RouterD# show ip route static
S      1.1.1.0/24 [1/0] via 14.14.14.1, Serial 3/0
S      3.3.3.0/24 [1/0] via 34.34.34.3, Serial 2/0
S      12.12.12.0/24 [1/0] via 14.14.14.1, Serial 3/0
S      23.23.23.0/24 [1/0] via 34.34.34.3, Serial 2/0
RouterD#
```

通过查看路由表，我们能够分析出当在路由器 A 上以"1.1.1.1"为源地址 ping "3.3.3.3"时，数据传输的路径是路由器 A→路由器 B→路由器 C→路由器 D→路由器 A 这样的一个环路。为了能更好地观察实验效果，首先在路由器 A 上使用指令"ping 3.3.3.3 source 1.1.1.1 ntimes 1000"来 ping 地址"3.3.3.3" 1000 次，这个过程需要很久，在这个过程中，使用指令"shutdown"关闭路由器 B 的 S2/0 端口，路由器 A 上将检测到对端端口失效，从而本地 F0/0 端口也变为"down"状态。ping 过程中的"!"变为".",表示不通了。需要用到的指令与提示如下所示。

```
RouterA#
RouterA# ping 3.3.3.3 source 1.1.1.1 ntimes 1000
Sending 1000, 100-byte ICMP Echoes to 3.3.3.3, timeout is 2 seconds:
  < press Ctrl+C to break >
  !!!!!!!!!!!!!!!!!!!!!!!!!!!!!!!!!!!!!!!!!!!!!!!!!!!!!!!!!!!!!!!!!!!!!!!!!!!!!!!!!!
  !!!!!!!!!!!!!!!!!!!!!!!!!!!! !!!!!! !!!!!! !!!!!! !!!!!! !!!!!! !!!!!! !!!!!! !!!!!!!!!!.
  *Aug 23 15:37:52: %LINK-3-UPDOW Interface Serial 2/0, changed state to down.
  *Aug 23 15:37:52: %LINEPROTO-5-UPDOWN: Line protocol on Interface Serial 2/0,anged state to
down.
  ...............................
  RouterB(config)# int s2/0
  RouterB(config-if-Serial 2/0)# shutdown              // 路由器 B 上关闭 F0/0 端口
  RouterB(config-if-Serial 2/0)#
  *Aug 23 15:18:32: %LINK-5-CHANGED: Interface Serial 2/0, changed state to administratively down.
  *Aug 23 15:18:32: %LINEPROTO-5-UPDOWN: Line protocol on Interface Serial 2/0, changed state to
down.
  RouterB(config-if-Serial 2/0)#
```

再次使用指令"no shutdown"激活路由器 B 的 S2/0 端口后，路由器 A 上的 ping 过程再次正常，提示符变为"!"。

2. 配置浮动静态路由

在路由器 A 上添加下列静态路由，对目的地为"3.3.3.0/24"的数据包从 S3/0 端口转发，需要注意：这一条指令并不会替换原先已经配置的从 S2/0 端口转发数据包的路由表项。并且这一条指令最后多了一个数字"50"，这个数字表示正在添加的这条路由表项的管理距离，静态路由默认值是"1"，越小越优先。

```
RouterA# conf t
RouterA(config)# ip route 3.3.3.0 255.255.255.0 s3/0    14.14.14.4 50
添加完之后在路由器 A 上查看路由表信息。
RouterA(config)# exit
RouterA# show ip route static          // 查看路由表中的静态路由
S       3.3.3.0/24 [1/0] via 12.12.12.0, Serial 2/0
S       23.23.23.0/24 [1/0] via 12.12.12.0, Serial 2/0
S       34.34.34.0/24 [1/0] via 12.12.12.0, Serial 3/0
RouterA# show run | b ip route          // 从字符串"ip route"开始查看 running-config 文件中内容
ip route 3.3.3.0 255.255.255.0 Serial 2/0 12.12.12.0
ip route 3.3.3.0 255.255.255.0 Serial 3/0 14.14.14.4 50          // 添加的浮动静态路由
ip route 23.23.23.0 255.255.255.0 Serial 2/0 12.12.12.0
ip route 34.34.34.0 255.255.255.0 Serial 3/0 12.12.12.0
!
!
!
!
ref parameter 50 400
line con 0
  logging synchronous
  exec-timeout 0 0
line aux 0
line vty 0 4
  login
!
!
end
RouterA#
```

刚刚添加的路由表项在路由表中没有出现，但是配置指令确实已经生效了，因为在 running-config 配置文件中已经出现了。浮动静态路由不同于其他路由，当链路正常时它不出现在路由表中，出现在路由表中的是首选路径，如果首选路径断开时，浮动静态路由才会出现在路由表中。也可以这样理解：用到浮动静态路由的时候，它才会出现在路由表中。

再次在路由器 A 上使用指令"ping 3.3.3.3 source 1.1.1.1 ntimes 1000"来 ping 地址"3.3.3.3"1000 次，在这个过程中断开路由器 B 的 S2 /0 端口，可以发现只有在切换链路时丢了一个包，ping 的过程全部是"!"提示符。

在路由器 S2/0 端口断开的情况下，使用"Ctrl + C"中断路由器 A 上 ping 的过程，查看路由表，此时的表项为浮动静态路由。

```
RouterA# show ip route static
S       3.3.3.0/24 [50/0] via 14.14.14.4, Serial 3/0 // 浮动静态路由，方括号中第一个数字是管理距离 50
S       34.34.34.0/24 [1/0] via 12.12.12.0, Serial 3/0
RouterA#
```

使用"no shutdown"指令恢复路由器 S2/0 端口为正常后，数据通路又还原为路由器 A→路由器 B→路由器 C→路由器 D→路由器 A 这样的一个环路，路由表中的浮动静态路由又会消失。

8.5 静态路由与 Track/RNS 联动

浮动静态路由能够为主链路提供一条备份链路，根据主链路的连接情况而自动"浮动"，即生效或者失效。然而仅仅只有浮动静态路由还不能解决实际工程中遇到的问题。例如，图 8-2 中的拓扑中已经配置了浮动静态路由，当路由器 B 的端口断开时，路由器 A 会将发往"3.3.3.3"去的数据包切换到备份链路上传输。但是，当路由器 B 的 S3/0 端口断开时，路由器 A 是无法得知这个事件的，它会仍然向路由器 B 转发数据，路由器 B 会将无法送达的数据包丢掉。交换机 C 的 S3/0 端口断开时也类似，此时的路由器 A 无法实现自动切换路径的功能，如果交换机 A 具备能定时探测链路是否正常工作的功能，就可以解决这个问题了。锐捷设备上可以使用 Track 和 RNS 一起来解决这个问题。

8.5.1 Track 和 RNS 概念

RNS 是锐捷网络服务（Ruijie Network Service）的缩写，RNS 通过探测对端设备是否有响应报文来监控端到端连接的完整性。利用 RNS 的探测结果，用户可以对网络故障进行诊断和定位。目前锐捷实现了 Icmp-echo 和 DNS 两种探测协议类型。

Track 是一种跟踪探测机制，使用它可以实现接口链路状态和网络可达性的监测模块与应用模块之间的联动。它可以屏蔽不同监测模块的差异，简化应用模块的处理。一个 Track 对象可以跟踪一个 IP 地址是否可达，也可以跟踪一个接口是否是 up 的。Track 功能分离了要跟踪的对象和对这个对象状态感兴趣的模块。

RNS 与 Track 配合使用的逻辑通常是这样的：首先，配置一个 RNS 对象，根据检测链路两端设备的支持情况，选择采用发送 Icmp echo 报文还是 DNS 报文定期探测。然后，创建一个 Track 对象来跟踪这个 RNS 对象的状态，如果 RNS 对象发送的报文有收到响应报文，则 Track 对象状态为 up，相反 Track 对象状态为 down。最后，在实际的功能模块（如浮动静态路由、策略路由）VRRP 协议中关联 Track 对象，检测感兴趣的链路是否出现故障，以便切换链路、主备设备切换等。

8.5.2　静态路由与 Track/RNS 联动配置

在图 8-2 所示拓扑中配置完浮动静态路由后，路由器 A 能够对路由器 A 与 B 之间的链路状态改变做出响应，切换数据传输链路。但对于路由器 B 与 C 之间的链路，路由器 A 无法检测到。在路由器 A 上配置 RNS 与 Track 能够完成路由器 A 到 C 之间链路状态的监测。

1. 配置 RNS

在路由器上创建 RNS 对象，创建时指定一个数字，用以区分不同 RNS 对象。

```
RouterA# conf t
RouterA(config)# ip rns ?
  <1-500>  Entry number          // 最多支持 500 个
RouterA(config)# ip rns 1        // 创建编号为 1 的 rns
RouterA(config-ip-rns)# ?
IP RNS configuration commands:
    dns          DNS Operation                               // DNS 探测类型
    end          Exit from ip rns configuration mode
    exit         Exit from ip rns configuration mode
    help         Description of the interactive help system
    icmp-echo    ICMP Echo Operation                         // Icmp-echo 探测类型
    show         Show running system information
RouterA(config-ip-rns)# icmp-echo ?
    A.B.C.D      Destination IP address, broadcast disallowed
RouterA(config-ip-rns)# icmp-echo 23.23.23.3
// 配置发送 ICMP 报文来监测与 IP 地址"23.23.23.3"之间的链路状态,还可以添加配置 source-ipaddr
选项
    RouterA(config-ip-rns-icmp-echo)# ?              // 进入 rns-icmp-echo 配置模式
icmp echo configuration commands:
    end          Exit from icmp_echo configuration mode
    exit         Exit from icmp_echo configuration mode
    frequency    Frequency of an operation            // rns 发送报文的间隔，单位是毫秒。
    help         Description of the interactive help system
    no           Negate a command or set its defaults
    show         Show running system information
    timeout      Timeout of an operation              // rns 发送报文后判断超时的时间，单位是毫秒
    vrf          Set vrf
RouterA(config-ip-rns-icmp-echo)# frequency 1000    // 1000 ms 发送一次
%Illegal Value:  Cannot set Frequency to be less than Timeout    // 错误提示，配置的 frequency 间隔
时间必须大于等于超时时间。Icmp-echo 报文默认的超时时间是 5 s，DNS 报文默认的超时时间是 9 s。
```

```
RouterA(config-ip-rns-icmp-echo)# timeout 1000          // 配置超时时间为 1 s
RouterA(config-ip-rns-icmp-echo)# frequency 1000        // 配置 frequency 间隔时间为 1 s
RouterA(config-ip-rns-icmp-echo)# exit
RouterA(config)#
```

以上指令创建了一个 RNS 对象，每 1 s 会向 IP 地址"23.23.23.3"发送一个 Icmp 请求报文，并且监听对方收到后发回的 Icmp 应答报文，超过 1 s 还没收到就认为检测失败。

2. 配置 Track

下面创建一个 Track 对象，它将跟踪 RNS 对象的状态。创建时需要指定编号，最多 700 个。

```
RouterA(config)#   track 10   rns 1          // 创建编号为 10 的 Track 对象跟踪编号为 1 的 rns
RouterA(config-track)# ?
IP RNS configuration commands:
    delay    Tracking delay                         // 可以指定状态改变时延
    end      Exit from ip track configuration mode
    exit     Exit from ip track configuration mode
    help     Description of the interactive help system
    no       Negate a command or set its defaults
    show         Show running system information
RouterA(config-track)#
```

Track 配置模式下的"delay"是可选指令，设置一个时间量，当 Track 对象监测的 rns 对象的状态发生变化时，经过这段时间后才会改变状态，默认没有延迟。

3. 静态路由联动 Track

在路由器 A 上将原先通往"3.3.3.3"的路由表项取消，添加联动 Track 对象的静态路由。

```
RouterA# show run | b ip route          // 从字符串"ip route"开始查看 running-config 文件中内容
ip route 3.3.3.0 255.255.255.0 Serial 3/0 14.14.14.4 50
ip route 3.3.3.0 255.255.255.0 Serial 2/0 12.12.12.0          // 通往"3.3.3.3"的路由表项
ip route 23.23.23.0 255.255.255.0 Serial 2/0 12.12.12.0
ip route 34.34.34.0 255.255.255.0 Serial 3/0 12.12.12.0
!
RouterA# conf t
RouterA(config)#   no ip route 3.3.3.0 255.255.255.0 Serial 2/0 12.12.12.0     // 取消静态路由表项
RouterA(config)#   ip route 3.3.3.0 255.255.255.0 Serial 2/0 12.12.12.0 track 10
// 添加关联 Track 10 的静态路由表项
```

配置完成后在路由器 A 上查看 Track 的状态，查看路由表信息。

```
RouterA# show track
```

```
Track 10                          // 10 号 Track
    Reliable Network Service 1
    The state is Up               // 状态为 up
       1 change,current state last:1514 secs
    Delay up 0 secs,down 0 secs
RouterA#  show  ip  route  static          // 查看路由器 A 上的静态路由表
S      3.3.3.0/24 [1/0] via 12.12.12.0, Serial 2/0   // 此时通往 "3.3.3.3" 的是主链路，管理距离为 1
S      23.23.23.0/24 [1/0] via 12.12.12.0, Serial 2/0
S      34.34.34.0/24 [1/0] via 12.12.12.0, Serial 3/0
RouterA#
```

断开路由器 B 与 C 之间的链路后，再次在路由器 A 上查看 Track 的状态。

```
RouterB(config-if-Serial 3/0)# shutdown          // 关闭路由器 B 的 S3/0 端口
*Aug 24 11:51:24: %LINK-5-CHANGED: Interface Serial 3/0, changed state to administratively down.
*Aug 24 11:51:24: %LINEPROTO-5-UPDOWN: Line protocol on Interface Serial 3/0, changed state to down.
RouterB(config-if-Serial 3/0)#
RouterA# show track           // 路由器 A 上查看 Track 的状态
Track 10
    Reliable Network Service 1
    The state is Down          // 状态变为 down 了
       2 change,current state last:4 secs
    Delay up 0 secs,down 0 secs
RouterA#  show  ip  route  static          // 查看路由器 A 上的静态路由表
S      3.3.3.0/24 [50/0] via 14.14.14.4, Serial 3/0   //此时通往 "3.3.3.3" 的是备用链路，管理距离为 50
S      23.23.23.0/24 [1/0] via 12.12.12.0, Serial 2/0
S      34.34.34.0/24 [1/0] via 12.12.12.0, Serial 3/0
RouterA#
```

能够看出，当路由器 B 的 S3/0 端口被 "shutdown" 关闭后，路由器 A 的 Track 对象检测到并且将状态置位 "Down"，与此 Track 对象关联的静态路由失效，同时浮动静态路由生效，加入到了路由表中，实现了数据传输链路的自动切换。

第9章　RIP 路由协议

RIP（Routing Information Protocol，路由信息协议）是动态路由协议中的一种，它出现得比较早，20 世纪 80 年代由 Xerox 公司和加州大学伯克利分校开发与集成，那个时代计算机网络刚刚出现不久，RIP 协议一边被完善一边被应用，以至于它还没有成为正式标准之前就已经广泛流行了。1988 年制定的 RFC 1058 对 RIP 协议的实现细节做了说明，后来被称为 RIPv1。1998 年 IETF 推出了 RIP 改进版本的正式标准 RFC 2453，即 RIPv2。

9.1　RIP 协议的特点

RIP 是一种基于距离矢量(Distance-Vector)算法的路由协议，这种算法在 ARPANET 出现之前就存在了。其中的"距离"是由数据包从源路由器到达目的地的路径上经过路由器的个数确定的。"矢量"包含的意思中除了大小还有方向，方向指的是路由器从哪个端口转发数据，不同的端口代表不同的方向。例如：小明告诉小华说"从我家坐公交车到动物园有 5 站"，同时小华知道从自己家到小明家坐公交需要 1 站，那么小华在计算从自己家到动物园距离的时候必须要知道方向，因为有可能是 6 站也有可能是 4 站。

RIP 协议适用于小型计算机网络，RIP 支持的最大跳数是 15 跳，也就是说从源路由器到目的地之间的路径上最多存在 15 个路由器，如果超出这个数，RIP 运行的算法会认为目的网络不可达。这里需要注意的是，并非运行 RIP 路由协议的网络中最多只能有 15 台路由器，而是网络中最长的转发路径不能超过 15。

RIP 的实现、原理与配置都很简单：从邻居那里收集路由信息，在本设备上通过路由算法计算后更新自己的路由表。RIP 属于早期动态路由协议的一种，由于其自身特点的一些限制，目前在实际应用中使用得比较少。但学习 RIP 对于理解距离矢量路由协议是有帮助的。

9.2　RIP 协议的工作原理

运行 RIPv1 的路由器将定期发送路由更新报文给邻居，其中包含自己的整张路由表，邻居是指和本设备直接物理连接的设备。运行 RIPv2 的路由器同样也定期发送自己的路由表给邻居，但与 RIPv1 不同的是 RIPv2 通过组播（224.0.0.9）方式发送，而 RIPv1 通过广播方式发送。默认情况下，定期发送路由更新报文的时间是 30 s。

既然每台路由器都向邻居发送路由表，就意味着每台路由器都能收到邻居发来的路由表。路由器检查收到的路由表中的表项可能遇到 3 种情况：

1. 新路由表项

如果发现收到的路由表中的表项在本设备中不存在，则将此表项添加到自己的路由表中，下一跳地址填写收到的更新报文的源地址，距离比更新报文中此条路由表项的度量值（Metric）多1。

2. 本地路由表中存在，并且来源一样

如果收到的路由表项原先已经存在于本地路由表中，并且来源一样，则更新，即下一跳地址填写收到的更新报文的源地址，距离比更新报文中此条路由表项的度量值多1。例如：小明已经知道路过小华家坐公交车到动物园有5站，后来又收到小华发来消息说"从我家坐公交车到动物园有6站"，这时小明将会更新原先记录的"5站"的旧信息，小明会认为：路过小华家坐公交车到动物园有6+1=7站。只要来源（小华发来的消息）一样，不论新的路由更新中的距离是大了还是小了，都要更新。这种机制能够保证最新的路由更新能够顺利传递。

3. 本地路由表中存在，但来源不一样

这种情况下就要比较收到的路由表项与原先存在的路由表项中谁的度量值更小了，优先选择度量值小的。例如：小明已经知道路过小华家坐公交车到动物园有5站，这时收到小丽发来消息说"从我家坐公交车到动物园有3站"，小明计算后知道如果路过小丽家坐公交车到动物园有3+1=4站，比原先记录的5站小，因此更新记录，小明记录下来的会是自己坐公交车去动物园有4站路，下一站去小丽家所在的公交站。如果新收到的路由表项中的距离与原先相等或者还要大，就直接忽略。

9.3 RIP 协议的基本配置

RIP是动态路由协议，路由表能够根据拓扑变化自动调整，而且配置过程比静态路由协议要简单，基本配置只需要启动RIP进程、定义关联网络两个步骤。对图9-1所示网络中的路由器配置RIP协议，实现全网互通。

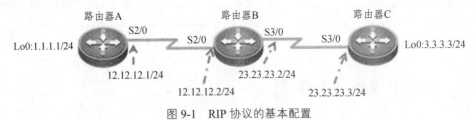

图9-1　RIP 协议的基本配置

9.3.1 RIPv1 的配置

1. 配置接口 IP 地址

```
Ruijie> en
Ruijie# conf t
```

```
Ruijie(config)# hostname RouterA
RouterA(config)# line console 0
RouterA(config-line)# exec-timeout 0 0          // 超时时间
RouterA(config-line)# logging synchronous       // 日志同步
RouterA(config-line)# exit
```

以上指令配置了路由器的主机名与 Console 配置控制台的超时时间（永不超时），为了在输入命令时不会被一些弹出的日志打断，还配置了 Console 的日志同步。其他两台路由器需要同样操作，指令省略。

路由器 A 上的配置：

```
RouterA(config)# int s2/0
RouterA(config-if-Serial 2/0)# ip add 12.12.12.1 255.255.255.0
RouterA(config-if-Serial 2/0)# no shut
RouterA(config-if-Serial 2/0)# exit
RouterA(config)# int loopback 0
RouterA(config-if-Loopback 0)# ip add 1.1.1.1 255.255.255.0
RouterA(config-if-Loopback 0)# exit
```

路由器 B 上的配置：

```
RouterB(config)# int s2/0
RouterB(config-if-Serial 2/0)# ip add 12.12.12.2 255.255.255.0
RouterB(config-if-Serial 2/0)# no shut
RouterB(config-if-Serial 2/0)# exit
RouterB(config)# int s3/0
RouterB(config-if-Serial 3/0)# ip add 23.23.23.2 255.255.255.0
RouterB(config-if-Serial 3/0)# no shut
RouterB(config-if-Serial 3/0)# exit
```

路由器 C 上的配置：

```
RouterC(config)# int s3/0
RouterC(config-if-Serial 3/0)# ip add 23.23.23.3 255.255.255.0
RouterC(config-if-Serial 3/0)# no shut
RouterC(config-if-Serial 3/0)# exit
RouterC(config)#    int loopback 0
RouterC(config-if-Loopback 0)# ip add 3.3.3.3 255.255.255.0
RouterC(config-if-Loopback 0)# exit
```

2. 启动 RIP 路由协议进程

设备要运行 RIP 路由协议，首先需要启动 RIP 路由进程，在全局配置模式中执行"router

rip"命令即可，3 台路由器都需要启动 RIP。

| RouterA(config)# router rip | // 启动 RIP 进程 |
| RouterA(config-router)# | // 进入路由协议配置模式 |

3. 定义关联网络

定义关联网络使用"network network-number"命令，"network-number"是网络号，network 有两层意思：

（1）RIP 对外通告关联网络的路由信息，就好像告诉邻居："我知道某某网络怎么到达"。

（2）RIP 只通过关联网络的接口通告和接收路由更新信息。

路由器 A 上的配置：

| RouterA(config-router)# network   1.0.0.0 |
| RouterA(config-router)# network   12.0.0.0 |

路由器 B 上的配置：

| RouterB(config-router)# network 12.0.0.0 |
| RouterB(config-router)# network 23.0.0.0 |

路由器 C 上的配置：

| RouterC(config-router)# network 23.0.0.0 |
| RouterC(config-router)# network 3.0.0.0 |

RIPv1 只能识别主类网络，上述指令中的 IP 地址都是 A 类网络，默认掩码为 255.0.0.0。即使在"network"指令后使用子网信息也会根据主类网络生效。例如，指令"network 23.23.23.0"与"network   23.0.0.0"一样。

4. 查看路由表信息

在路由器 A 上查看路由表信息。

```
RouterA# show ip route
Codes:    C - connected, S - static, R - RIP, B - BGP
          O - OSPF, IA - OSPF inter area
          N1 - OSPF NSSA external type 1, N2 - OSPF NSSA external type 2
          E1 - OSPF external type 1, E2 - OSPF external type 2
          i - IS-IS, su - IS-IS summary, L1 - IS-IS level-1, L2 - IS-IS level-2
          ia - IS-IS inter area, * - candidate default
Gateway of last resort is no set
C    1.1.1.0/24 is directly connected, Loopback 0
C    1.1.1.1/32 is local host.
R    3.0.0.0/8 [120/2] via 12.12.12.2, 00:17:22, Serial 2/0     // 通过 RIP 动态学习到的路由条目
C    12.12.12.0/24 is directly connected, Serial 2/0
```

```
C       12.12.12.1/32 is local host.
R       23.0.0.0/8 [120/1] via 12.12.12.2, 00:17:22, Serial 2/0
RouterA#
```

路由条目"R　3.0.0.0/8 [120/2]　via　12.12.12.2，00:17:22，Serial 2/0"中的"R"表示该路由条目是通过 RIP 协议学习到的。"3.0.0.0/8"表示目的网络和掩码长度。"[120/2]"表示管理距离是 120，RIP 协议默认管理距离就是 120。2 是度量值，表示从本路由器到达目的网络需要 2 跳。"00:17:22"表示该路由条目已经存在的时间。"Serial 2/0"是下一跳，也是接收本路由条目更新报文的接口。

配置的 RIP 协议默认情况下是版本 1，即 RIPv1，它会向所有关联的网络接口发送版本 1 的 RIP 报文，但可以接收 RIPv1 和 RIPv2 的报文。RIPv1 和 RIPv2 都是通过 UDP 发送 RIP 报文的，端口号是 520。通过下列指令可以查看 RIP 详细信息。

```
RouterA#    show ip rip
Routing Protocol is "rip"
    Sending updates every 30 seconds, next due in 4 seconds  // 更新时间是 30 s，4 s 后开始下次更新
    Invalid after 180 seconds, flushed after 120 seconds     // 无效计时器是 180 s，flush 计时器是
120 s
    Outgoing update filter list for all interface is: not set
    Incoming update filter list for all interface is: not set
    Redistribution default metric is 1
    Redistributing:
    Default version control: send version 1, receive any version
        Interface            Send        Recv
        Serial 2/0             1           1 2
        Loopback 0             1           1 2
    Routing for Networks:
        1.0.0.0 255.0.0.0
        12.0.0.0 255.0.0.0
    Distance: (default is 120)
```

9.3.2　RIP 的定时器

默认情况下，RIPv1 和 RIPv2 协议都是 30 s 发送一次路由更新报文，为了防止同时启动的路由器一起在 30 s 到达的时刻同时发送大量更新报文对网络造成影响，RIP 更新定时器允许 15%内的误差，一般在 25~35 s 范围内。

无效计时器是指路由器对每一条路由条目都设置的一个定时器，默认是 180 s，是更新计时器的 6 倍。每次更新会重置路由表，如果路由表中的某条目经过了 180 s 还没有被更新，该路由条目就要被标记为"无效"了，度量值被标记为 16。此时如果有需要转发的数据包到达路由器，路由器在查找路由表确定转发路径的时候会忽略这个路由条目，无视它的存在。需要注意：180 s 的无效计时器超时后，该路由条目依然存在于路由表中，再经过 Flush 计时器

规定的时间后，如果仍然没收到更新才会彻底删除。

Flush 计时器也可以称为清除计时器，默认为 120 s，是更新计时器的 4 倍。当一个路由条目进入无效状态后，Flush 计时器就开始计时，在此期间如果收到该条目的更新报文，那么该条目会重新标记为有效，计时器清零。如果 Flush 计时器超时了，该条目将会从路由表中删除。

在路由器上可以根据网络的具体情况通过指令调整这 3 个定时器，使 RIP 协议能够运行的更好。如果需要调整定时器，请将同一网络上设备的定时器调整为一致。使用的指令为"timers basic update invalid flush"，其中的"update""invalid""flush"分别代表更新计时器，无效计时器和 Flush 计时器。例如：

RouterA(config-router)#　timers　basic　40　240　160

9.3.3 RIPv2 的配置

RIPv2 与 RIPv1 相比改进了很多特性，其中非常重要的一点是 RIPv2 的路由更新报文中包含了子网掩码的信息，这样就能够使用子网化的网络，提高 IP 利用率。

图 9-1 所示网络中配置完 RIPv1 后，在 RouterA 上打开对 RIP 协议的 debug 开关，查看调试信息。

```
RouterA# debug ip rip            // 显示 rip 协议调试信息
*Aug 27 13:08:38: %7: [RIP] RIP recveived packet, sock=2159 src=12.12.12.2 len=44   // 路由器 B 发
来的更新
*Aug 27 13:08:38: %7:    [RIP] Received version 1 response packet              // RIPv1 版本
*Aug 27 13:08:38: %7:    [RIP] Cancel peer[12.12.12.2] remove timer              // 重置无效计时器
*Aug 27 13:08:38: %7:    [RIP] Peer[12.12.12.2] remove timer shedule...
*Aug 27 13:08:38: %7:        route-entry: family 2 ip 3.0.0.0 metric 2
*Aug 27 13:08:38: %7:        route-entry: family 2 ip 23.0.0.0 metric 1
*Aug 27 13:08:38: %7:    [RIP] Translate mask to 8    // 下面为 3.0.0.0 的更新信息，不包含掩码信息
*Aug 27 13:08:38: %7:    [RIP] Old path is: nhop=12.12.12.2 routesrc=12.12.12.2 intf=3
*Aug 27 13:08:38: %7:    [RIP] New path is: nhop=12.12.12.2 routesrc=12.12.12.2 intf=3
*Aug 27 13:08:38: %7:    [RIP] [3.0.0.0/8] RIP route refresh!
*Aug 27 13:08:38: %7:    [RIP] [3.0.0.0/8] RIP distance apply from 12.12.12.2!
*Aug 27 13:08:38: %7:    [RIP] [3.0.0.0/8] cancel route timer
*Aug 27 13:08:38: %7:    [RIP] [3.0.0.0/8] route timer schedule...
*Aug 27 13:08:38: %7:    [RIP] Translate mask to 8    // 下面为 23.0.0.0 的更新信息，不包含掩码信息
*Aug 27 13:08:38: %7:    [RIP] Old path is: nhop=12.12.12.2 routesrc=12.12.12.2 intf=3
*Aug 27 13:08:38: %7:    [RIP] New path is: nhop=12.12.12.2 routesrc=12.12.12.2 intf=3
*Aug 27 13:08:38: %7:    [RIP] [23.0.0.0/8] RIP route refresh!
*Aug 27 13:08:38: %7:    [RIP] [23.0.0.0/8] RIP distance apply from 12.12.12.2!
*Aug 27 13:08:38: %7:    [RIP] [23.0.0.0/8] cancel route timer
*Aug 27 13:08:38: %7:    [RIP] [23.0.0.0/8] route timer schedule...
```

> RouterA# no debug ip rip　　　　　　　// 关闭 RIP 协议调试信息显示

从上面的调试信息中可以看到，路由器 A 收到从路由表 B 发来的路由更新报文，其中包含了"3.0.0.0"和"23.0.0.0"网段的路由条目更新，没有包含掩码信息，因为 RIPv1 的路由更新报文中不包含掩码信息。下面将在 RIPv1 配置的基础上添加指令，完成 RIPv2 的配置。在 3 台路由器上添加下列指令。

> RouterA# conf t
> RouterA(config)# router rip
> RouterA(config-router)# version　2　　　　// 应用 RIPv2 版本
> RouterA(config-router)# no auto-summary　　// 关闭路由自动汇总
> RouterA(config-router)#

"no auto-summary"指令用来关闭路由自动汇总。RIP 路由自动汇总是指路由器自动将属于同一个主类网络的子网汇总为主类路由条目进行更新，这样可以减少路由更新，减小路由表的大小。例如，图 9-2 所示拓扑中，路由器 B 收到右侧 3 个路由器发来的路由更新报文，通过首数字 172 判断是 B 类网络，使用 24 位掩码说明这 3 个网段都属于 172.16.0.0/16 的子网，路由器 B 会将这 3 个子网信息汇总为一条路由更新"172.16.0.0/16"告诉路由器 A，相当于告诉路由器 A："如果你想要把数据送到 172.16.0.0/16，我可以帮你转发"。

图 9-2　RIP 路由自动汇总图例

RIPv2 默认开启了自动汇总。虽然自动汇总具有优点，但是当网络中全部运用了子网化的网段时，开启自动汇总可能会添乱，因此常常在希望观察具体的子网路由时关闭自动汇总。

在 3 台路由器配置完成 RIPv2 后，观察路由表项，掩码的长度为 24 位，说明更新的信息中包含了掩码信息。

> RouterA# sh ip route r　　　　　// 查看路由表中 RIP 路由条目
> R　　3.3.3.0/24 [120/2] via 12.12.12.2, 01:29:36, Serial 2/0
> R　　23.23.23.0/24 [120/1] via 12.12.12.2, 01:29:36, Serial 2/0

也可以在路由器上开启显示 RIP 调试信息，与 RIPv1 的比较，其中包含了掩码信息。

> RouterA# debug ip rip　　　　// 显示 RIP 协议调试信息
> *Aug 27 13:56:38: %7:　　[RIP] RIP recveived packet, sock=2159 src=12.12.12.2 len=44
> *Aug 27 13:56:38: %7:　　[RIP] Received version 2 response packet
> *Aug 27 13:56:38: %7:　　[RIP] Cancel peer[12.12.12.2] remove timer

```
*Aug 27 13:56:38: %7:    [RIP] Peer[12.12.12.2] remove timer shedule...
*Aug 27 13:56:38: %7:    [RIP] Both do not need auth, Auth ok
*Aug 27 13:56:38: %7:    route-entry: family 2 tag 0 ip 3.3.3.0 mask 255.255.255.0 nhop 0.0.0.0 metric 2
*Aug 27 13:56:38: %7:    route-entry: family 2 tag 0 ip 23.23.23.0 mask 255.255.255.0 nhop 0.0.0.0 metric 1
*Aug 27 13:56:38: %7:    [RIP] Old path is: nhop=12.12.12.2 routesrc=12.12.12.2 intf=3
*Aug 27 13:56:38: %7:    [RIP] New path is: nhop=12.12.12.2 routesrc=12.12.12.2 intf=3
*Aug 27 13:56:38: %7:    [RIP] [3.3.3.0/24] RIP route refresh!
*Aug 27 13:56:38: %7:    [RIP] [3.3.3.0/24] RIP distance apply from 12.12.12.2!
*Aug 27 13:56:38: %7:    [RIP] [3.3.3.0/24] cancel route timer
*Aug 27 13:56:38: %7:    [RIP] [3.3.3.0/24] route timer schedule...
*Aug 27 13:56:38: %7:    [RIP] Old path is: nhop=12.12.12.2 routesrc=12.12.12.2 intf=3
*Aug 27 13:56:38: %7:    [RIP] New path is: nhop=12.12.12.2 routesrc=12.12.12.2 intf=3
*Aug 27 13:56:38: %7:    [RIP] [23.23.23.0/24] RIP route refresh!
*Aug 27 13:56:38: %7:    [RIP] [23.23.23.0/24] RIP distance apply from 12.12.12.2!
*Aug 27 13:56:38: %7:    [RIP] [23.23.23.0/24] cancel route timer
*Aug 27 13:56:38: %7:    [RIP] [23.23.23.0/24] route timer schedule...
RouterA# no debug ip rip          // 关闭 RIP 协议调试信息显示
```

9.4 RIP 的被动接口与单播更新

在某些场合下，需要对 RIP 进行灵活配置。例如，在图 9-3 中，因为 4 台路由器由交换机连接，无论发出的 RIP 更新报文是广播地址还是 224.0.0.9，所有运行 RIP 的路由器都能收到。如果路由器 A 仅希望自己能够学习其他路由器发出的路由更新，但自己发出的路由更新只能被路由器 C 收到。那么可以通过被动接口（passive-interface）与单播更新实现。

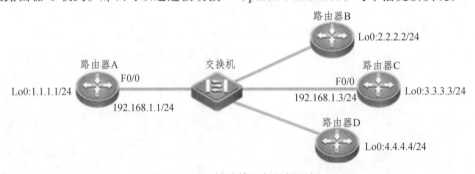

图 9-3 RIP 被动接口与单播更新

被动接口可以接收 RIP 更新报文，但是不会对收到的更新请求进行响应，不会向外发送路由更新报文，只有单播更新除外。可以这样理解被动端口：不会主动发出更新报文，只能被动地接收。

例如，图 9-3 中，路由器 A 的 F0/0 端口设置为被动端口，那么这个端口可以学习到"2.2.2.0/24""3.3.3.0/24"和"4.4.4.0/24"网段的路由，但路由器 B、C、D 不知道"1.1.1.0/24"

的存在。被动端口的配置很简单，指令如下。

```
RouterA(config)# router rip
RouterA(config-router)# passive-interface ?
    Async              Async interface
    Dialer             Dialer interface
    FastEthernet       Fast IEEE 802.3
    Group-Async        Async Group interface
    Loopback           Loopback interface
    Multilink          Multilink-group   interface
    Null               Null interface
    Serial             Serial
    Tunnel             Tunnel interface
    Virtual-ppp        Virtual PPP interface
    Virtual-template   Virtual Template interface
    default            Suppress routing updates on all interfaces  // 将所有端口配置为被动端口
RouterA(config-router)# passive-interface   f0/0      // 将此端口配置为被动端口
RouterA(config-router)# no   passive-interface   f0/0      // 取消此端口配置为被动端口
```

在需要实现路由器 A 发出的路由更新只能被路由器 C 收到时，可以在配置了被动接口的情况下添加单播更新功能。配置单播更新后，路由器 A 将以单播的形式将更新报文发给目的地址，因为是单播，所以其他路由器无法收到，指令如下。

```
RouterA(config)# router rip
RouterA(config-router)# neighbor   192.168.1.3      // 设置单播更新的目的地址
```

9.5 RIP 的防环机制

RIP 的工作原理使其在应用时存在一些问题，最严重的是路由环路问题，这会影响路由收敛的速度。通过为 RIP 协议增加一些特性可以在一定程度上降低问题出现的概率，提高它的工作效率，常见的解决方法包括水平分割、触发更新、毒性逆转和定义最大跳数。

9.5.1 水平分割

水平分割是指路由器从某个接口收到的路由更新报文不能够再从这个接口发出去。图 9-4 中，路由器 B 将从 S2/0 接口收到关于 "1.1.1.0/24" 的路由更新报文，所以路由器 B 就知道该网段的存在，如果有数据需要转发到该网段就把数据交给路由器 A 处理。当路由器 B 经过 30 s，需要定时广播或组播更新报文时，如果接口 S2/0 启动了水平分割，那么不会从该接口发送包含 "1.1.1.0/24" 的路由表条目，在没有启动水平分割的情况下则要发送。

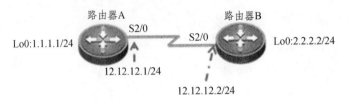

图 9-4　RIP 水平分割图例

如图 9-4 所示连接设备并配置路由器的接口 IP 地址，完成后使用下列指令配置 RIP 协议。
路由器 A 的配置：

```
RouterA(config)# router rip
RouterA(config-router)# net 12.0.0.0
RouterA(config-router)# net 1.0.0.0
RouterA(config-router)#
```

路由器 B 的配置：

```
RouterB(config)# router rip
RouterB(config-router)# net 12.0.0.0
RouterB(config-router)# net 2.0.0.0
RouterB(config-router)# end
RouterB# debug  ip  rip        // 显示 RIP 协议调试信息
```

锐捷路由器所有接口默认开启了 RIP 水平分割功能。在开启的情况下查看路由更新内容，不包括"1.1.1.0/24"的路由表条目。

```
RouterB#
*Aug 27 19:10:53: %7:   [RIP] Output timer expired to send reponse
*Aug 27 19:10:53: %7:   [RIP] Prepare to send MULTICAST response...
*Aug 27 19:10:53: %7:   [RIP] Building update entries on Serial 2/0      // 从 S2/0 接口发出的更新
*Aug 27 19:10:53: %7:        2.2.2.0/24 via 0.0.0.0 metric 1 tag 0       // 不包含"1.1.1.0/24"
*Aug 27 19:10:53: %7:   [RIP] Send packet to 224.0.0.9 Port 520 on Serial 2/0
*Aug 27 19:10:53: %7:   [RIP] Prepare to send MULTICAST response...
*Aug 27 19:10:53: %7:   [RIP] Building update entries on Loopback 0      // 从 Lo 0 接口发出的更新
*Aug 27 19:10:53: %7:        1.1.1.0/24 via 0.0.0.0 metric 2 tag 0
*Aug 27 19:10:53: %7:        12.12.12.0/24 via 0.0.0.0 metric 1 tag 0
*Aug 27 19:10:53: %7:   [RIP] Send packet to 224.0.0.9 Port 520 on Loopback 0
*Aug 27 19:10:53: %7:   [RIP] Schedule response send timer
RouterB# no  debug  ip  rip                          // 关闭 RIP 协议调试信息
```

在路由器 B 的 S2/0 接口关闭 RIP 水平分割功能。再次查看路由更新内容，包括"1.1.1.0/24"的路由表条目。

```
RouterB# conf t
Enter configuration commands, one per line.    End with
RouterB(config)# int s2/0
```

```
RouterB(config-if-Serial 2/0)# no ip split-horizon          // 关闭水平分割
RouterB(config-if-Serial 2/0)# end
RouterB# debug  ip  rip        // 显示 rip 协议调试信息
RouterB#
*Aug 27 19:11:53: %7:    [RIP] Output timer expired to send reponse
*Aug 27 19:11:53: %7:    [RIP] Prepare to send MULTICAST response...
*Aug 27 19:11:53: %7:    [RIP] Building update entries on Serial 2/0    // 从 S2/0 接口发出的更新
*Aug 27 19:11:53: %7:           1.1.1.0/24 via 12.12.12.1 metric 2 tag 0    // 包含 "1.1.1.0/24"
*Aug 27 19:11:53: %7:           2.2.2.0/24 via 0.0.0.0 metric 1 tag 0
*Aug 27 19:11:53: %7:           12.12.12.0/24 via 0.0.0.0 metric 1 tag 0
*Aug 27 19:11:53: %7:    [RIP] Send packet to 224.0.0.9 Port 520 on Serial 2/0
*Aug 27 19:11:53: %7:    [RIP] Prepare to send MULTICAST response...
*Aug 27 19:11:53: %7:    [RIP] Building update entries on Loopback 0    // 从 Lo 0 接口发出的更新
*Aug 27 19:11:53: %7:           1.1.1.0/24 via 0.0.0.0 metric 2 tag 0
*Aug 27 19:11:53: %7:           12.12.12.0/24 via 0.0.0.0 metric 1 tag 0
*Aug 27 19:11:53: %7:    [RIP] Send packet to 224.0.0.9 Port 520 on Loopback 0
*Aug 27 19:11:53: %7:    [RIP] Schedule response send timer
RouterB# no  debug  ip  rip        // 关闭 RIP 协议调试信息
```

关闭水平分割可能会带来一些问题，为了便于说明，将路由器 A 和路由器 B 的 S2/0 接口上的水平分割功能都关闭。下面代码关闭路由器 A 的 S2/0 接口上的水平分割。

```
RouterA(config)# int s2/0
RouterA(config-if-Serial 2/0)# no ip sp
RouterA(config-if-Serial 2/0)# no ip split-horizon
```

当两台路由器上的路由表稳定后，将路由器 A 的 S2/0 端口配置为被动接口，然后断开路由器上的 "1.1.1.0/24" 网络。

```
RouterA(config)# router rip
RouterA(config-router)# passive-interface s2/0
RouterA(config-router)# exit
RouterA(config)# int loopback 0
RouterA(config-if-Loopback 0)# shutdown          // 关闭端口
```

断开路由器上的 "1.1.1.0/24" 网络将引起触发更新，路由器 A 不用等待 30 s 的超时计时器，立即发出针对 "1.1.1.0/24" 的路由更新，但是由于 S2/0 端口已经配置为被动接口，不能发出路由更新报文，所以，这个消息路由器 B 不会收到。而当路由器 B 定时发出更新报文时，包含了 "1.1.1.0/24" 的路由更新（经过 1 跳可以达到），经过路由器 A 的被动接口，路由器 A 能够收到。现在路由器 A 本身已经没有了与自身直连的 "1.1.1.0/24" 的信息，它以为路由器 B 能通往 "1.1.1.0/24"，所以就无选择地接受路由器 B 发来的更新报文，认为通过路由器 B 可以 2 跳到达。

此时路由器 A 上的路由表如下。

```
RouterA# show ip route
Codes:      C - connected, S - static, R - RIP, B - BGP
            O - OSPF, IA - OSPF inter area
            N1 - OSPF NSSA external type 1, N2 - OSPF NSSA external type 2
            E1 - OSPF external type 1, E2 - OSPF external type 2
            i - IS-IS, su - IS-IS summary, L1 - IS-IS level-1, L2 - IS-IS level-2
            ia - IS-IS inter area, * - candidate default
Gateway of last resort is no set
R       1.0.0.0/8 [120/2] via 12.12.12.2, 00:01:23, Serial 2/0          // 度量值为 2
R       2.0.0.0/8 [120/1] via 12.12.12.2, 00:16:57, Serial 2/0
C       12.12.12.0/24 is directly connected, Serial 2/0
C       12.12.12.1/32 is local host.
RouterA#
```

将路由器 A 上 S2/0 端口配置的被动接口取消，路由器 A 下次更新时会将"1.1.1.0/24"条目的路由更新信息发送给路由器 B，根据 RIP 路由更新原则，当路由器 B 的路由表中已经存在该条路由条目，并且收到的路由更新与原路由条目中的下一跳地址相同时，将无条件接受路由器 A 的更新报文，不论度量值会不会增加，即跳数会不会增加。因此，路由器 B 将更新自己的路由表，记录达到"1.1.1.0/24"需要 3 跳，下一跳地址是路由器 A。在路由器 B 上查看路由表，度量值为 3。

路由器 A 上取消被动接口：

```
RouterA(config)# router rip
RouterA(config-router)# no passive-interface s2/0          // 取消被动接口
```

路由器 B 上查看路由表：

```
RouterB# show ip route
Codes:      C - connected, S - static, R - RIP, B - BGP
            O - OSPF, IA - OSPF inter area
            N1 - OSPF NSSA external type 1, N2 - OSPF NSSA external type 2
            E1 - OSPF external type 1, E2 - OSPF external type 2
            i - IS-IS, su - IS-IS summary, L1 - IS-IS level-1, L2 - IS-IS level-2
            ia - IS-IS inter area, * - candidate default
Gateway of last resort is no set
R       1.0.0.0/8 [120/3] via 12.12.12.1, 00:00:01, Serial 2/0          // 度量值（跳数）为 3
C       2.2.2.0/24 is directly connected, Loopback 0
C       2.2.2.2/32 is local host.
C       12.12.12.0/24 is directly connected, Serial 2/0
C       12.12.12.2/32 is local host.
```

同理，路由器 A 上再次查看路由表，路由器 A 也会接受路由器 B 发来的更新，因为路由器 A 上记录下一跳地址是路由器 B，路由器 A 上变为 4 跳。

```
RouterA# show ip route
Codes:     C - connected, S - static, R - RIP, B - BGP
           O - OSPF, IA - OSPF inter area
           N1 - OSPF NSSA external type 1, N2 - OSPF NSSA external type 2
           E1 - OSPF external type 1, E2 - OSPF external type 2
           i - IS-IS, su - IS-IS summary, L1 - IS-IS level-1, L2 - IS-IS level-2
           ia - IS-IS inter area, * - candidate default
Gateway of last resort is no set
R      1.0.0.0/8 [120/4] via 12.12.12.2, 00:00:08, Serial 2/0        // 度量值变为 4 跳
R      2.0.0.0/8 [120/1] via 12.12.12.2, 00:17:34, Serial 2/0
C      12.12.12.0/24 is directly connected, Serial 2/0
C      12.12.12.1/32 is local host.
```

如此这样的路由更新报文不断循环下去，最终跳数达到无穷大，RIP 认为 16 跳为无效路由，然后从路由表中删除。这样不仅会消耗带宽，也会使数据包误以为失效的网络依然存在。

上面的实验利用被动接口构造出当一个网络失效后的更新报文晚于其他路由器针对此网络的更新报文发送的情况。在实际应用中可能会因为 CPU 繁忙，链路拥塞等原因造成这样的情况。启用水平分割后，从一个端口接收到的路由更新不会再从此接口发出，就可以避免产生这样的路由环路。默认情况下，路由器上都启用了水平分割。

9.5.2　触发更新与毒性逆转

触发更新是 RIP 提升收敛速度的一项机制。它的具体措施是：一旦路由器发现路由表中的条目需要更新时，立即发送更新报文，通知变化的路由信息，不再等待 30 s 更新周期的结束，触发更新也不会重置自己的更新计时器。触发更新是以最快的反应速度传播路由更新，能够最大程度降低"环路更新到无穷大"的发生，但不能完全避免这种现象。

毒性逆转机制是对水平分割的一种改善，是指当 RIP 路由器从邻居那里学习到一条毒化路由（度量值为 16）时，将忽略水平分割规则，向邻居应答回送这个不可达路由条目（度量值为 16），这样可以清除对方路由表中的错误信息，防止环路，如图 9-5 所示。

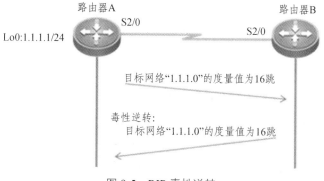

图 9-5　RIP 毒性逆转

9.5.3 定义最大跳数

RIP 的原理与工作机制决定了只能尽量减少,不能绝对避免路由环路问题,一旦出现环路,度量值将不断加 1,为了抑制这个数字不断增加,RIP 定义 16 跳为不可达,就可以避免无限循环下去。考虑具有物理冗余链路的拓扑(见图 9-6),当路由器 A 上的"1.1.1.0/24"断开时,即使应用了防环机制仍然有可能出现路由环路。

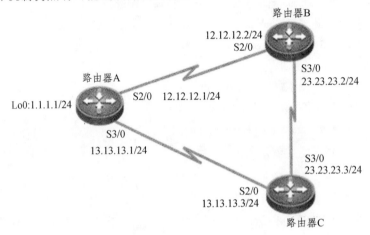

图 9-6　具有物理环路的 RIP 拓扑

首先按图 9-6 所示进行连接,并配置接口 IP 地址。然后配置 RIP 路由协议,指令如下。

路由器 A 配置:

```
RouterA(config)# router rip
RouterA(config-router)# network 12.0.0.0
RouterA(config-router)# network 13.0.0.0
RouterA(config-router)# network 1.0.0.0
```

路由器 B 配置:

```
RouterB(config)# router rip
RouterB(config-router)# network 12.0.0.0
RouterB(config-router)# network 23.0.0.0
```

路由器 C 配置:

```
RouterC(config)# router rip
RouterC(config-router)# network 23.0.0.0
RouterC(config-router)# network 13.0.0.0
```

配置完成后 3 台路由器的路由表如下所示。

```
RouterA# show ip route rip
R     23.0.0.0/8 [120/1] via 13.13.13.3, 00:09:41, Serial 3/0
              [120/1] via 12.12.12.2, 00:09:41, Serial 2/0
RouterB# show ip route rip
```

```
R      1.0.0.0/8 [120/1] via 12.12.12.1, 00:10:38, Serial 2/0
R      13.0.0.0/8 [120/1] via 12.12.12.1, 00:09:49, Serial 2/0
                  [120/1] via 23.23.23.3, 00:09:49, Serial 3/0
RouterC# show ip route rip
R      1.0.0.0/8 [120/1] via 13.13.13.1, 00:10:30, Serial 2/0
R      12.0.0.0/8 [120/1] via 13.13.13.1, 00:09:43, Serial 2/0
                  [120/1] via 23.23.23.2, 00:09:43, Serial 3/0
```

当路由器 A 上的"1.1.1.0/24"网段断开时，触发更新机制将使路由器 A 立即向路由器 B 和 C 发送路由更新，告知该网段已失效。假如路由器 C 由于 CPU 繁忙或者链路拥塞而推迟或没有收到更新，但路由器 B 收到了，那么路由器 B 将更新自己的路由表，认定"1.1.1.0/24"不可达。此时路由器 C 定时发出更新报文告诉路由器 B 通过它能够到达"1.1.1.0/24"，路由器 B 以为出现了一条新的路径，就更新自己的路由表。同理，路由器 B 也会告知路由器 A "1.1.1.0/24"可达，路由器 A 再告诉路由器 C，这样路由环路就产生了。下面的实验使用被动接口抑制路由更新。

在路由器 A 上抑制接口 S3/0，使该接口暂时不能更新路由。

```
RouterA(config)#    router rip
RouterA(config-router)# passive-interface s3/0
```

断开路由器 A 上 loopback 0 接口的连接。

```
RouterA(config-router)# exit
RouterA(config)# int loopback 0
RouterA(config-if-Loopback 0)# shutdown
```

此时查看路由器 B 上的路由表，因为路由器 A 从 S2/0 发送了更新报文，所以路由器 B 上的路由表不存在"1.1.1.0/24"路由条目了。

```
RouterB# show ip route rip
R      13.0.0.0/8 [120/1] via 12.12.12.1, 00:10:35, Serial 2/0
                  [120/1] via 23.23.23.3, 00:10:35, Serial 3/0
```

等待路由器 C 定时更新路由时，再次查看路由器 B 的路由表，已经从 C 收到关于"1.0.0.0"的路由。

```
RouterB# show ip route rip
R      1.0.0.0/8 [120/2] via 23.23.23.3, 00:00:05, Serial 3/0     // 从度量和下一跳地址看出来源于路
由器 C
R      13.0.0.0/8 [120/1] via 12.12.12.1, 00:11:02, Serial 2/0
                  [120/1] via 23.23.23.3, 00:11:02, Serial 3/0
```

继续在路由器 A 上查看路由表，路由器 B 定时发送更新报文，路由器 A 收到后将"1.0.0.0/8"条目更新在自己的路由表中，度量值为 3，下一跳来自路由器 B。

```
RouterA# show ip route rip
```

```
R       1.0.0.0/8 [120/3] via 12.12.12.2, 00:00:01, Serial 2/0
R       23.0.0.0/8 [120/1] via 13.13.13.3, 00:30:25, Serial 3/0
                  [120/1] via 12.12.12.2, 00:30:25, Serial 2/0
```

取消路由器 A 的 S3/0 被动端口。查看路由器 C 的路由表，路由器 A 将"1.0.0.0/8"路由更新给了路由器 C。

```
RouterA(config)# router rip
RouterA(config-router)# no passive-interface s3/0        // 取消被动端口
RouterC# show ip route rip
R       1.0.0.0/8 [120/4] via 13.13.13.1, 00:00:05, Serial 2/0   // 度量值为 4，来自于路由器 A
R       12.0.0.0/8 [120/1] via 13.13.13.1, 00:11:31, Serial 2/0
                  [120/1] via 23.23.23.2, 00:11:31, Serial 3/0
```

继续查看，可以发现关于"1.0.0.0/8"的路由条目逐渐增大，产生了路由环路。增大到 16 后，路由器才认为该路由无效，删除该路由。

9.6   RIP 认证配置

路由器中的路由表决定了数据如何转发，如果有人恶意伪造 RIP 数据包扰乱网络，或者将未经授权的路由器接入网络，都可能导致严重的网络故障，破坏网络安全。RIPv2 路由协议支持简单明文认证、密钥链明文认证和密钥链 MD5 认证 3 种认证方式，认证通过后才可以交换 RIP 数据包。RIPv1 不支持认证。

采用图 9-7 所示拓扑，按照图中接口配置 IP 地址。完成后使用下列指令配置 RIPv2 协议。

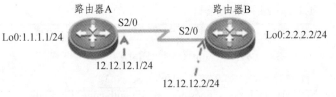

图 9-7   RIP 认证拓扑图

路由器 A 的配置：

```
RouterA(config)# router rip
RouterA(config-router)# version   2
RouterA(config-router)# net 1.0.0.0
RouterA(config-router)# net 12.0.0.0
```

路由器 B 的配置：

```
RouterB(config)# router rip
RouterB(config-router)# version   2
```

```
RouterB(config-router)# net 2.0.0.0
RouterB(config-router)# net 12.0.0.0
```

9.6.1　简单明文认证

简单明文认证配置比较简单，而且密钥是以明文方式传递。在路由器 A 的 S2/0 接口开启 RIP 简单明文认证。

```
RouterA(config)# interface s2/0                      // 进入接口配置模式
RouterA(config-if-Serial 2/0)# ip rip authentication ?
   key-chain        Authentication key-chain         // 密钥链认证方式
   mode             Authentication mode              // 密钥链认证方式中的模式选择
   text-password    Authentication string            // 简单明文认证方式
RouterA(config-if-Serial 2/0)# ip rip authentication text-password ?
   0       Specifies an unencrypted encryption type  // 非加密形式的密钥
   7       Specifies a proprietary encryption type   // 加密形式的密钥
   WORD    The RIP authentication string             // 密钥
RouterA(config-if-Serial 2/0)# ip rip authentication text-password 123        // 配置的密钥为 123
RouterA(config-if-Serial 2/0)# end
RouterA# show ip route rip                            // 查看路由表
R     2.0.0.0/8 [120/1] via 12.12.12.2, 00:21:28, Serial 2/0
RouterA# debug ip rip                                // 打开调试 RIP
RouterA#
RouterA#*Aug 29 13:01:48: %7: [RIP] RIP recveived packet, sock=2159 src=12.12.12.2 len=24
*Aug 29 13:01:48: %7:    [RIP] Received version 2 response packet
*Aug 29 13:01:48: %7:    [RIP] Cancel peer[12.12.12.2] remove timer
*Aug 29 13:01:48: %7:    [RIP] Peer[12.12.12.2] remove timer shedule...
*Aug 29 13:01:48: %7:    [RIP] Ours need simple authen                // 本地需要简单认证
*Aug 29 13:01:48: %7:    [RIP] Remote does not contain auth code, Auth false    // 不包含认证码，认
证失败
*Aug 29 13:01:48: %7:    [RIP] Ignored v2 packet from 12.12.12.2 (invalid authentication)     // 无效
认证
RouterA#
```

从上面的调试信息中可以看出路由器 A 本地启用了简单认证，远程路由器发来的更新报文中不包含认证码，所以认证失败。等待 RIP 的清除计时器超时，在路由器 A 上查看路由表，已经没有 "2.0.0.0/8" 路由条目了，原因是路由器 A 需要进行 RIP 验证，但是路由器 B 没有通过路由器 A 的验证，因此路由器 A 不信任路由器 B 发送的 RIP 更新信息。此时路由器 B 路由表正常。

在路由器 B 上同样启动简单认证，设置密码为 "123"，与路由器 A 不一致。

```
RouterB(config)#   interface s2/0
RouterB(config-if-Serial 2/0)# ip rip authentication   text-password   123
```

再次观察路由器 A 上的调试信息，可以看到明文传输的密码"123"。

```
RouterA#*Aug 29 13:08:18: %7: [RIP] RIP recveived packet, sock=2159 src=12.12.12.2 len=44
*Aug 29 13:08:18: %7:   [RIP] Received version 2 response packet
*Aug 29 13:08:18: %7:   [RIP] Cancel peer[12.12.12.2] remove timer
*Aug 29 13:08:18: %7:   [RIP] Peer[12.12.12.2] remove timer shedule...
*Aug 29 13:08:18: %7:   [RIP] Received packet with text authentication 123    // 明文传输的密码 123
*Aug 29 13:08:18: %7:   [RIP] Ours need simple authen
*Aug 29 13:08:18: %7:   [RIP] Simple Auth fail              // 密码不一致，认证失败
*Aug 29 13:08:18: %7:   [RIP] Ignored v2 packet from 12.12.12.2 (invalid authentication)
RouterA# show ip   route   rip
```

等待 RIP 的清除计时器超时，再次查看两台路由器上的 RIP 路由条目，都是空的，因为双方认证都不成功，计时器超时后路由更新无法通过 S2/0 传递。更改路由器 B 上的认证密码为"aaa"，双方认证通过，路由表显示正确。

```
RouterB(config)# interface    s2/0
RouterB(config-if-Serial 2/0)# ip rip authentication text-password aaa
RouterB(config-if-Serial 2/0)# end
RouterB# show ip route rip
R     1.0.0.0/8 [120/1] via 12.12.12.1, 00:01:21, Serial 2/0
RouterB#
```

9.6.2   密钥链明文认证

要启用 RIP 密钥链认证，需要在接口配置模式中执行以下命令。

```
Ruijie(config-if)#   ip   rip   authentication   mode   {text | md5}
```

其中 text 表示明文认证，md5 表示 MD5 认证。

密钥链是由一组密钥组成的，每个密钥包括 ID 和 key-string，ID 是从 0 到 2147483647 的一个编号，key-string 是配置的密钥内容。下面的指令在路由器 A 上创建一个密钥链。

```
RouterA# conf t
RouterA(config)# key chain RouterAB                    // 创建密钥链，名字叫 RouterAB
RouterA(config-keychain)# key    1                      // 密钥链中第 1 个密钥，ID 为 1
RouterA(config-keychain-key)# key-string key01         // ID 为 1 的密钥内容为 key01
RouterA(config-keychain-key)# exit
RouterA(config-keychain)# key 3                         // 密钥链中第 2 个密钥，ID 为 3
RouterA(config-keychain-key)# key-string key03         // ID 为 3 的密钥内容为 key03
```

```
RouterA(config-keychain-key)#exit
RouterA(config-keychain)# key 5                         // 密钥链中第 3 个密钥，ID 为 5
RouterA(config-keychain-key)# key-string aaa            // ID 为 5 的密钥内容为 aaa
RouterA(config-keychain-key)# exit
RouterA(config-keychain)# exit
RouterA(config)# int s2/0
RouterA(config-if-Serial 2/0)# no ip rip authentication text-password    // 取消简单明文认证
RouterA(config-if-Serial 2/0)# ip rip authentication mode ?
    md5     Keyed message digest
    text    Clear text authentication
RouterA(config-if-Serial 2/0)# ip rip authentication mode text           // 设置为密钥链明文认证方式
RouterA(config-if-Serial 2/0)# ip rip authentication key-chain RouterAB  // 使用密钥链 "RouterAB"
RouterA(config-if-Serial 2/0)#end
RouterA#   debug ip rip                                                   // 开启 debug 显示 RIP 更新信息
```

　　此时路由器 A 取消了原先的简单明文认证方式，使用密钥链明文认证。路由器 B 仍然为简单明文认证方式，密钥为 "aaa"，与路由器 A 的密钥链中设置的第 3 个密钥，ID 为 5 的密钥内容相同。

　　查看路由器 A 上的调试信息，认证是成功的。

```
RouterA#*Aug 29 14:11:48: %7: [RIP] RIP recveived packet, sock=2159 src=12.12.12.2 len=44
*Aug 29 14:11:48: %7:    [RIP] Received version 2 response packet
*Aug 29 14:11:48: %7:    [RIP] Cancel peer[12.12.12.2] remove timer
*Aug 29 14:11:48: %7:    [RIP] Peer[12.12.12.2] remove timer shedule...
*Aug 29 14:11:48: %7:    [RIP] Received packet with text authentication aaa   // 接收的认证密码："aaa"
*Aug 29 14:11:48: %7:    [RIP] Ours need simple authen
*Aug 29 14:11:48: %7:    [RIP] Simple Auth success                             // 认证成功
*Aug 29 14:11:48: %7:    route-entry: family 2 tag 0 ip 2.0.0.0 mask 255.0.0.0 nhop 0.0.0.0 metric 1
*Aug 29 14:11:48: %7:    [RIP] Old path is: nhop=12.12.12.2 routesrc=12.12.12.2 intf=3
*Aug 29 14:11:48: %7:    [RIP] New path is: nhop=12.12.12.2 routesrc=12.12.12.2 intf=3
*Aug 29 14:11:48: %7:    [RIP] [2.0.0.0/8] RIP route refresh!
*Aug 29 14:11:48: %7:    [RIP] [2.0.0.0/8] RIP distance apply from 12.12.12.2!
*Aug 29 14:11:48: %7:    [RIP] [2.0.0.0/8] cancel route timer
*Aug 29 14:11:48: %7:    [RIP] [2.0.0.0/8] route timer schedule...
RouterA# no debug ip rip
```

　　因此，可以看出密钥链明文认证与简单明文认证机制是一样的。路由器 A 接收到密码 "aaa" 后在自己密钥链中搜索是否有匹配的，当搜索到 ID 为 5 的 Key-string 时匹配成功，认证通过。

　　在路由器 B 上取消简单明文认证，配置密钥链如下。

```
RouterB(config)# key chain RouterBA        // 创建密钥链 RouterBA，名字与路由器 A 上的不同
```

```
RouterB(config-keychain)# key 2
RouterB(config-keychain-key)# key-string key02
RouterB(config-keychain-key)# key 4
RouterB(config-keychain-key)# key-string key01
RouterB(config-keychain-key)# exit
RouterB(config-keychain)# exit
RouterB(config)# int s2/0
RouterB(config-if-Serial 2/0)# no ip rip authentication text-password        // 取消简单明文认证
RouterB(config-if-Serial 2/0)# ip rip authentication mode text               // 设置为密钥链明文认证
RouterB(config-if-Serial 2/0)# ip rip authentication key-chain RouterBA      // 配置密钥链
RouterB(config-if-Serial 2/0)# end
```

在路由器 A 上的查看调试信息，认证失败。

```
RouterA# debug ip rip
RouterA#*Aug 29 14:41:48: %7: [RIP] RIP recveived packet, sock=2159 src=12.12.12.2 len=44
*Aug 29 14:41:48: %7:    [RIP] Received version 2 response packet
*Aug 29 14:41:48: %7:    [RIP] Cancel peer[12.12.12.2] remove timer
*Aug 29 14:41:48: %7:    [RIP] Peer[12.12.12.2] remove timer shedule...
*Aug 29 14:41:48: %7:    [RIP] Received packet with text authentication key02    // 接收密码 "key02"
*Aug 29 14:41:48: %7:    [RIP] Ours need simple authen
*Aug 29 14:41:48: %7:    [RIP] Simple Auth fail                                   // 认证失败
*Aug 29 14:41:48: %7:    [RIP] Ignored v2 packet from 12.12.12.2 (invalid authentication)
RouterA#
```

认证失败是因为路由器 B 将其密钥链 RouterBA 中 ID 最小（ID=2）的密钥 "key02" 发送给路由器 A 进行验证，路由器 A 在自己的密钥链 RouterAB 中查找，没有可匹配的。

在路由器 B 上的查看调试信息，认证是成功的。

```
RouterB#*
Aug 29 14:22:10: %7: [RIP] RIP recveived packet, sock=2159 src=12.12.12.1 len=44
*Aug 29 14:22:10: %7:    [RIP] Received version 2 response packet
*Aug 29 14:22:10: %7:    [RIP] Cancel peer[12.12.12.1] remove timer
*Aug 29 14:22:10: %7:    [RIP] Peer[12.12.12.1] remove timer shedule...
*Aug 29 14:22:10: %7:    [RIP] Received packet with text authentication key01    // 接收密码 "key01"
*Aug 29 14:22:10: %7:    [RIP] Ours need simple authen
*Aug 29 14:22:10: %7:    [RIP] Simple Auth success                                // 认证成功
*Aug 29 14:22:10: %7:    route-entry: family 2 tag 0 ip 1.0.0.0 mask 255.0.0.0 nhop 0.0.0.0 metric 1
*Aug 29 14:22:10: %7:    [RIP] Old path is: nhop=12.12.12.1 routesrc=12.12.12.1 intf=3
*Aug 29 14:22:10: %7:    [RIP] New path is: nhop=12.12.12.1 routesrc=12.12.12.1 intf=3
*Aug 29 14:22:10: %7:    [RIP] [1.0.0.0/8] RIP route refresh!
```

```
*Aug 29 14:22:10: %7:   [RIP] [1.0.0.0/8] RIP distance apply from 12.12.12.1!
*Aug 29 14:22:10: %7:   [RIP] [1.0.0.0/8] cancel route timer
*Aug 29 14:22:10: %7:   [RIP] [1.0.0.0/8] route timer schedule...
RouterB#
```

路由器 B 认证路由器 A 成功是因为路由器 A 将其密钥链 RouterAB 中 ID 最小（ID=1）的密钥 "key01" 发送给路由器 B 进行验证，路由器 B 在自己的密钥链 RouterBA 中查找，匹配到 ID 为 4 对应的密钥相同，因此认证成功。在路由器 B 上查看已经配置的密钥链如下。

```
RouterB# show key chain
key chain RouterBA
    key 2 -- text "key02"
        accept-lifetime (always valid) - (always valid) [valid now]
        send-lifetime (always valid) - (always valid) [valid now]
    key 4 -- text "key01"
        accept-lifetime (always valid) - (always valid) [valid now]
        send-lifetime (always valid) - (always valid) [valid now]
RouterB#
```

此时路由器 A 上标记为 "R" 的路由表条目为空，因为路由器 B 没有通过路由器 A 的认证，路由器 A 不接受路由器 B 的路由更新。路由器 B 信任路由器 A，因此路由器 B 的路由表正常。

```
RouterA# show ip route rip
RouterA#
RouterB# show ip route rip
R    1.0.0.0/8 [120/1] via 12.12.12.1, 00:57:12, Serial 2/0
RouterB#
```

密钥链中 ID 最小的密钥很重要，因为它是发送到对方进行验证的唯一密钥，发送给对方时不包含 ID 信息，只有密钥内容，只要对方的密钥链中存在对应的密钥就可以认证成功，不需要与 ID 对应。为了使两边同时认证成功，可以在路由器 A 上添加一个密钥节点，内容为 "key02"，ID 不要小于路由器 A 上原先存在的最小 ID，因为这样会妨碍路由器 B 对路由器 A 的认证。

```
RouterA(config)# key chain RouterAB
RouterA(config-keychain)# key   4            // 创建新的 ID 为 4 的密钥节点
RouterA(config-keychain-key)# key-string key02    // 密钥内容为 "key02"
RouterA(config-keychain-key)# exit
RouterA(config-keychain)# exit
RouterA(config)# end
RouterA#   show ip route rip                 // 查看路由表，出现路由器 B 更新过来的条目
R    2.0.0.0/8 [120/1] via 12.12.12.2, 00:00:01, Serial 2/0
RouterA#
```

9.6.3 密钥链 MD5 认证

密钥链 MD5 认证与密钥链明文认证有一点不同，认证信息发送给对方认证时携带了 ID 与密钥内容。对方在认证时首先在自己密钥链中查找是否具有相同 ID 的密钥，如果有并且密钥相同就通过认证，如果有但密钥不同则停止匹配，宣告认证失败。如果没有相同 ID 的密钥，就查找该 ID 往后的最近 ID 的密钥，如果能匹配则认证成功，否则停止匹配并宣告认证失败。如果没有往后的 ID，认证失败。

在路由器 A 和路由器 B 上更改认证模式，从密钥链明文模式到密钥链 MD5 模式。指令相同。

```
RouterA# conf t
RouterA(config)# int s2/0
RouterA(config-if-Serial 2/0)# ip rip authentication mode md5
```

使用"debug ip rip"查看调试信息。

```
RouterA(config-if-Serial 2/0)# end
RouterA# debug ip rip
*Aug 29 16:43:48: %7:    [RIP] RIP recveived packet, sock=2159 src=12.12.12.2 len=64
*Aug 29 16:43:48: %7:    [RIP] Received version 2 response packet
*Aug 29 16:43:48: %7:    [RIP] Cancel peer[12.12.12.2] remove timer
*Aug 29 16:43:48: %7:    [RIP] Peer[12.12.12.2] remove timer shedule...
*Aug 29 16:43:48: %7:    [RIP] Received packet with MD5 authentication    // 接收到了 MD5 密钥
*Aug 29 16:43:48: %7:    [RIP] Ours need md5 authen
*Aug 29 16:43:48: %7:    [RIP] MD5 Auth fail                              // 认证失败
*Aug 29 16:43:48: %7:    [RIP] Ignored v2 packet from 12.12.12.2 (invalid authentication)
RouterA# no debug all        // 取消所有 debug 操作
```

路由器 A 认证失败，路由器 B 也同样认证失败。分别在两个路由器上使用"show run | include key"指令查看包含"key"关键字的信息如下。

在路由器 A 上查看：

```
RouterA# show run | include key
key chain RouterAB
 key 1
  key-string key01
 key 3
  key-string key03
 key 4
  key-string key02
 key 5
  key-string aaa
ip rip authentication key-chain RouterAB
```

在路由器 B 上查看：

```
RouterB#    show run | include key
key chain RouterBA
 key 2
  key-string key02
 key 4
  key-string key01
 ip rip authentication key-chain RouterBA
RouterB#
```

当路由器 A 将使用 MD5 加密过的密钥 ID 和内容发给路由器 B 后，路由器 B 在自己的密钥链中搜索 ID 为 1 的密钥节点，结果不存在则继续向后查找 ID 为 2 的密钥节点，找到后比较密钥内容是否相同，因为两者不同，所以认证失败。

在路由器 B 上删除 ID 为 2 的密钥节点或者清空 ID 为 2 的密钥节点对应的密钥都可以使搜索 ID 为 2 的进程跳过，继续搜索 ID 为 3 的密钥节点，因为不存在，所以也跳过，继续向后搜索 ID 为 4 的密钥节点。ID 为 4 的密钥节点存在，并且密钥相同，就可以认证成功了。

清空 ID 为 2 的密钥节点对应的密钥的指令如下。

```
RouterB(config)# key chain RouterBA
RouterB(config-keychain)# key 2
RouterB(config-keychain-key)# no key-string    // 取消密钥内容
RouterB(config-keychain-key)# end
RouterB# sh run | include    key
key chain RouterBA
 key 2                                          // key 2 只有 ID 号，没有对应的密钥内容
 key 4
  key-string key01
 ip rip authentication key-chain RouterBA
RouterB#
```

删除 ID 为 2 的密钥节点对应的密钥的指令如下。

```
RouterB(config)#    key chain RouterBA
RouterB(config-keychain)# no key 2              // 删除 ID 为 2 的密钥节点
RouterB(config-keychain)# end
RouterB# sh run | include    key
key chain RouterBA
 key 4
  key-string key01
 ip rip authentication key-chain RouterBA
RouterB#
```

　　此时使用"debug ip rip"查看调试信息，路由器 B 已经认证路由器 A 通过，路由器 B 可以接收路由器 A 的路由更新报文了。

```
RouterB#    sh ip route rip              // 查看路由表
R       1.0.0.0/8 [120/1] via 12.12.12.1, 00:03:27, Serial 2/0        // 接收了路由器 A 发来的更新报文
RouterB#
```

　　当路由器 B 上 ID 为 2 的密钥节点被删除后，最小 ID 的密钥节点就是 ID 为 4 的"key01"，路由器 B 将它发往路由器 A 进行认证。在路由器 A 跳过 ID 为 1、2、3 的节点，直接与 ID 为 4 的节点比较，路由器 A 上记录的是"key02"，不相同，直接认证失败。可以在路由器 A 上改变 ID 为 4 的节的的密钥即可通过认证。

```
RouterA#    conf t
RouterA(config)# key chain RouterAB
RouterA(config-keychain)# key 4
RouterA(config-keychain-key)# key-string key01          // 改变 ID 为 4 的节点的密钥值
RouterA(config-keychain-key)# end
RouterA# debug ip rip
RouterA#*Aug 29 17:23:48: %7: [RIP] RIP recveived packet, sock=2159 src=12.12.12.2 len=64
*Aug 29 17:23:48: %7:    [RIP] Received version 2 response packet
*Aug 29 17:23:48: %7:    [RIP] Cancel peer[12.12.12.2] remove timer
*Aug 29 17:23:48: %7:    [RIP] Peer[12.12.12.2] remove timer shedule...
*Aug 29 17:23:48: %7:    [RIP] Received packet with MD5 authentication      // 接收认证密钥
*Aug 29 17:23:48: %7:    [RIP] Ours need md5 authen
*Aug 29 17:23:48: %7:    [RIP] MD5 Auth success                  // 认证通过
*Aug 29 17:23:48: %7:         route-entry: family 2 tag 0 ip 2.0.0.0 mask 255.0.0.0 nhop 0.0.0.0 metric 1
*Aug 29 17:23:48: %7:    [RIP] [2.0.0.0/8] RIP add internal route: nhop=0.0.0.0 metric=1
*Aug 29 17:23:48: %7:    [RIP] [2.0.0.0/8] add path: nhop=12.12.12.2, routesrc=12.12.12.2, intf=3
*Aug 29 17:23:48: %7:    [RIP] [2.0.0.0/8] RIP distance apply from 12.12.12.2!
*Aug 29 17:23:48: %7:    [RIP] [2.0.0.0/8] route timer schedule...
*Aug 29 17:23:48: %7:    [RIP] Schedule output trigger timer
*Aug 29 17:23:48: %7:    [RIP] [2.0.0.0/8] ready to add into kernel...
RouterA# show ip route rip                      // 查看路由表
R       2.0.0.0/8 [120/1] via 12.12.12.2, 00:00:04, Serial 2/0      // 出现路由器 B 更新来的路由条目
RouterA# no debug all                          // 取消一切 debug
```

第 10 章　OSPF 路由协议

开放式最短路径优先(Open Shortest Path First, OSPF）是一个典型的链路状态路由协议，它与 RIP 都属于内部网关协议(Interior Gateway Protocol，IGP），用于在单一自治系统（Autonomous System, AS）内决策路由。不同之处在于：RIP 是距离矢量路由协议，是通过途经路由器的个数来衡量一条链路，具有很大的局限性；而 OSPF 是链路状态路由协议，通过收集网络中各设备，以及设备间链路的状态信息，将其存储在本地链路状态数据库（Link-State Database，LSDB）中，再运行最短路径优先（Shortest Path First, SPF）算法，计算出本路由器到其他路由器的最短路径。OSPF 衡量路径优劣充分考虑了链路带宽，更加符合现实需求，目前是主流的 IGP 路由协议。

10.1　OSPF 的基本配置

虽然 RIP 协议与 OSPF 协议工作原理上有很大的区别，但是配置方法却类似。图 10-1 中 3 台路由器连接在交换机上，每台路由器使用环回接口模拟一个网段。

图 10-1　OSPF 基本配置

按照图 10-1 所示拓扑配置路由器接口的 IP 地址，交换机不需要配置。配置完成后路由器之间可以"ping"通快速以太网口，因为缺少路由，环回接口所在网段没有通路到其他路由器。

启用 OSPF 路由协议的指令是"router　ospf　process-ID"。其中 process-ID 表示 OSPF 的进程号，也称为进程 ID。该值可以省略，如果省略，OSPF 的默认进程号为 1。OSPF 的进程号只具有本地意义，路由器之间交互的所有 OSPF 报文中，都不会体现任何关于进程号的信息，所以不同路由器中运行的 OSPF 进程号可以不一样。OSPF 之所以设置进程号是因为路由器上可以启用多个 OSPF 进程，它们之间彼此独立，互不影响，不同的 OSPF 进程通过 ID 来区分。锐捷路由器最多支持 64 个 OSPF 进程。OSPF 要想成功启动，至少需要一个接口处于 up 状态。按顺序配置下列指令。

路由器 A 配置：

```
RouterA# conf t
RouterA(config)# router ospf    1                                                    // 启动 OSPF，进程号为 1
RouterA(config-router)#    network    192.168.1.0    0.0.0.255    area 0             // 比特通配符形式
RouterA(config-router)#    network    1.1.1.0 255.255.255.0 area 0                   // 掩码形式
RouterA(config-router)#    end
```

路由器 B 配置：

```
RouterA# conf t
RouterB(config)# router ospf    1
RouterB(config-router)# network    192.168.1.0    0.0.0.255    area 0
RouterB(ccnfig-router)# network 2.2.2.0    0.0.0.255 area 0
RouterB(config-router)# end
```

路由器 C 配置：

```
RouterC(config)# router ospf 1
RouterC(config-router)# network 192.168.1.0 0.0.0.255 area 0
RouterC(config-router)# network 3.3.3.0 0.0.0.255 area 0
RouterC(config-router)# end
```

"Network"命令定义与该 OSPF 路由进程关联的 IP 地址范围，以及该范围 IP 地址所属的 OSPF 区域（area）。OSPF 路由进程只在属于该 IP 地址范围的接口发送、接收 OSPF 报文，并且对外通告该接口的链路状态。"network"指令相当于向外通告本路由器能够访问某个网络。

"Network"命令中 32 位"比特通配符"与掩码的取值相反，"1"代表不比较该比特位，"0"代表比较该比特位。不过写成掩码的方式也会被自动翻译成比特通配符。只有接口地址与 network 命令定义的 IP 地址范围相匹配时该接口才属于指定的区域。当接口地址同时与多个 OSPF 进程的 network 命令定义的 IP 地址范围相匹配时，按照最优匹配方式，确定接口参与的 OSPF 进程。

使用命令"no   router   ospf   process-id"可以关闭 OSPF 协议。

10.1.1　区域的概念

配置指令中"area"是 OSPF 协议中引入的一个新的概念，因为 OSPF 能够运行在大型网络中，但网络中大量的路由器也会产生大量的更新报文，给网络带宽造成很大压力，而且过于庞大的网络会导致路由器的链路状态数据库（LSDB）非常庞大，占用大量的存储空间，并使得运行 SPF 算法的复杂度增加，导致路由器负担很重。更为严重的是，每一次拓扑变化都会导致网络中所有的路由器重新进行路由计算。

因此，OSPF 将一个大的网络划分成小的单位，这就是区域。更新报文的扩散限制在区域之内，一个区域内的路由器将不需要了解它们所在区域外部的拓扑细节。区域之间通过精简的汇总传递路由，这样做能够提高网络的运行效率。

　　每个区域都有一个区域号，区域号是一个 32 位的整数，可以写成 IP 地址的形式，例如"0.0.0.1、0.0.0.2"；也可以采用整数数字的形式，例如"1、2、3、4"。编号为 0 的区域称为 BackBone 区域（骨干区域），有且只有一个。其他区域称为 Normal 区域（常规区域）。OSPF 要求所有的常规区域应该直接和骨干区域相连，常规区域只能和骨干区域交换路由更新报文，常规区域与常规区域之间即使直连也无法互相交换路由更新。如图 10-2 中，区域 1 和区域 2 都是常规区域，只能和骨干区域 0 互换更新信息，然后再由区域 0 转发，区域 0 就像是一个中转站。两个常规区域之间无法互相转发，路由器 C 不能将区域 1 中的链路信息直接更新给路由器 D。

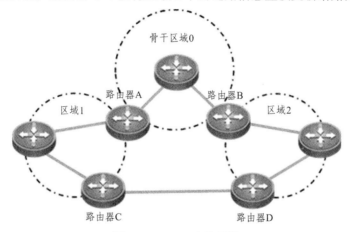

图 10-2　OSPF 中的区域

　　区域的边界是路由器而不是链路。一个网段（链路）只能属于一个区域，每个运行 OSPF 的接口必须指明属于哪一个区域。换句话说，OSPF 区域是基于路由器的接口划分的，而不是基于整台路由器划分的，一台路由器可以属于单个区域，也可以属于多个区域。图 10-2 中，路由器 A 属于区域 0 与区域 1，路由器 B 属于区域 0 与区域 2，它们就属于多个区域，这种路由器称为区域边界路由器（Area Border Router，ABR）。所有接口都属于一个区域的路由器称为内部路由器（Internal Router，IR）。OSPF 通过 ABR 将一个区域的汇总信息转发至另一个区域。

　　图 10-1 中，3 个路由器都配置在骨干区域 0 中，配置完 OSPF 后查看路由表如下。

```
RouterA# show ip route    ospf
O      2.2.2.2/32 [110/1] via 192.168.1.2, 03:30:16, FastEthernet 0/0
O      3.3.3.3/32 [110/1] via 192.168.1.3, 03:28:47, FastEthernet 0/0
RouterB# show ip route ospf
O      1.1.1.1/32 [110/1] via 192.168.1.1, 04:10:32, FastEthernet 0/0
O      3.3.3.3/32 [110/1] via 192.168.1.3, 03:31:23, FastEthernet 0/0
RouterC# show ip route ospf
O      1.1.1.1/32 [110/1] via 192.168.1.1, 03:31:35, FastEthernet 0/0
O      2.2.2.2/32 [110/1] via 192.168.1.2, 03:31:35, FastEthernet 0/0
```

　　路由表中以"O"开始的条目表示 OSPF 路由条目，配置完毕后在路由器上测试，全网互通。

10.1.2　OSPF 的邻居关系

图 10-1 中，3 个路由器运行了 OSPF，都连接在交换机上，它们已经建立了邻居（Neighbor）关系。共享一条公共数据链路的 OSPF，路由器会协商一些参数，然后形成邻居关系，这种关系是后期路由器间交换链路状态信息的基础。使用指令"show ip ospf neighbor"可以查看邻居关系。

路由器 A 与其邻居的关系：

```
RouterA# show ip ospf neighbor
OSPF process 1, 2 Neighbors, 2 is Full:          // 本路由器 OSPF 进程号为 1，有 2 个邻居，

Neighbor ID      Pri    State         BFD State    Dead Time    Address        Interface
2.2.2.2           1     Full/BDR       –           00:00:32     192.168.1.2    FastEthernet 0/0
3.3.3.3           1     Full/DROther   –           00:00:32     192.168.1.3    FastEthernet 0/0
```

路由器 B 与其邻居的关系：

```
RouterB# show ip ospf neighbor
OSPF process 1, 2 Neighbors, 2 is Full:

Neighbor ID      Pri    State         BFD State    Dead Time    Address        Interface
1.1.1.1           1     Full/DR        –           00:00:39     192.168.1.1    FastEthernet 0/0
3.3.3.3           1     Full/DROther   –           00:00:39     192.168.1.3    FastEthernet 0/0
```

路由器 C 与其邻居的关系：

```
RouterC#    show ip ospf neighbor
OSPF process 1, 2 Neighbors, 2 is Full:

Neighbor ID      Pri    State         BFD State    Dead Time    Address        Interface
1.1.1.1           1     Full/DR        –           00:00:38     192.168.1.1    FastEthernet 0/0
2.2.2.2           1     Full/BDR       –           00:00:36     192.168.1.2    FastEthernet 0/0
```

从以上结果中能够看出，每台路由器都与其他路由器建立了邻居关系。其中有一个"Neighbor ID"字段，表示与其建立邻居关系的路由器的"Router ID"。

10.1.3　Router ID

Router ID（RID）是用来标识运行 OSPF 的网络中每一个路由器的唯一标识，应该在配置 OSPF 前期就确定下来，因为如果后期改动，会影响网络中邻接关系的确立，影响网络的健壮性。确定 Router ID 遵循如下优先级。

（1）手工指定。

管理员可以通过在 OSPF 进程中使用命令"router-id"为路由器指定 ID。例如：

```
RouterA(config)# router ospf 1
RouterA(config-router)# router-id ?
  A.B.C.D    OSPF router-id in IP address format        // 以 IP 地址的形式配置 router-id
```

这里并不要求手工配置的 router-id 一定是路由器上某接口的 IP 地址。

（2）最大环回接口地址。

如果没有手工指定路由器 ID，那么选择该路由器的环回接口上配置的最大的 IP 地址作为 Router ID。

（3）最大物理接口地址。

如果没有设置环回接口，路由器将选择活动的物理接口中最大的 IP 地址作为 Router ID。

建议使用命令"router-id"来指定 Router ID，这样可控性比较好。其次建议采用环回接口的 IP 地址作为 Router ID，因为环回比较稳定。

在上面的配置结果中因为没有手工配置，所以每个路由器都选择了本地最大的环回接口地址作为自己的 Router ID。

10.1.4　指定路由器与备份指定路由器

多路访问的网络环境中，运行 OSPF 的路由器会选举出一个指定路由器（Designated Router，DR）和备份指定路由器（Backup Designated Router，BDR）。网络中所有的路由器都会向 DR 通告自己的链路状态信息，而 DR 会将自己收到的链路状态信息再发给所有的路由器，通知它们更新。DR 就像一个信息汇聚中心，网络中的路由器将信息汇聚在 DR，而不是向其他所有路由器组播，这样可以减少网络中的路由更新报文，提高收敛速度。

DR 作为路由更新的中心点，作用非常重要，如果 DR 失效，那么就会造成路由更新的丢失与不完整，所以在多路访问网络中除了选举出 DR 之外，还会选举出一台路由器作为 DR 的备份，BDR 在 DR 不可用时代替 DR 的工作。既不是 DR 也不是 BDR 的路由器称为 DROther。因此，图 10-1 中路由器配置完 OSPF 后，从查看到的邻居关系中可以看出：路由器 A 是 DR，RID 为 1.1.1.1；路由器 B 为 BDR，RID 为 2.2.2.2；路由器 C 为 DROther，RID 为 3.3.3.3。那为什么路由器 A 被选举为 DR 呢？

DR 与 BDR 的选举依赖网络中所有路由器的优先级（Priority）和 Router ID。优先级范围是 0~255，默认为 1，优先级数字越大，表示优先级越高，被选为 DR 的概率就越大，次优先级的为 BDR，优先级为 0 表示没有资格选举 DR 和 BDR，只能是 DROther。优先级可以由管理员在接口配置模式下更改，指令为"ip ospf priority 优先级值"。

```
RouterA(config)# int f0/0
RouterA(config-if-FastEthernet 0/0)# ip ospf priority ?
  <0-255>   Priority
RouterA(config-if-FastEthernet 0/0)# ip ospf priority  100        // 更改优先级为 100
RouterA(config-if-FastEthernet 0/0)# no ip ospf priority          // 取消更改优先级，还原为默认值 1
RouterA(config-if-FastEthernet 0/0)# end
RouterA# show ip ospf int f0/0                                     // 查看 OSPF 接口配置信息
FastEthernet 0/0 is up, line protocol is up
  Internet Address 192.168.1.1/24, Ifindex 1, Area 0.0.0.0, MTU 1500
  Matching network config: 192.168.1.0/24
```

```
Process ID 1, Router ID 1.1.1.1, Network Type BROADCAST, Cost: 1
Transmit Delay is 1 sec, State DR, Priority 1          // 本路由器被选为 DR，优先级是 1
Designated Router (ID) 1.1.1.1, Interface Address 192.168.1.1
Backup Designated Router (ID) 2.2.2.2, Interface Address 192.168.1.2
Timer intervals configured, Hello 10, Dead 40, Wait 40, Retransmit 5
    Hello due in 00:00:02
Neighbor Count is 2, Adjacent neighbor count is 2
Crypt Sequence Number is 5681
Hello received 17795 sent 8996, DD received 9 sent 12
LS-Req received 3 sent 3, LS-Upd received 118 sent 117
LS-Ack received 225 sent 61, Discarded 4
```

如果路由器优先级相同，那么 Router ID 大的优先被选为 DR，第 2 大的选为 BDR，数字越大，被选为 DR 的概率就越大。图 10-1 中，3 台路由器的优先级相同，路由器 A 的 RID 为 1.1.1.1，是 3 台路由器中值最小的，为什么它被选为 DR 了呢？

原因在于 DR 和 BDR 的选举是有时间限制的，该时间为 Wait 时间，默认为 40 s。如果 OSPF 路由器在超过 Wait 时间后也没有其他路由器与自己竞争 DR 与 BDR 的选举，那么就选自己为 DR。当一个多路访问网络中选举出 DR 与 BDR 之后，在 DR 与 BDR 没有失效的情况下，不会进行重新选举，也就是在选举出 DR 与 BDR 之后，即使有更高优先级的路由器加入网络，也不会影响 DR 与 BDR 的角色，在超出选举时间（Wait 时间）后，只有 DR 与 BDR 失效后，才会重新选举。DR 失效后，会同时重新选举 DR 与 BDR，而在 BDR 失效后，只会重新选举 BDR。

路由器 A 先配置完成，此时网络中只有一台 OSPF 路由器，它担任了 DR。后来加入的路由器 B、路由器 C 不能抢占路由器 A 的 DR 角色。同理，第 2 个加入网络的路由器 B 担任了 BDR。在实验中使用 "clear ip ospf process" 重置 OSPF 进程，DR/BDR 选举将会重新开始，重置的间隔不要超出 Wait 时间，3 台路由器重新选举后的结果是路由器 C 变为 DR，路由器 B 为 BDR，路由器 A 为 DROther，指令如下。

```
RouterA# clear ip ospf process              // 重置路由器 A 的 OSPF 进程
Reset ALL OSPF process! [yes/no]: y         // 确认
RouterB# clear    ip ospf process           // 重置路由器 B 的 OSPF 进程
Reset ALL OSPF process! [yes/no]: y         // 确认
RouterC# clear ip ospf process              // 重置路由器 C 的 OSPF 进程
Reset ALL OSPF process! [yes/no]: y         // 确认
RouterA# show ip ospf neighbor              // 查看路由器 A 的邻居关系
OSPF process 1, 2 Neighbors, 2 is Full:
```

Neighbor ID	Pri	State	BFD State	Dead Time	Address	Interface
2.2.2.2	1	Full/BDR	–	00:00:37	192.168.1.2	FastEthernet 0/0
3.3.3.3	1	Full/DR	–	00:00:34	192.168.1.3	FastEthernet 0/0

```
RouterB# show ip ospf neighbor              // 查看路由器 B 的邻居关系
OSPF process 1, 2 Neighbors, 1 is Full:
```

Neighbor ID	Pri	State	BFD State	Dead Time	Address	Interface
1.1.1.1	1	2-Way/DROther	–	00:00:36	192.168.1.1	FastEthernet 0/0
3.3.3.3	1	Full/DR	–	00:00:38	192.168.1.3	FastEthernet 0/0

RouterC# show ip ospf neighbor　　　　　　　　// 查看路由器 C 的邻居关系
OSPF process 1, 2 Neighbors, 2 is Full:

Neighbor ID	Pri	State	BFD State	Dead Time	Address	Interface
1.1.1.1	1	Full/DROther	–	00:00:29	192.168.1.1	FastEthernet 0/0
2.2.2.2	i	Full/BDR	–	00:00:30	192.168.1.2	FastEthernet 0/0

10.2　OSPF 的工作原理与报文

10.2.1　OSPF 的工作原理

　　路由器启动 OSPF 后就会周期性地在接口上发送 Hello 报文，目的是告诉其他路由器自己的存在，同时也探查是否有其他路由器存在，Hello 报文中携带了定时器数值、优先级等信息，借此可以选举出 DR 与 BDR。通过交互 Hello 报文，双方路由器都得知对方存在后，下一步将交换数据库描述报文（DataBase Description，DBD）。DBD 中包含了链路状态的摘要信息，占完整数据量的一小部分，这样可以减少路由器之间交互的数据量。双方收到后就知道对方有哪些信息是自己缺少的，就可以针对性地发出链路状态请求报文（Link State Request，LSR）。对方收到后将会分析 LSR 中的请求，并且把相应的完整信息通过链路状态更新报文（Link State Update，LSU）发送过来，请求端收到 LSU 后发送链路状态确认（Link State Acknowledgment，LSAck）报文进行确认。通过这样的报文交互，每台路由器最后都能将全网的链路状态记录在自己的链路状态数据库（Link State Database，LSDB）中。然后路由器再以自己的 LSDB 为基础运行最短路径算法 SPF 计算出一棵以自己作为树根的最短路径树。网络中每台路由器的 LSDB 相同，但计算出的最短路径树不同。通过这棵树能确定路由转发的最短路径与接口，将转发接口、度量值等信息记录下来最终形成了路由表。数据最终通过路由表进行转发。

　　在图 10-1 中添加一台路由器 D，并且在交换机上配置 SPAN 功能，捕获从路由器 D 与交换机连接的接口 F0/14 流经的数据包，拓扑如图 10-3 所示。

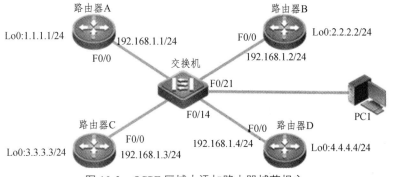

图 10-3　OSPF 区域中添加路由器捕获报文

交换机上配置 monitor session 指令如下。

```
Ruijie(config)#  monitor  session  1   source interface fa0/14
Ruijie(config)#  monitor  session  1   destination interface fa0/21
```

路由器 D 上配置 IP 地址与 OSPF，最后激活端口 F0/0，指令如下。

```
RouterD# conf t
RouterD(config)# int lo 0
RouterD(config-if-Loopback 0)# ip add 4.4.4.4 255.255.255.0
RouterD(config-if-Loopback 0)# exit
RouterD(config)# int f0/0
RouterD(config-if-FastEthernet 0/0)# ip add 192.168.1.4 255.255.255.0
RouterD(config-if-FastEthernet 0/0)# exit
RouterD(config)# router ospf 1
RouterD(config-router)# network 192.168.1.0 0.0.0.255 area 0
RouterD(config-router)# network 4.4.4.0 0.0.0.255 area 0
RouterD(config-router)# exit
RouterD(config)# int f0/0
```

在下一步激活 F0/0 接口前，确保 PC 上已经开启数据包捕获软件（如 Wireshark），并且选择了正确的接口开始捕获数据包。下一步激活接口之后，PC 上将捕获一次完整的 OSPF 交互报文。

```
RouterD(config-if-FastEthernet 0/0)# no shut          // 激活路由器 D 的 F0/0 接口
*Sep  1 10:45:31: %LINK-3-UPDOWN: InterfaceFastEthernet 0/0, changed state to up.
*Sep  1 10:45:31: %LINEPROTO-5-UPDOWN: Line protocol on Interface FastEthernet 0/0, changed
state to up.
*Sep  1 10:45:31: %OSPF-5-ADJCHG: Process 1, Nbr 2.2.2.2-FastEthernet 0/0 from Down to Init,
HelloReceived.
*Sep  1 10:45:33: %OSPF-5-ADJCHG: Process 1, Nbr 1.1.1.1-FastEthernet 0/0 from Down to Init,
HelloReceived.
*Sep  1 10:45:41: %OSPF-5-ADJCHG: Process 1, Nbr 3.3.3.3-FastEthernet 0/0 from Down to Init,
HelloReceived.
*Sep  1 10:45:41: %OSPF-5-ADJCHG: Process 1, Nbr 2.2.2.2-FastEthernet 0/0 from Loading to Full,
LoadingDone.
*Sep 1 10:45:41: %OSPF-5-ADJCHG: Process 1, Nbr 3.3.3.3-FastEthernet 0/0 from Exchange to Full,
ExchangeDone.
```

接口 F0/0 激活后弹出了一些提示信息，前两句说明接口 F0/0 的状态切换为 up，表示该接口可用。接下来三句提示该路由器已经接收到了三个邻居分别发送来的 Hello 报文，并且从 down 状态切换为 Init 状态。最后两句表示路由器 D 与 DR（3.3.3.3）和 BDR（2.2.2.2）建立了完全邻接关系（Full），这个状态表示路由器 D 与 DR 和 BDR 已经交换过 DBD、LSR、LSU、

LSAck 报文了，已经完成了数据库的同步工作，它们的 LSDB 已经一致了。路由器 D 与路由器 A 交换过 Hello 报文，但并没有单播交换过 DBD 与 LSR 报文，路由器 A 最终的 LSDB 也会与其他路由器一样达到同步，原因是 DR 和 BDR 发送 LSU 的目的地址是“224.0.0.5”,所有运行 OSPF 的路由器都可以收到。

PC 上捕获到的完整数据包交互报文如图 10-4 所示，共有 Hello、DBD、LSR、LSU 和 LSAck 5 种报文，这些 OSPF 报文都直接由 IP 协议封装，没有经过 TCP/UDP，IP 首部中对应 OSPF 的协议号为 89。

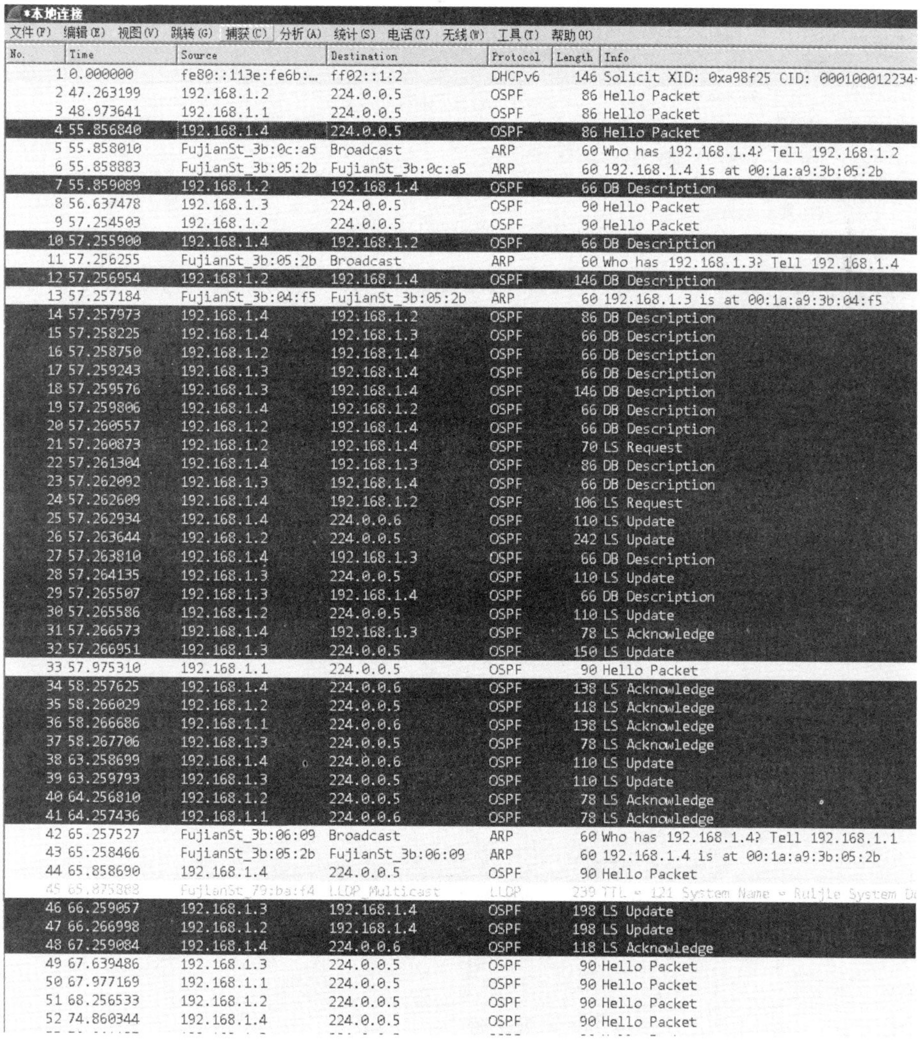

No.	Time	Source	Destination	Protocol	Length	Info
1	0.000000	fe80::113e:fe6b:…	ff02::1:2	DHCPv6	146	Solicit XID: 0xa98f25 CID: 000100012234·
2	47.263199	192.168.1.2	224.0.0.5	OSPF	86	Hello Packet
3	48.973641	192.168.1.1	224.0.0.5	OSPF	86	Hello Packet
4	55.856840	192.168.1.4	224.0.0.5	OSPF	86	Hello Packet
5	55.858010	FujianSt_3b:0c:a5	Broadcast	ARP	60	Who has 192.168.1.4? Tell 192.168.1.2
6	55.858883	FujianSt_3b:05:2b	FujianSt_3b:0c:a5	ARP	60	192.168.1.4 is at 00:1a:a9:3b:05:2b
7	55.859089	192.168.1.2	192.168.1.4	OSPF	66	DB Description
8	56.637478	192.168.1.3	224.0.0.5	OSPF	90	Hello Packet
9	57.254503	192.168.1.2	224.0.0.5	OSPF	90	Hello Packet
10	57.255900	192.168.1.4	192.168.1.2	OSPF	66	DB Description
11	57.256255	FujianSt_3b:05:2b	Broadcast	ARP	60	Who has 192.168.1.3? Tell 192.168.1.4
12	57.256954	192.168.1.2	192.168.1.4	OSPF	146	DB Description
13	57.257184	FujianSt_3b:04:f5	FujianSt_3b:05:2b	ARP	60	192.168.1.3 is at 00:1a:a9:3b:04:f5
14	57.257973	192.168.1.4	192.168.1.2	OSPF	86	DB Description
15	57.258225	192.168.1.4	192.168.1.3	OSPF	66	DB Description
16	57.258750	192.168.1.2	192.168.1.4	OSPF	66	DB Description
17	57.259243	192.168.1.3	192.168.1.4	OSPF	66	DB Description
18	57.259576	192.168.1.3	192.168.1.4	OSPF	146	DB Description
19	57.259806	192.168.1.4	192.168.1.2	OSPF	66	DB Description
20	57.260557	192.168.1.2	192.168.1.4	OSPF	66	DB Description
21	57.260873	192.168.1.2	192.168.1.4	OSPF	70	LS Request
22	57.261304	192.168.1.4	192.168.1.3	OSPF	86	DB Description
23	57.262092	192.168.1.3	192.168.1.4	OSPF	66	DB Description
24	57.262609	192.168.1.4	192.168.1.2	OSPF	106	LS Request
25	57.262934	192.168.1.4	224.0.0.6	OSPF	110	LS Update
26	57.263644	192.168.1.2	224.0.0.5	OSPF	242	LS Update
27	57.263810	192.168.1.4	192.168.1.3	OSPF	66	DB Description
28	57.264135	192.168.1.3	224.0.0.5	OSPF	110	LS Update
29	57.265507	192.168.1.3	192.168.1.4	OSPF	66	DB Description
30	57.265586	192.168.1.2	224.0.0.5	OSPF	110	LS Update
31	57.266573	192.168.1.4	192.168.1.3	OSPF	78	LS Acknowledge
32	57.266951	192.168.1.3	224.0.0.5	OSPF	150	LS Update
33	57.975310	192.168.1.1	224.0.0.5	OSPF	90	Hello Packet
34	58.257625	192.168.1.4	224.0.0.6	OSPF	138	LS Acknowledge
35	58.266029	192.168.1.2	224.0.0.5	OSPF	118	LS Acknowledge
36	58.266686	192.168.1.1	224.0.0.6	OSPF	138	LS Acknowledge
37	58.267706	192.168.1.3	224.0.0.5	OSPF	78	LS Acknowledge
38	63.258699	192.168.1.4	224.0.0.6	OSPF	110	LS Update
39	63.259793	192.168.1.3	224.0.0.5	OSPF	110	LS Update
40	64.256810	192.168.1.2	224.0.0.5	OSPF	78	LS Acknowledge
41	64.257436	192.168.1.1	224.0.0.6	OSPF	78	LS Acknowledge
42	65.257527	FujianSt_3b:06:09	Broadcast	ARP	60	Who has 192.168.1.4? Tell 192.168.1.1
43	65.258466	FujianSt_3b:05:2b	FujianSt_3b:06:09	ARP	60	192.168.1.4 is at 00:1a:a9:3b:05:2b
44	65.858690	192.168.1.4	224.0.0.5	OSPF	90	Hello Packet
45	65.875888	FujianSt_79:ba:f4	LLDP_Multicast	LLDP	239	TTL = 121 System Name = Ruijie System D
46	66.259057	192.168.1.3	192.168.1.4	OSPF	198	LS Update
47	66.266998	192.168.1.2	192.168.1.4	OSPF	198	LS Update
48	67.259084	192.168.1.4	224.0.0.6	OSPF	118	LS Acknowledge
49	67.639486	192.168.1.3	224.0.0.5	OSPF	90	Hello Packet
50	67.977169	192.168.1.1	224.0.0.5	OSPF	90	Hello Packet
51	68.256533	192.168.1.2	224.0.0.5	OSPF	90	Hello Packet
52	74.860344	192.168.1.4	224.0.0.5	OSPF	90	Hello Packet

图 10-4　OSPF 的 5 种报文

10.2.2　OSPF 报文首部

OSPF 的这 5 种报文具有相同的报文首部格式，长度为 24 字节。图 10-4 中的第 2 条报文是 OSPF Hello 报文，查看其详细字段信息如图 10-5 所示，从中可以看出此 OSPF 报文封装在 IPv4 数据包中传输，由 OSPF Header 和 OSPF Hello Packet 组成。

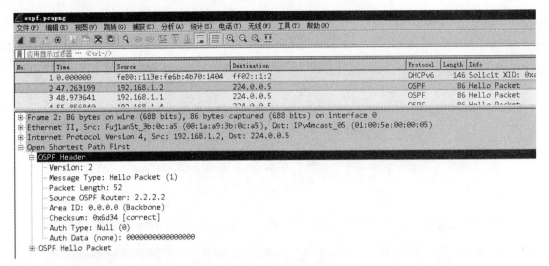

图 10-5 OSPF 的首部格式

具体每个字段的含义见表 10-1，与图 10-5 中实际报文字段的值进行对照可以看出：这个报文是 OSPFv2 报文；Hello 报文类型；整个数据包长度为 52 字节；这个报文是从 Router ID 为 "2.2.2.2" 的路由器发出来的；发出报文的接口属于区域 0；此报文校验和为 0x6d34,校验和验证正确，报文没有错误；发出报文的路由器没有使用验证机制；鉴定字段全为 0。

表 10-1 OSPF 的首部各字段含义

字段	长度/字节	含 义
Version	1	版本，OSPF 的版本号。对于 OSPFv2 来说，其值为 2 OSPFv3 是设计出来用于支持 IPv6 的，但与 OSPFv2 不兼容
Message Type	1	类型，OSPF 报文的类型，有下面几种类型： 1：Hello 报文； 2：DD 报文； 3：LSR 报文； 4：LSU 报文； 5：LSAck 报文
Packet Length	2	OSPF 报文的总长度，包括报文首部在内，单位为字节
Source OSPF Router	4	发送该报文的路由器 ID
Area ID	4	发送该报文的所属区域
Checksum	2	校验和，包含除了认证字段的整个报文的校验和
Auth Type	2	验证类型，值有如下几种表示， 0：不验证；1：简单认证；2：MD5 认证
Auth Data	8	鉴定字段，其数值根据验证类型而定： 当验证类型为 0 时未作定义； 类型为 1 时此字段为密码信息； 类型为 2 时此字段包括 Key ID、MD5 验证数据长度和序列号的信息。 MD5 验证数据添加在 OSPF 报文后面，不包含在 Authenticaiton 字段中

10.2.3　Hello 报文

Hello 报文周期性地从启用 OSPF 的接口发出，用来建立和维持邻居关系。图 10-4 中的第 2 条报文是 OSPF Hello 报文，其详细字段信息如图 10-6 所示。

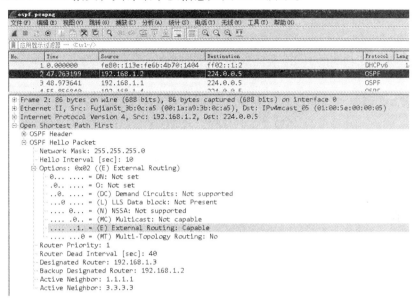

图 10-6　Hello 报文的格式

具体每个字段的含义见表 10-2，与图 10-6 中实际报文字段的值进行对照可以看出，发出这个报文的路由器认定了 DR 为 192.168.1.3，BDR 为 192.168.1.2，并且与 1.1.1.1 和 3.3.3.3 建立了邻居关系。

表 10-2　Hello 报文各字段含义

字　段	长度/bit	含　　义
Network Mask	32	发送 Hello 报文的接口所在网络的掩码
Hello Interval	16	发送 Hello 报文的时间间隔
Options	8	可选项： E：允许 Flood AS-External-LSAs MC：转发 IP 组播报文 N/P：处理 Type-7 LSAs DC：处理按需链路
Router Priority	8	DR 优先级，默认为 1。如果设置为 0，则路由器不能参与 DR 或 BDR 的选举
Router Dead Interval	32	失效时间。如果在此时间内未收到邻居发来的 Hello 报文，则认为邻居失效
Designated Router	32	DR 的接口地址
Backup Designated Router	32	BDR 的接口地址
Active Neighbor	32	邻居，以 Router ID 标识

Hello 报文的源地址是 192.168.1.2，目的地址是 224.0.0.5，所有运行 OSPF 协议的路由器都能够收到。图 10-4 中的第 2 条报文是从 192.168.1.2 发出的 OSPF Hello 报文，对应路由器 B 的 Router ID 为 2.2.2.2。第 3 条报文是从 192.168.1.1 发出的 OSPF Hello 报文，对应路由器 A 的 Router ID 为 1.1.1.1。第 4 条报文就是新增加到网络中的路由器 D 发出的 OSPF Hello 报文，因为此时它已经收到了路由器 B 和路由器 A 发出的 Hello 报文，因此第 4 条报文 OSPF Hello 的 Activer Neighbor 字段分别包含 1.1.1.1 和 2.2.2.2，如图 10-7 所示。第 4 条报文发出后，路由器 A 和路由器 B 在收到的 Hello 报文中看到自己的 Router ID，此时双方路由器都达到 OSPF 的 Two-way 状态。

第 5 和第 6 条报文是当路由器 B 收到路由器 D 发出的 OSPF Hello 报文后，准备单播发送 DBD 报文前，因为不知道路由器 D 的 192.168.1.4 对应的 MAC 地址而发出的 ARP 请求与响应报文。从图 10-7 中的 Info 字段可以看出报文功能。

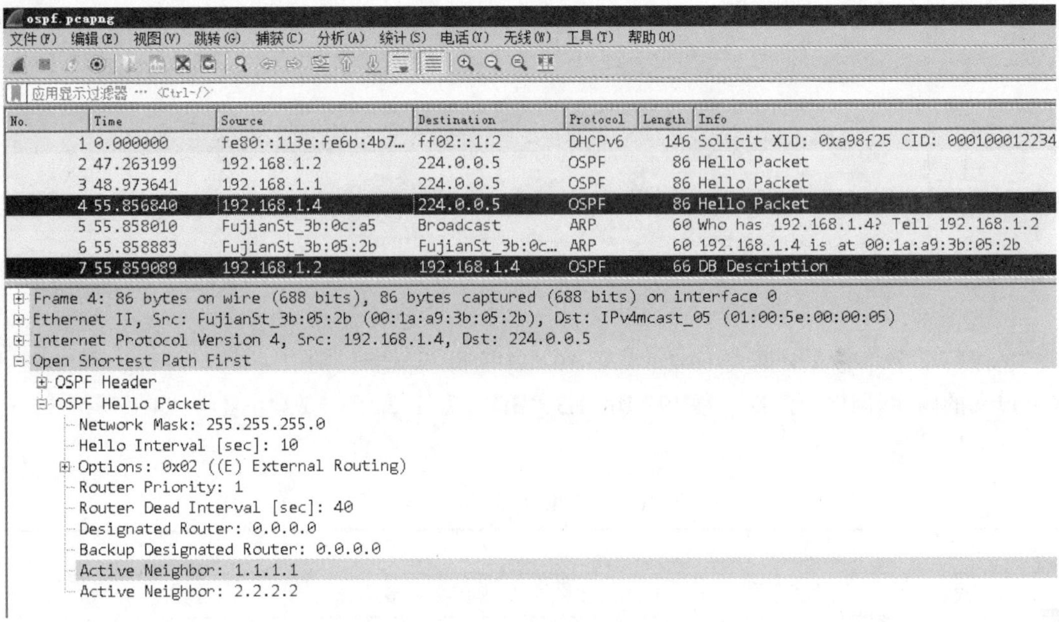

图 10-7　第 4 条报文的字段内容

10.2.4　数据库描述报文 DBD

从第 7 个报文开始，DR/BDR 将要和新加入网络中的路由器 D 交换数据库描述报文 DBD 了。

路由器 D 与 A、B 会进入 Exstart 状态并开始进行 Master 和 Slave 的协商，协商 Master 与 Slave 的目的是为了决定在后续的 LSA 交互中，谁来决定数据库描述报文 DBD 的序列号（Sequence Number），而 Router ID 大的那个 OSPF 路由器的接口将会成为 Master，由它来决定 DBD 的 Sequence Number，对端则成为 Slave。这里要注意 Master 不是 DR，要与 DR 的概念进行区分。这个协商过程是由交互 DBD 包实现的，使用的是空的 DBD 包，也就是不包含任何 LSA 头部的 DBD 包。这个包当中，有 3 个位非常关键：I、M、MS。I 位（或叫做 init 位）置为 1 表示这是第一个 DBD 报文。MS 位如果置 1，表示 DBD 报文始发路由器认为自己的 Master，起初每个路由器都这么认为，在一系列 DBD 交换后，就会得到选举结果，被选举为

Slave 的 OSPF 接口会将发送的 DBD 包 MS 位置为 0。M 位表示 More，如果一个 OSPF 接口发送的 DBD 包 M 位置 1，在表示这不是最后一个 DBD，后续还有 DBD 包待发送。

图 10-4 中第 7、10、12、14、16、19、20 个数据包是路由器 B（192.168.1.2）与路由器 D（192.168.1.4）在协商和交换 DBD 过程中出现的数据包，可以看出使用的都是单播，即只有对方 IP 地址的设备能够收到数据包。

图 10-8 是第 7 条报文 DBD 的格式。

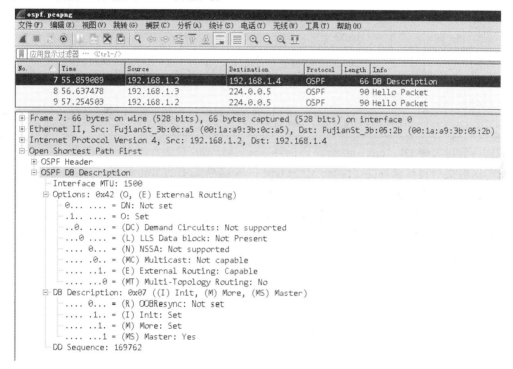

图 10-8　DBD 报文的字段内容

第 1 个字段表示数据包所在网段的最大传输单元，以太网是 1500 字节。第 3 个字段中的 I、M、MS 表示路由器 B 认为自己是 Master，这是它要发送的多个 DBD 中的第 1 个报文。第 4 个字段表示路由器 B 提议序号从 169 762 开始。具体每个字段的含义见表 10-3。

表 10-3　DBD 报文各字段含义

字段	长度/bit	含 义
Interface MTU	16	在不分片的情况下，此接口最大可发出的 IP 报文长度
Options	8	可选项： DC：表示对电路请求的处理方式，是否支持 L：是否存在 LLS 数据块 N/P：表示对类型 7 的 LSAs 的处理方式 MC：表示是否转发 IP 组播报文 E：允许 Flood AS-External-LSAs MT：MT-OSPF 使用

字段	长度/bit	含 义
DB Description	8	可选项： OOBResync: 1 比特　OOBResync 标志 I: 1 比特　当连续发送多个 DBD 报文时的第一个报文置为 1，否则置为 0 M (More): 1 比特　当连续发送多个 DD 报文时，如果这是最后一个 DD 报文则置为 0。否则置为 1，表示后面还有其他的 DD 报文 M/S (Master/Slave): 1 比特　当值为 1 时表示发送方为 Master
DD sequence number	32	DBD 报文序列号。主从双方利用序列号来保证 DBD 报文传输的可靠性和完整性
LSA Headers	可变	该 DBD 报文中所包含的 LSA 的头部信息

第 10 个报文中 DB Description 字段的标志 I、M、MS 位为 1，表示路由器 D 发给路由器 B 的 DBD 报文中也要求作为 Master，因为 OSPF 首部格式中的 Router ID 比路由器 B 的更大。路由器 D 使用的随机数序列号为 169 751，如图 10-9 所示。第 12 个报文中 DB Description 字段的标志位 I 为 0 说明这不是路由器 B 发给路由器 D 的第 1 个 DBD 了，它后面携带了 4 条 LSA Header。标志位 M 为 1 表示后面还有 DBD 需要发送。标志位 MS 为 0 表示路由器 B 不是 Master。序列号也为 169 751，表示确认，如图 10-10 所示。

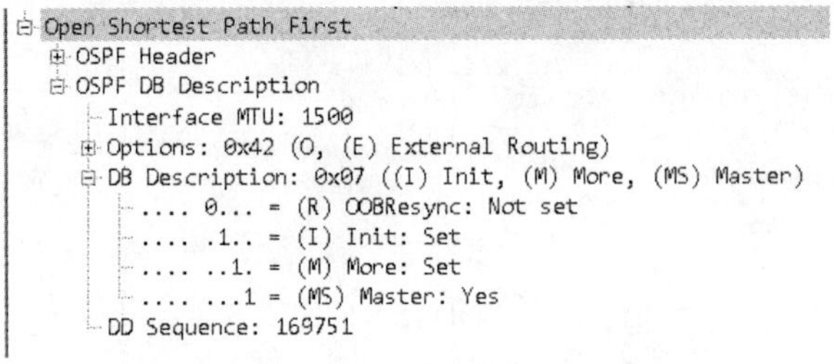

图 10-9　第 10 个报文的字段内容

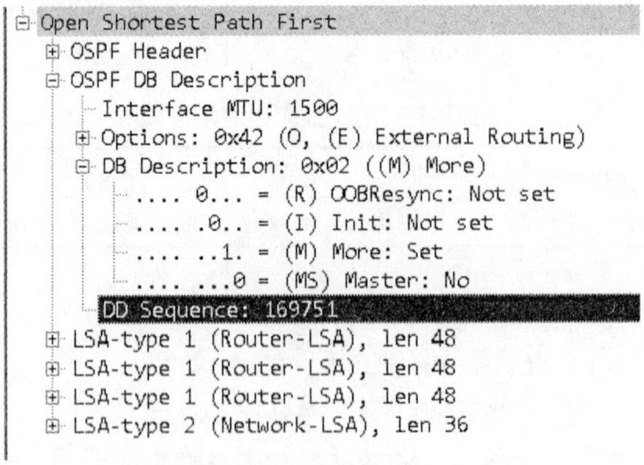

图 10-10　第 12 个报文的字段内容

第 12 个报文中包含 4 条 LSA 的 Header（LSA 的 Header 可以唯一标识一条 LSA）。LSA Header 只占一条 LSA 的整个数据量的一小部分，这样可以减少路由器之间的报文流量，对端路由器根据 LSA Header 就可以判断出是否已有这条 LSA。LSA 报文包含在 LSU 报文中，在介绍 LSU 报文时将会介绍 LSA Header 报文格式。

后面的第 14、16、19 和 20 个报文中字段的分析与前面类似。第 8、9 个报文是 192.168.1.3 和 192.168.1.2 周期性发出的 Hello 报文。第 11、13 个报文是 ARP 请求与响应报文。第 15、17、18、22、23、27、29 个报文是路由器 D 与路由器 C（DR）之间交互 DBD 的过程。

10.2.5　链路状态请求报文 LSR

两台路由器互相交换过 DBD 报文之后，知道对端的路由器有哪些 LSA 是本地的 LSDB 所缺少的，以及哪些 LSA 是已经失效的，这时需要发送 LSR 报文向对方请求所需的 LSA，内容包括所需要的 LSA 的摘要。LSR 报文格式如下图所示，其中 LS type、Link State ID 和 Advertising Router 可以唯一标识出一个 LSA，当两个 LSA 一样时，需要根据 LSA 中的 LS sequence number、LS checksum 和 LS age 来判断出所需要 LSA 的新旧。下图是路由器 B 向路由器 D 发出的请求报文（第 21 个），希望知道 4.4.4.0 网段的链路状态。

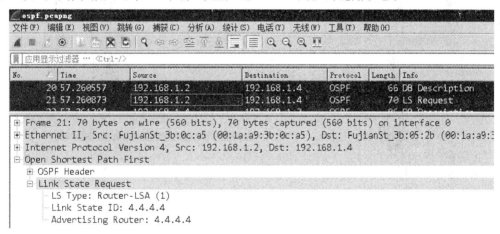

图 10-11　第 21 个报文（LSR）的字段内容

LSR 具体每个字段的含义见表 10-4。

表 10-4　LSR 报文各字段含义

字段	长度/bit	含　义
LS type	32	LSA 的类型号
Link State ID	32	根据 LSA 中的 LS Type 和 LSA description 在路由域中描述一个 LSA
Advertising Router	32	产生此 LSA 的路由器的 Router ID

10.2.6　链路状态更新报文 LSU

LSU 用来向发送 LSR 请求的路由器发送其所需要的 LSA 或者泛洪自己更新的 LSA，内容是多条 LSA（全部内容）的集合。LSU 报文在支持组播和广播的链路上是以组播形式将 LSA 泛洪出去的。第 25 个报文是针对第 21 个报文（LSR）的更新。格式如图 10-12 所示。目的地址为组播地址 224.0.0.6，DR 和 BDR 能够收到。

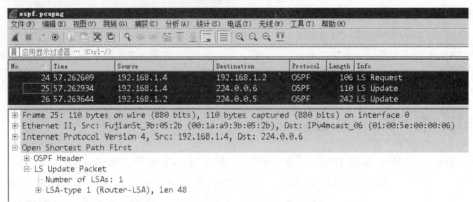

图 10-12　第 25 个报文（LSU）的字段内容

LSU 的第 1 个字段占 4 个字节，32 位，表示此报文中携带 LSA 的数量，图 10-12 中携带了一条 LSA。后面的内容就是这条 LSA 的完整内容了。

展开第 25 个报文 LSU 中的 LSA，图 10-13 是 LSA 的完整格式。

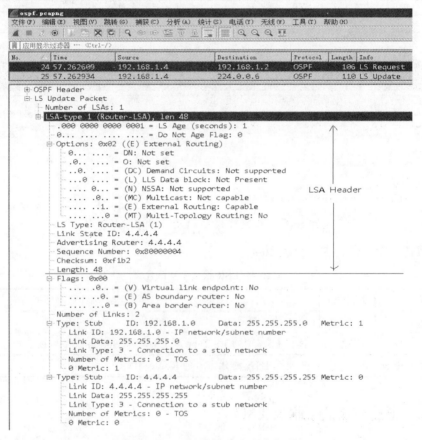

图 10-13　LSA 报文中的字段内容

常用的 LSA 共有 6 种，分别为 Router-LSA、Network-LSA、Network-summary-LSA、ASBR-summary-LSA、AS-External-LSA 和 NSSA-LSA。图 10-13 中的是第一种。所有的 LSA

都有相同的报文头（Header），各字段的含义见表 10-5。

表 10-5 LSA Header 各字段含义

字段	长度/bit	含义
LS Age	16	LSA 产生后所经过的时间，以秒为单位。无论 LSA 是在链路上传送，还是保存在 LSDB 中，其值都会不停地增长
Options	8	可选项： DC：表示对电路请求的处理方式，是否支持 L：是否存在 LLS 数据块 N/P：表示对类型 7 的 LSAs 的处理方式 MC：表示是否转发 IP 组播报文 E：允许 Flood AS-External-LSAs MT：MT-OSPF 使用
LS Type	8	LSA 的类型： Type1：Router-LSA Type2：Network-LSA Type3：Network-summary-LSA Type4：ASBR-summary-LSA Type5：AS-External-LSA Type7：NSSA-LSA
Link State ID	32	与 LSA 中的 LS Type 和 LSA description 一起在路由域中描述一个 LSA
Advertising Router	32	产生此 LSA 的路由器的 Router ID
Sequence Number	32	LSA 的序列号。其他路由器根据这个值可以判断哪个 LSA 是最新的
Checksum	16	除了 LS Age 外其他各域的校验和
Length	16	LSA 的总长度，包括 LSA Header，以字节为单位

LSA Header 中的 LS Type 字段表示该 LSA 的类型，它们的特点如下。

（1）Router-LSA：每个路由器都将产生 Router LSA，这种 LSA 只在本区域内传播，描述了路由器所有的链路、接口、状态和开销。

（2）Network-LSA：在每个多路访问网络中，DR 都会产生这种 Network-LSA，它只在产生这条 Network LSA 的区域内泛洪，描述了所有和它相连的路由器（包括 DR 本身）。

（3）Network-summary-LSA：由 ABR 路由器始发，用于通告该区域外部的目的地址，当其他路由器收到来自 ABR 的 Network-Summary-LSA 以后不会运行 SPF 算法，只简单地加上到达那个 ABR 的开销和 Network-Summary-LSA 中包含的开销，通过 ABR，到达目标地址的路由和开销一起被加进路由表里，这种依赖中间路由器来确定到达目标地址的完全路由（full route）实际上是距离矢量路由协议的行为。

（4）ASBR-summary-LSA：由 ABR 发出，除了所通告的目的地是一个 ASBR 而不是一个网络外，其他同 Network-summary-LSA。

（5）AS-External-LSA：发自 ASBR 路由器，用来通告到达 OSPF 自治系统外部的目的地，或者 OSPF 自治系统外部默认路由的 LSA，这种 LSA 将在全部 AS 内泛洪（4 个特殊区域除外）。

（6）NSSA-LSA：来自非完全 Stub 区域内 ASBR 路由器始发的 LSA 通告，它只在 NSSA 区域内泛洪，这是与 AS-External-LSA 的区别。

LSA Header 后面就是链路信息了。根据实际连接的网络不同，链路信息可能有很多条。图 10-13 中的 LSA 包含两条链路信息，表示接入了两个网络。具体的 LSA 内容部分各字段的含义见表 10-6。路由器 D 发出第 25 条 LSU 链路状态更新报文后，DR 和 BDR 都会收到，学习到了 4.4.4.0/24 网段的链路信息，第 28 条报文是 DR 在收到第 25 条 LSU 后向所有 OSPF 路由器发出的 LSU，通过这种方法及时告知其他路由器拓扑的变化，此次的更新是增量更新，只包含 1 条 LSA，是路由器 D 的链路状态信息。

表 10-6　LSA 报文内容部分各字段含义

字段	长度/bit	含　义
Flags	16	V (Virtual Link)：1 bit，如果产生此 LSA 的路由器是虚连接的端点，则置为 1 E (External)：1 bit，如果产生此 LSA 的路由器是 ASBR，则置为 1 B (Border)：1 bit，如果产生此 LSA 的路由器是 ABR，则置为 1
Number of Links	16	LSA 中所描述的链路信息的数量，包括路由器上处于某区域中的所有链路和接口。
Link ID	32	路由器所接入的目标，其值取决于连接的类型： 1：Router ID； 2：DR 的接口 IP 地址； 3：网段／子网号； 4：虚连接中对端的 Router ID
Link Data	32	连接数据，其值取决于连接的类型： unnumbered P2P：接口的索引值； stub 网络：子网掩码； 其他连接：路由器接口的 IP 地址
Link Type	8	路由器连接的基本描述： 1：点到点连接到另一台路由器； 2：连接到传输网络； 3：连接到 stub 网络； 4：虚拟链路
Number of Metrics	8	连接不同的链路的数量
Metric	16	链路的开销值

10.2.7　链路状态确认报文 LSAck

OSPF 协议要求使用可靠的报文传输机制，但 TCP 协议使用的"三次握手""四次挥手"机制过于烦琐，对于数据量不大的 OSPF 报文传输来讲会妨碍其灵活性，影响收敛速度。因此 OSPF 不使用 TCP，增加了 LSAck 确认报文是否实现了可靠传输，如果没有收到确认报文需要进行重传。

第 28 条报文 DR 增量更新路由器 D 的链路状态,目的地址是 224.0.0.5,所有路由器都会单播向路由器 C(DR)发送 LSAck。第 31 条是路由器 D 发出的链路状态确认报文,内容是需要确认的 LSA 的 Header。

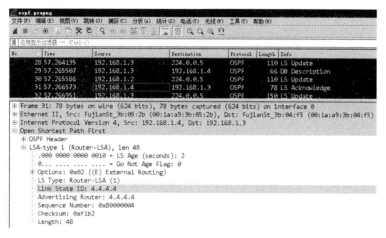

图 10-14　LSAck 报文中的字段

10.3　OSPF 的路径开销与等价多路径负载均衡

10.3.1　OSPF 的路径开销

1. 默认度量方式

OSPF 使用从路由器去往目的网络的路径上所有出接口的 Cost 之和来衡量一条路径的优劣,Cost 的计算方法为:10^8/接口带宽(b/s)。图 10-15 中路由器 C 去往路由器 A 的环回接口 1.1.1.1 有两条路径,上方路径的 Cost 为 3 个接口的 Cost 求和,分别是路由器 C 的 S3/0,路由器 B 的 S2/0 和路由器 A 的 Lo 0。下方路径的 Cost 也是 3 个接口的 Cost 求和,分别是路由器 C 的 S2/0,路由器 D 的 S3/0 和路由器 A 的 Lo 0。

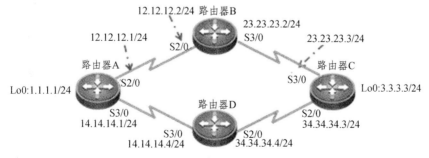

图 10-15　OSPF 路径开销

对上图配置 OSPF 验证路径开销,首先按照图 10-15 所示拓扑配置接口 IP 地址。下面的代码配置 OSPF 协议,所有路由器在区域 0 中。

路由器 A 的配置：

```
RouterA(config)#    router ospf 1
RouterA(config-router)# network 1.1.1.0 0.0.0.255 area 0
RouterA(config-router)# network 12.12.12.0 0.0.0.255 area 0
RouterA(config-router)# network 14.14.14.0 0.0.0.255 area 0
```

路由器 B 的配置：

```
RouterB(config)# router ospf 1
RouterB(config-router)# network 12.12.12.0 0.0.0.255 area 0
RouterB(config-router)# network 23.23.23.0 0.0.0.255 area 0
```

路由器 C 的配置：

```
RouterC(config)#    router ospf 1
RouterC(config-router)# network 3.3.3.0 0.0.0.255 area 0
RouterC(config-router)# network 23.23.23.0 0.0.0.255 area 0
RouterC(config-router)# network 34.34.34.0 0.0.0.255 area 0
```

路由器 D 的配置：

```
RouterD(config)#    router ospf 1
RouterD(config-router)# network 14.14.14.0 0.0.0.255 area 0
RouterD(config-router)# network 34.34.34.0 0.0.0.255 area 0
```

配置完毕后在路由器 C 上查看路由表中 OSPF 条目，去往 1.1.1.1/32 的两条路径上的管理距离为 110，Cost 为 100。

```
RouterC# show ip route ospf
O    1.1.1.1/32 [110/100] via 23.23.23.2, 11:40:48, Serial 3/0
                [110/100] via 34.34.34.4, 11:40:48, Serial 2/0
O    12.12.12.0/24 [110/100] via 23.23.23.2, 11:41:19, Serial 3/0
O    14.14.14.0/24 [110/100] via 34.34.34.4, 11:40:48, Serial 2/0
```

在路由器 C 上查看接口 S3/0 的状态信息，其中 "MTU 1500 bytes, BW 2000 Kbit" 表示此接口的最大传输单元为 1500 字节，带宽设定为 2000 Kb/s。因此，此接口的 Cost 为 $10^8/2000\,000 = 50$。

```
RouterC# show int s3/0
Index(dec):4 (hex):4
Serial 3/0 is UP    , line protocol is UP
Hardware is SIC-1HS HDLC CONTROLLER Serial
Interface address is: 23.23.23.3/24
  MTU 1500 bytes, BW 2000 Kbit                //路由器 C 的 S3/0 接口的带宽为 2000 Kb/s
  Encapsulation protocol is HDLC, loopback not set
```

```
        Keepalive interval is 10 sec , set
        Carrier delay is 2 sec
        RXload is 1 ,Txload is 1
        Queueing strategy: FIFO
          Output queue 0/40, 0 drops;
          Input queue 0/75, 0 drops
          1 carrier transitions
          V35 DTE cable
          DCD=up  DSR=up  DTR=up  RTS=up  CTS=up
        5 minutes input rate 74 bits/sec, 0 packets/sec
        5 minutes output rate 78 bits/sec, 0 packets/sec
          9542 packets input, 454562 bytes, 0 no buffer, 0 dropped
          Received 4745 broadcasts, 0 runts, 0 giants
          0 input errors, 0 CRC, 0 frame, 0 overrun, 0 abort
          9539 packets output, 454114 bytes, 0 underruns , 0 dropped
          0 output errors, 0 collisions, 2 interface resets
     RouterC#
```

同理，在路由器 B 上查看接口 S2/0 的状态信息，带宽同样设定为 2000 Kb/s。因此，此接口的 Cost 为 $10^8/2000\ 000 = 50$。路由器 A 的 Lo 0 接口的带宽为 8 000 000 Kb/s，Cost 为 $10^8/8000\ 000\ 000 = 0.0125$。

```
     RouterB# show int s2/0 | include BW           // 查看路由器 B 的 S2/0 接口信息
        MTU 1500 bytes, BW 2000 Kbit              // 路由器 B 的 S2/0 接口的带宽为 2 000 Kb/s
     RouterB#
     RouterA# show int loopback 0 | include BW     // 查看路由器 A 的 Lo 0 接口信息
        MTU 1500 bytes, BW 8000000 Kbit           // 路由器 A 的 Lo 0 接口的带宽为 8 000 000 Kb/s
     RouterA#
```

同理，在路由器 B 上查看接口 S2/0 的状态信息，带宽同样设定为 2000 Kb/s。因此，此接口的 Cost 为 $10^8/2000\ 000 = 50$。路由器 A 的 Lo 0 接口为环回接口，锐捷路由器的环回接口 Cost 为 0。将所有接口的 Cost 相加：50+50+0=100，即是此路径的总 Cost。

在路由器的接口上修改 Bandwidth 可以影响 OSPF 对 Cost 的计算。下面将路由器 C 的 S3/0 接口 Bandwidth 改为 1550，S2/0 接口 Bandwidth 改为 1551，再查看路由器 C 的路由表。

```
     RouterC# conf t
     RouterC(config)# int s3/0                         // 进入 S3/0 接口配置模式
     RouterC(config-if-Serial 3/0)# bandwidth 1550     // 更高 Bandwidth 为 1550
     RouterC(config-if-Serial 3/0)# int s2/0           // 进入 S2/0 接口配置模式
     RouterC(config-if-Serial 2/0)# bandwidth 1551     // 更高 Bandwidth 为 1551
     RouterC(config-if-Serial 2/0)# end
```

```
RouterC# show ip route ospf                               // 查看路由表中的 OSPF 条目
O    1.1.1.1/32 [110/114] via 34.34.34.4, 00:00:05, Serial 2/0
O    12.12.12.0/24 [110/115] via 23.23.23.2, 00:00:15, Serial 3/0    // 到达 12.12.12.0/24 的 Cost 为 115
O    14.14.14.0/24 [110/114] via 34.34.34.4, 00:00:05, Serial 2/0    // 到达 14.14.14.0/24 的 Cost 为 114
```

接口 S3/0 的带宽改为 1550 后，Cost 的计算为 $10^8/1550\,000 = 64.51$（保留两位小数）。小数点后一位为 5，四舍五入取整后结果为 65，与路由器 B 的 S2/0 接口上的 Cost=$10^8/2000\,000 = 50$ 相加后结果为 115。而接口 S2/0 的带宽改为 1551 后，Cost 的计算为 $10^8/1551\,000 = 64.47$（保留两位小数）。小数点后一位为 4，四舍五入取整后结果为 64，与路由器 D 的 S3/0 接口上的 Cost=$10^8/2000\,000 = 50$ 相加后结果为 114。

从上面的结果中可以看出锐捷路由器实现 OSPF 接口 Cost 是采用 10^8/接口带宽（b/s）的方式，结果根据小数点后一位四舍五入取整。环回接口下更改 Bandwidth 不影响其 Cost 始终为 0。

另外，在计算接口 Cost 时参考带宽采用的是快速以太网的带宽 10^8 b/s，如果以太网的接口带宽为千兆，而采用默认的百兆参考带宽计算，显然不合理。下面的指令可以查看参考带宽，修改参考带宽和恢复参考带宽。

```
RouterC#    show ip protocols                             // 查看路由协议信息
Routing Protocol is "ospf 1"
    Outgoing update filter list for all interfaces is not set
    Incoming update filter list for all interfaces is not set
    Router ID 3.3.3.3
    Memory Overflow is enabled
    Router is not in overflow state now
    Number of areas in this router is 1: 1 normal 0 stub 0 nssa
    Routing for Networks:
        3.3.3.0 0.0.0.255 area 0
        23.23.23.0 0.0.0.255 area 0
        34.34.34.0 0.0.0.255 area 0
    Reference bandwidth unit is 100 mbps                  // 计算 cost 时的默认参考带宽为 100 Mb/s
    Distance: (default is 110)
RouterC# conf t
RouterC(config)# router ospf 1
RouterC(config-router)# auto-cost reference-bandwidth ?   // 查看可修改的参考带宽范围
    <1-4294967>   The reference bandwidth in terms of Mbits per second    // 单位符号是 Mb/s
RouterC(config-router)# auto-cost reference-bandwidth 200  // 修改参考带宽为 200 M
RouterC(config-router)# end
RouterC# show ip route ospf
O    1.1.1.1/32 [110/179] via 23.23.23.2, 00:00:11, Serial 3/0     // Cost 变为 179
                 [110/179] via 34.34.34.4, 00:00:11, Serial 2/0    // Cost 变为 179
O    12.12.12.0/24 [110/179] via 23.23.23.2, 00:00:11, Serial 3/0
```

```
O      14.14.14.0/24 [110/179] via 34.34.34.4, 00:00:11, Serial 2/0
RouterC#
```

参考带宽修改为 200 Mb/s 后，接口上 Cost 的计算方法变为：$2×10^8/1550=129.03$（保留两位小数），$2×10^8/1551=128.94$（保留两位小数）。根据小数点后一位四舍五入取整，结果都是 129，与另一链路上的 Cost(50) 相加，总 Cost 为 179。

下列指令能够恢复参考带宽。

```
RouterC# conf t
RouterC(config)# router ospf 1
RouterC(config-router)# no auto-cost reference-bandwidth      // 还原参考带宽
RouterC(config-router)# end
RouterC# show ip protocols | include bandwidth                // 查看路由协议信息
    Reference bandwidth unit is 100 mbps                       // 参考带宽还原为 100 Mb/s
RouterC#
```

2. 手工配置 Cost 方式

在接口配置模式下，路由器为管理员提供了手工更改接口 Cost 的方式，使用指令"ip ospf cost"，这种方式优先默认度量方式。

```
RouterC(config)# int s3/0
RouterC(config-if-Serial 3/0)# ip ospf cost ?                 // 手工配置 Cost 的范围
  <1-65535>   Cost
RouterC(config-if-Serial 3/0)# ip ospf cost 80               // 更改 S3/0 接口 Cost 为 80
RouterC(config-if-Serial 3/0)#end
RouterC# show ip route ospf                                   // 查看路由表中的 OSPF 条目
O     1.1.1.1/32 [110/114] via 34.34.34.4, 00:01:44, Serial 2/0
O     12.12.12.0/24 [110/130] via 23.23.23.2, 00:00:06, Serial 3/0    // cost 值变为 130
O     14.14.14.0/24 [110/114] via 34.34.34.4, 00:01:44, Serial 2/0
```

使用"ip ospf cost"将 Cost 改为 80 后，与路由器 B 的 S2/0 的 Cost(50)相加，路径总 Cost 为 130。取消手工配置 Cost 需要使用指令"no ip ospf cost"。

```
RouterC# conf t
RouterC(config)# int s3/0
RouterC(config-if-Serial 3/0)# no ip ospf cost
RouterC(config-if-Serial 3/0)#
```

还原路由器接口上配置的 Bandwidth 使用"no Bandwidth"即可。取消路由器 C 的 S2/0 和 S3/0 的 Bandwidth 配置，路由表中将会出现两条等价路由到 1.1.1.1/24，Cost 值都是 100。

```
RouterC# conf t
RouterC(config)# int s2/0
```

```
RouterC(config-if-Serial 2/0)# no bandwidth              // 还原默认 bandwidth
RouterC(config-if-Serial 2/0)# int s3/0
RouterC(config-if-Serial 3/0)# no bandwidth              // 还原默认 bandwidth
RouterC(config-if-Serial 3/0)# end
RouterC# show ip route ospf
O      1.1.1.1/32 [110/100] via 23.23.23.2, 00:00:04, Serial 3/0        // Cost 为 100
                  [110/100] via 34.34.34.4, 00:00:04, Serial 2/0        // Cost 为 100
O      12.12.12.0/24 [110/100] via 23.23.23.2, 00:00:04, Serial 3/0
O      14.14.14.0/24 [110/100] via 34.34.34.4, 00:00:10, Serial 2/0
RouterC#
```

10.3.2　OSPF 的等价多路径负载均衡

等价多路径（Equal-Cost Multipath Routing，ECMP）负载均衡是指当存在多条链路能够到达同一个目的网络，并且具有相同路径开销时，数据转发流量通过不同的路径分担，实现网络的负载均衡，并在其中某些路径出现故障时，由其他路径代替完成转发处理，实现路由冗余备份功能。如果使用传统的路由技术，发往目的网络的数据包只能利用其中的一条链路，其他链路处于备份或无效状态，并且在动态路由环境下相互的切换需要一定的时间，而 ECMP 负载均衡可以在该网络环境下同时使用多条链路，不仅增加了传输带宽，并且可以无时延无丢包地备份失效链路的数据传输。

OSPF 支持路径等价的负载均衡，当不能确保路径 Cost 值相等时，可以在了解网络拓扑后使用 "ip ospf cost" 指令手工设定，从而实现 OSPF 的等价负载均衡。默认情况下，OSPF 路由器最多支持 4 条到达同一目的地的等价路径，不过可以使用 "maximum-paths" 命令调整最大数量。

```
RouterC(config)# maximum-paths ?
  <1-32>   Maximum paths
```

在多条等价路径上分配数据包的方式有两种：

1. 基于数据流的负载均衡

目的地址和源地址相同的报文属于一个数据流。基于数据流的负载分担方式就是根据数据流的数量均匀分担到不同的链路，一个完整的数据流占有一条链路，假定有 10 个数据流，有 2 条路径可选择，则每条链路各传输 5 个数据流。

2. 基于数据报文数的负载分担

根据转发报文的数量均匀分担在不同链路上传输，假定有 10 个数据报文，有 2 个路径可选择，则每条链路各传输 5 个报文。

下面在图 10-15 的基础上添加一台交换机和两台 PC 来验证基于数据流的负载均衡方式。拓扑如图 10-16 所示，路由器 C 的 F0/0 接口配置 IP 地址 192.168.1.254/24 作为两台 PC 的网关，交换机连接路由器 C 和 PC，PC 的地址如图所示，PC 的网关配置为 192.168.1.254。

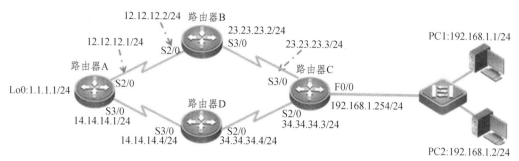

图 10-16　OSPF 等价负载均衡

路由器 C 上需要增加的指令如下，交换机不做配置。

```
RouterC(config)# int fa0/0
RouterC(config-if-FastEthernet 0/0)# ip add 192.168.1.254 255.255.255.0        // 配置 IP 地址
RouterC(config-if-FastEthernet 0/0)# no shut                                    // 激活接口
RouterC(config-if-FastEthernet 0/0)# exit
RouterC(config)# router ospf 1
RouterC(config-router)# network 192.168.1.0 0.0.0.255 area 0                    // 增加路由发布
RouterC(config-router)# exit
```

在路由器 A 上查看路由表，去往 192.168.1.0/24 网段存在两条等价路径，Cost 为 101，分别经过 12.12.12.2 和 14.14.14.4。

```
RouterA# show ip route ospf
O    3.3.3.3/32 [110/100] via 12.12.12.2, 05:31:40, Serial 2/0
               [110/100] via 14.14.14.4, 05:31:40, Serial 3/0
O    23.23.23.0/24 [110/100] via 12.12.12.2, 06:12:04, Serial 2/0
O    34.34.34.0/24 [110/100] via 14.14.14.4, 05:31:51, Serial 3/0
O    192.168.1.0/24 [110/101] via 12.12.12.2, 05:31:40, Serial 2/0   // 存在两条等价路径通往 192.168.1.0
               [110/101] via 14.14.14.4, 05:31:40, Serial 3/0   // 存在两条等价路径通往 192.168.1.0
RouterA#
```

使用指令 "show ip route target-network" 命令能够显示等价路径，target-network 为目标网络。

```
RouterA# show ip route 192.168.1.0
Routing entry for 192.168.1.0/24
  Distance 110, metric 101
  Routing Descriptor Blocks:
  *12.12.12.2, 05:37:29 ago, via Serial 2/0, generated by OSPF        // 行首存在星号
   14.14.14.4, 05:37:29 ago, via Serial 3/0, generated by OSPF
RouterA#
```

命令输出结果中有两个路由描述块，每块对应一条到达目的网络的路由，如果某个描述块的行首出现星号，表明该路由是用于转发新数据流的活动（Active）路由。在路由器 A 上使用 "ping" 命令测试与 PC1 和 PC2 的连通性，然后再次查看活动路由是否改变。可以发现

目的地址的改变会导致活动路由也发生变化，说明负载均衡的分配方式依赖于由源和目的地址确定的数据流。

```
RouterA#   ping   192.168.1.1                              // 测试 PC1
Sending 5, 100-byte ICMP Echoes to 192.168.1.1, timeout is 2 seconds:
  < press Ctrl+C to break >
!!!!!
Success rate is 100 percent (5/5), round-trip min/avg/max = 70/74/80 ms
RouterA# show ip route 192.168.1.0
Routing entry for 192.168.1.0/24
   Distance 110, metric 101
   Routing Descriptor Blocks:
    12.12.12.2, 05:41:34 ago, via Serial 2/0, generated by OSPF
    *14.14.14.4, 05:41:34 ago, via Serial 3/0, generated by OSPF       // 活动路由发生变化。
RouterA# ping   192.168.1.2                                // 测试 PC2
Sending 5, 100-byte ICMP Echoes to 192.168.1.2, timeout is 2 seconds:
  < press Ctrl+C to break >
!!!!!
Success rate is 100 percent (5/5), round-trip min/avg/max = 70/72/80 ms
RouterA#sh ip route 192.168.1.0
Routing entry for 192.168.1.0/24
   Distance 110, metric 101
   Routing Descriptor Blocks:
    *12.12.12.2, 05:47:50 ago, via Serial 2/0, generated by OSPF       // 活动路由发生变化
    14.14.14.4, 05:47:50 ago, via Serial 3/0, generated by OSPF
RouterA#
```

从以上结果看出，当路由器 A 需要将目的地址为 192.168.1.1 和 192.168.1.2 的两个数据流进行转发时，目的地址为 192.168.1.1 的数据流经过 14.14.14.4 地址转发，即图 10-16 中下方的一条路径，目的地址为 192.168.1.2 的数据流经过 12.12.12.2 地址转发，即图 10-16 中上方的一条路径。

10.4　OSPF 的接口参数配置

10.4.1　OSPF 接口的计时器

常见的 OSPF 计时器包括 Hellotimer 和 Deadtimer，它们分别确定发送 Hello 消息和保持邻居关系的计时器周期时间。同一链路上的 Hello 报文间隔和 Dead 间隔必须相同才能建立邻居关系。默认情况下，点对点（Point-to-Point）和广播（Broadcat）型网络接口之间发送 Hello

消息的间隔是 10 s，邻居故障时间是 40 s；点对多点（Point-to-Multipoint）和非广播多路访问（Non-broadcast Multiple Access）类型网络接口之间发送 Hello 消息的间隔为 30 s，相邻失效时间为 120 s。

默认 Dead 间隔是 Hello 的 4 倍，调整 Hello 间隔时，Dead 间隔会自动更改，但反过来，调整 Dead 间隔时，Hello 间隔不会跟着调整。在图 10-16 拓扑中路由器 A 与路由器 B 之间的链路上进行验证，更改路由器 A 的 S2/0 接口上的 Hello 间隔为 15 s，查看结果。

```
RouterA# conf t
RouterA(config)# int s2/0
RouterA(config-if-Serial 2/0)# ip ospf hello-interval 15          // 更改 Hello 时间间隔为 15 s
Sep  5  17:01:13: %OSPF-4-IF_CONF_ERR: Received Hello packet from 23.23.23.2 via Serial 2/0:
12.12.12.1: hello interval mismatch.                              // 提示 Hello 间隔不匹配。
RouterA(config-if-Serial 2/0)#
```

在 Hello 报文中存在"Hello Interval"字段，当接收的 Hello 报文中的此字段与本接口不一致时提示错误信息。在路由器 A 上查看接口 S2/0 的 OSPF 信息，Hello 间隔已经更改为 15 s，同时 Dead 时间变为 Hello 的 4 倍，为 60 s。如下所示。

```
RouterA# show ip ospf int s2/0
Serial 2/0 is up, line protocol is up
    Internet Address 12.12.12.1/24, Ifindex 3, Area 0.0.0.0, MTU 1500
    Matching network config: 12.12.12.0/24
    Process ID 1, Router ID 1.1.1.1, Network Type POINTOPOINT, Cost: 50
    Transmit Delay is 1 sec, State Point-To-Point
    Timer intervals configured, Hello 15, Dead 60, Wait 60, Retransmit 5      //Hello 间隔为 15 s
        Hello due in 00:00:09                                  // 距离下次发送 Hello 的时间
    Neighbor Count is 0, Adjacent neighbor count is 0
    Crypt Sequence Number is 120693
    Hello received 2612 sent 2645, DD received 9 sent 12
    LS-Req received 1 sent 1, LS-Upd received 49 sent 44
    LS-Ack received 38 sent 42, Discarded 47
RouterA#
```

此时路由器 B 上的 S2/0 接口的时间参数如下。

```
RouterB# show ip ospf int s2/0
Serial 2/0 is up, line protocol is up
    Internet Address 12.12.12.2/24, Ifindex 3, Area 0.0.0.0, MTU 1500
    Matching network config: 12.12.12.0/24
    Process ID 1, Router ID 23.23.23.2, Network Type POINTOPOINT, Cost: 50
    Transmit Delay is 1 sec, State Point-To-Point
    Timer intervals configured, Hello 10, Dead 40, Wait 40, Retransmit 5      // 默认 Hello 间隔 10 s
```

```
Hello due in 00:00:09
Neighbor Count is 0, Adjacent neighbor count is 0
Crypt Sequence Number is 94508
Hello received 2614 sent 2653, DD received 12 sent 9
LS-Req received 1 sent 1, LS-Upd received 44 sent 61
LS-Ack received 42 sent 38, Discarded 28
```

链路两端 Hello 间隔不一致，所以无法建立邻居关系。使用"ip ospf dead-interval"指令可以更改 Dead 时间。"Wait"表示在选举 DR 和 BDR 之前等待邻居路由器 Hello 包的最长时间；"Retransmit"表示在没有得到确认的情况下重传 OSPF 数据包等待的时间，默认为 5 s，可以通过"ip ospf retransmit-interval"命令修改。

恢复路由器接口上 OSPF 的定时器可以使用"no ip ospf hello-interval"或者"ip ospf hello-interval 10"。

10.4.2　OSPF 邻居身份认证

OSPF 通过对邻居身份进行验证可以避免接收到伪造的路由更新。与 RIP 认证类似，OSPF 也有明文认证和 MD5 认证两种方式，默认情况下没有启用验证功能。与 RIP 不同的是 OSPF 开启认证的方式有两种：一种是接口上开启验证；另一种是在区域中开启验证。如果区域认证方式和接口认证方式都配置了，则以接口认证方式为准。

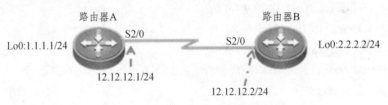

图 10-17　OSPF 邻居身份认证

1. 明文身份认证

如图 10-17 所示配置 IP 地址，OSPF 的配置如下。

路由器 A 上配置 OSPF：

```
RouterA# conf t
RouterA(config)# router ospf 1
RouterA(config-router)# network 1.1.1.0 0.0.0.255 area 0
RouterA(config-router)# network 12.12.12.0 0.0.0.255 area 0
```

路由器 B 上配置 OSPF：

```
RouterB# conf t
RouterB(config)# router ospf 1
RouterB(config-router)# network 2.2.2.0 0.0.0.255 area 0
RouterB(config-router)# network 12.12.12.0 0.0.0.255 area 0
```

因为默认情况下 OSPF 没有启用验证功能，此时在两个路由器上的特权配置模式下使用"show ip ospf neighbor"都可以看到已经建立起来的邻居关系。下面的指令在区域 0 中开启明文认证，开启后经过一个 Hello 报文周期，认证失败，邻居关系消失。每过一个 Hello 周期都会弹出认证类型不匹配的提示。

```
RouterA(config)#  router ospf 1
RouterA(config-router)# area 0 authentication ?
  message-digest   Use message-digest authentication
  <cr>
RouterA(config-router)# area 0 authentication          // 区域 0 开启明文认证
*Sep   6 10:38:26: %OSPF-4-AUTH_ERR: Received [Hello] packet from 2.2.2.2 via Serial 2/0:12.
12.12.1: Authentication type mismatch.                 // 认证类型不匹配
*Sep   6 10:38:37: %OSPF-4-AUTH_ERR: Received [Hello] packet from 2.2.2.2 via Serial 2/0:12.
12.12.1: Authentication type mismatch.
*Sep   6 10:38:46: %OSPF-4-AUTH_ERR: Received [Hello] packet from 2.2.2.2 via Serial 2/0:12.
12.12.1: Authentication type mismatch.
RouterA(config-router)#
```

路由器 A 这边开启了认证后，需要路由器 B 同样开启认证，并且配置相同的密码后才能认证成功。下面的指令开启路由器 B 的区域认证，并且在接口模式配置认证密码。

路由器 A 的配置：

```
RouterA(config-router)# exit
RouterA(config)# int s2/0
RouterA(config-if-Serial 2/0)# ip ospf authentication-key 123          // 配置明文密码为 123
```

路由器 B 的配置：

```
RouterB(config)# router ospf 1
RouterB(config-router)# area    0 authentication
RouterB(config-router)# exit
RouterB(config)# int s2/0
RouterB(config-if-Serial 2/0)# ip ospf authentication-key 123          // 配置明文密码为 123
```

当路由器 A 和路由器 B 上都配置了认证之后，邻居关系就再次建立起来了。如果不想对整个区域验证，而是针对某条链路进行验证，可以在接口模式打开认证，下面的指令取消区域认证，在接口上启动认证。

路由器 A 的配置：

```
RouterA(config)# router ospf 1
RouterA(config-router)# no area    0 authentication          // 取消区域认证
RouterA(config-router)# exit
RouterA(config)# int s2/0
RouterA(config-if-Serial 2/0)# ip ospf authentication        // 启用接口上的认证
```

路由器 B 的配置：

```
RouterB(config)# router ospf 1
RouterB(config-router)# no area 0 authentication          // 取消区域认证
RouterB(config-router)# exit
RouterB(config)# int s2/0
RouterB(config-if-Serial 2/0)# ip ospf authentication      // 启用接口上的认证
```

由于已经在接口上配置了认证密码，所以当认证方式从区域认证调整为接口认证后，两台路由器之间认证通过，可以建立邻居关系。

```
RouterA#    show ip ospf neighbor
OSPF process 1, 1 Neighbors, 1 is Full:

Neighbor ID    Pri      State      BFD State   Dead Time   Address       Interface
2.2.2.2         1       Full/ –       –        00:00:36    12.12.12.2    Serial 2/0
```

配置的密码因为是明文，在使用"show run"等指令时能够直观看到，全局配置模式启用"service password-encryption"功能后，将以加密的形式显示。

```
RouterA#    show run | begin int              // 从 int 字符串开始显示 running-config 文件
interface Serial 2/0
  encapsulation HDLC
  ip ospf authentication
  ip ospf authentication-key 123              // 明文显示
  ip address 12.12.12.1 255.255.255.0
  clock rate 64000
!
RouterA(config)# service password-encryption  // 开启密码以加密形式存储和显示
RouterA(config)# exit
RouterA#    show run | begin int              // 再次查看
interface Serial 2/0
  encapsulation HDLC
  ip ospf authentication
  ip ospf authentication-key 7 02121164       // 以加密方式存储
  ip address 12.12.12.1 255.255.255.0
  clock rate 64000
!
```

2. MD5 身份认证

OSPF 的 MD5 验证允许在接口上配置多个密码，从而可以方便、安全地改变密码。使用的指令格式为"ip ospf message-digest-key key-id md5 key"其中"key-id"是一个取值为 1~255 的标识符（ID），"key"是由数字和字母组成的密码，最长 16 个字符。链路两端的 ID 与密码需要都相同才能认证成功，以下是验证过程。

取消路由器 A 上的明文认证：

```
RouterA(config)# int s2/0
RouterA(config-if-Serial 2/0)# no ip ospf authentication
```

开启路由器 A 上的区域 MD5 认证或者接口 MD5 认证，两者同开，接口上的认证优先。

```
RouterA(config-if-Serial 2/0)#    exit
RouterA(config)#    router ospf 1
RouterA(config-router)# area 0    authentication message-digest          // 区域 0 上开启 MD 认证
RouterA(config-router)# exit
RouterA(config)# int s2/0
RouterA(config-if-Serial 2/0)# ip ospf authentication message-digest     // 接口上开启 MD 认证
RouterA(config-if-Serial 2/0)# ip ospf message-digest-key 1 md5 key01     // 配置认证密码 ID=1，密
码为 key01
```

取消路由器 B 上的明文认证：

```
RouterB(config)# int s2/0
RouterB(config-if-Serial 2/0)# ip ospf authentication message-digest      // 调整接口 S2/0 上的认证
方式为 MD
RouterB(config-if-Serial 2/0)# ip ospf message-digest-key 2 md5 key01      // 配置认证密码 ID=2，密
码为 key01
    *Sep    6  16:49:02:  %OSPF-4-AUTH_ERR:  Received  [Hello]  packet  from  1.1.1.1  via  Serial
2/0:12.12.12.2: Authentication error.                                      // 密码和对方不匹配，认
证失败
RouterB(config-if-Serial 2/0)# no ip ospf message-digest-key 2            // 取消 ID=2 的密码
RouterB(config-if-Serial 2/0)# ip ospf message-digest-key 1 md5 key02     // 配置认证密码 ID=1，密
码为 key02
    *Sep    6  16:51:42:  %OSPF-4-AUTH_ERR:  Received  [Hello]  packet  from  1.1.1.1  via  Serial
2/0:12.12.12.2: MD5 authentication.                                        // 密码和对方不匹配，认
证失败
RouterB(config-if-Serial 2/0)# no ip ospf message-digest-key 1            // 取消 ID=1 的密码
RouterB(config-if-Serial 2/0)# ip ospf message-digest-key 1 md5 key01     // 配置认证密码 ID=1，密
码为 key01
    *Sep    6  16:53:23:  %OSPF-5-ADJCHG:  Process  1,  Nbr  1.1.1.1-Serial  2/0 from Down to Init,
HelloReceived.
    *Sep    6  16:53:23:  %OSPF-5-ADJCHG:  Process  1,  Nbr  1.1.1.1-Serial  2/0 from Loading to Full,
LoadingDone.                                        // 密码和对方匹配，认证成功，建立邻居关系
```

上面的配置过程说明不论是 ID 还是密码，链路两端必须全部相同才能认证成功。设置 ID 的目的是能够完成不中断密码更换。一方需要更换密码时可以保留原密码和 ID，增加一个新

的 ID 和密码，然后通知另外一段增加新的 ID 和密码，最后双方删除旧 ID 和密码，这个过程不会出现中断现象。

10.5 多区域 OSPF 的配置

OSPF 协议的应用比较广泛，在大型的网络中，为了降低链路状态数据库的大小从而提高 OSPF 的运行效率，常常使用多区域的方式部署 OSPF。限于路由器的内存和 CPU 的性能，考虑到网络拓扑的稳定性，一般情况下一个区域内不要部署超过 100 台 OSPF 路由器。图 10-18 中共有三个区域，路由器 B 和路由器 C 是区域边界路由器。路由器 C 的 Loopback 接口属于区域 0。

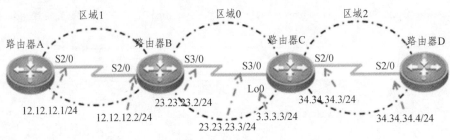

图 10-18　多区域 OSPF

根据图中所示的接口配置 IP 地址和 OSPF 协议，参考指令如下。
路由器 A 的配置：

```
RouterA# conf t
RouterA(config)# int s2/0
RouterA(config-if-Serial 2/0)# ip address 12.12.12.1 255.255.255.0
RouterA(config-if-Serial 2/0)# no shut
RouterA(config-if-Serial 2/0)# exit
RouterA(config)# router ospf 1
RouterA(config-router)# network 12.12.12.0 0.0.0.255 area 1
```

路由器 B 的配置：

```
RouterB# conf t
RouterB(config)# int s2/0
RouterB(config-if-Serial 2/0)# ip address 12.12.12.2 255.255.255.0
RouterB(config-if-Serial 2/0)# no shut
RouterB(config-if-Serial 2/0)# int s3/0
RouterB(config-if-Serial 3/0)# ip address 23.23.23.2 255.255.255.0
RouterB(config-if-Serial 3/0)# no shut
RouterB(config-if-Serial 3/0)# exit
```

```
RouterB(config)# router ospf 1
RouterB(config-router)# network 12.12.12.0 0.0.0.255 area 1
RouterB(config-router)# network 23.23.23.0 0.0.0.255 area 0
```

路由器 C 的配置：

```
RouterC# conf t
RouterC(config)# int s2/0
RouterC(config-if-Serial 2/0)# ip address 34.34.34.3 255.255.255.0
RouterC(config-if-Serial 2/0)# no shut
RouterC(config-if-Serial 2/0)# int s3/0
RouterC(config-if-Serial 3/0)# ip address 23.23.23.3 255.255.255.0
RouterC(config-if-Serial 3/0)# no shut
RouterC(config-if-Serial 3/0)# int lo 0
RouterC(config-if-Loopback 0)# ip address 3.3.3.3 255.255.255.0
RouterC(config-if-Loopback 0)# exit
RouterC(config)# router ospf 1
RouterC(config-router)# network 3.3.3.0 0.0.0.255 area 0
RouterC(config-router)# network 34.34.34.0 0.0.0.255 area 2
RouterC(config-router)# network 23.23.23.0 0.0.0.255 area 0
```

路由器 D 的配置：

```
RouterD# conf t
RouterD(config)# int s2/0
RouterD(config-if-Serial 2/0)# ip address 34.34.34.4 255.255.255.0
RouterD(config-if-Serial 2/0)# no shut
RouterD(config-if-Serial 2/0)# exit
RouterD(config)# router ospf 1
RouterD(config-router)# network 34.34.34.0 0.0.0.255 area 2
```

分别查看四台路由器上的 OSPF 路由条目：

```
RouterA#    show ip route ospf
O IA 3.3.3.3/32 [110/100] via 12.12.12.2, 01:00:02, Serial 2/0
O IA 23.23.23.0/24 [110/100] via 12.12.12.2, 01:04:58, Serial 2/0
O IA 34.34.34.0/24 [110/150] via 12.12.12.2, 01:04:58, Serial 2/0
RouterB# show ip route ospf
O      3.3.3.3/32 [110/50] via 23.23.23.3, 01:00:10, Serial 3/0
O IA 34.34.34.0/24 [110/100] via 23.23.23.3, 01:05:54, Serial 3/0
RouterC#    show ip route ospf
O IA 12.12.12.0/24 [110/100] via 23.23.23.2, 01:05:17, Serial 3/0
RouterD# show ip route ospf
```

```
O IA 3.3.3.3/32 [110/50] via 34.34.34.3, 01:00:21, Serial 2/0

O IA 12.12.12.0/24 [110/150] via 34.34.34.3, 01:05:14, Serial 2/0

O IA 23.23.23.0/24 [110/100] via 34.34.34.3, 01:06:00, Serial 2/0
```

从查看的结果中看出路由器 B 中有一条标记为 "O" 的路由条目，表示区域内的路由，因为 3.3.3.0/24 也发布在区域 0 中。标记 "O IA" 的路由条目表示区域间的路由，例如，路由器 B 上的 "O IA 34.34.34.0/24" 条目来自区域 2。

属于同一区域的路由器中关于此区域的链路状态数据库相同。下列指令查看路由器 A 的链路状态数据库，包含区域 1（Area 0.0.0.1）中的路由器链路及汇总链路状态。

```
RouterA# show ip ospf database
        OSPF Router with ID (12.12.12.1) (Process ID 1)
            Router Link States (Area 0.0.0.1)              // 区域 1 类型 1 的 LSA
Link ID          ADV Router         Age    Seq#        CkSum    Link count
12.12.12.1       12.12.12.1         174    0x80000003  0x6f94 2
23.23.23.2       23.23.23.2         172    0x80000003  0xc619 2
            Summary Link States   (Area 0.0.0.1)           // 区域 1 类型 3 的 LSA
Link ID          ADV Router         Age    Seq#        CkSum    Route
3.3.3.3          23.23.23.2         5      0x80000001  0xa037 3.3.3.3/32
23.23.23.0       23.23.23.2         183    0x80000001  0xebb2 23.23.23.0/24
34.34.34.0       23.23.23.2         5      0x80000001  0x54f6 34.34.34.0/24
```

路由器 B 作为边界路由器，链路状态数据库中包含区域 1（Area 0.0.0.1）和区域 0（Area 0.0.0.0）的链路状态信息。其中区域 1 的信息与路由器 A 中的相同。"ADV Router" 是通告路由器，就是产生 LSA 的设备。"Age" 是指该条 LSA 已经存在了多少秒，LSA 每 30 min 洪泛同步一次，洪泛一次序列号加一，例如 "0x80000003" 表示已经洪泛了 3 次。

```
RouterB# show ip ospf database
        OSPF Router with ID (23.23.23.2) (Process ID 1)
            Router Link States (Area 0.0.0.0)              // 区域 0 类型 1 的 LSA
Link ID          ADV Router         Age    Seq#        CkSum    Link count
3.3.3.3          3.3.3.3            66     0x80000003  0x4193 3
23.23.23.2       23.23.23.2         66     0x80000005  0x2292 2
            Summary Link States (Area 0.0.0.0)            // 区域 0 类型 3 的 LSA
Link ID          ADV Router         Age    Seq#        CkSum    Route
12.12.12.0       23.23.23.2         239    0x80000001  0x7946 12.12.12.0/24
34.34.34.0       3.3.3.3            77     0x80000001  0x3a7e 34.34.34.0/24
            Router Link States (Area 0.0.0.1)              // 区域 1 类型 1 的 LSA
Link ID          ADV Router         Age    Seq#        CkSum    Link count
12.12.12.1       12.12.12.1         231    0x80000003  0x6f94 2
23.23.23.2       23.23.23.2         227    0x80000003  0xc619 2
```

```
                    Summary Link States (Area 0.0.0.1)              // 区域 1 类型 3 的 LSA
Link ID              ADV Router         Age    Seq#        CkSum   Route
3.3.3.3              23.23.23.2          60    0x80000001 0xa037   3.3.3.3/32
23.23.23.0           23.23.23.2         239    0x80000001 0xebb2   23.23.23.0/24
34.34.34.0           23.23.23.2          60    0x80000001 0x54f6   34.34.34.0/24
RouterB#
```

路由器 C 也是边界路由器，链路状态数据库中包含区域 2（Area 0.0.0.2）和区域 0（Area 0.0.0.0）的链路状态信息。其中区域 0 的信息与路由器 B 中区域 0 的相同。

```
RouterC# show ip ospf database
          OSPF Router with ID (3.3.3.3) (Process ID 1)
             Router Link States (Area 0.0.0.0)              // 区域 0 类型 1 的 LSA
Link ID              ADV Router         Age    Seq#          CkSum  Link count
3.3.3.3              3.3.3.3            991    0x80000003 0x4193 3
23.23.23.2           23.23.23.2         992    0x80000005 0x2292 2
             Summary Link States (Area 0.0.0.0)             // 区域 0 类型 3 的 LSA
Link ID              ADV Router         Age    Seq#          CkSum  Route
12.12.12.0           23.23.23.2        1165    0x80000001 0x7946 12.12.12.0/24
34.34.34.0           3.3.3.3           1002    0x80000001 0x3a7e 34.34.34.0/24
             Router Link States (Area 0.0.0.2)              // 区域 2 类型 1 的 LSA
Link ID              ADV Router         Age    Seq#          CkSum  Link count
3.3.3.3              3.3.3.3            991    0x80000003 0xf199 2
34.34.34.4           34.34.34.4         995    0x80000004 0xaa81 2
             Summary Link States (Area 0.0.0.2)             // 区域 2 类型 3 的 LSA
Link ID              ADV Router         Age    Seq#          CkSum  Route
3.3.3.3              3.3.3.3           1002    0x80000001   0x86be  3.3.3.3/32
12.12.12.0           3.3.3.3            980    0x80000001   0x4b7d  12.12.12.0/24
23.23.23.0           3.3.3.3           1002    0x80000001   0xc712  23.23.23.0/24
RouterC#
```

路由器 D 的链路状态数据库中包含区域 2（Area 0.0.0.2）的链路状态信息，与路由器 C 中区域 2 的相同。

```
RouterD#   show ip ospf database
          OSPF Router with ID (34.34.34.4) (Process ID 1)
             Router Link States (Area 0.0.0.2)              // 区域 2 类型 1 的 LSA
Link ID              ADV Router         Age   Seq#          CkSum  Link count
3.3.3.3              3.3.3.3           1129  0x80000003   0xf199 2
34.34.34.4           34.34.34.4        1132  0x80000004   0xaa81 2
```

```
                Summary Link States (Area 0.0.0.2)              // 区域 2 类型 3 的 LSA
  Link ID         ADV Router          Age  Seq#        CkSum   Route
  3.3.3.3         3.3.3.3             1140 0x80000001   0x86be  3.3.3.3/32
  12.12.12.0      3.3.3.3             1118 0x80000001   0x4b7d  12.12.12.0/24
  23.23.23.0      3.3.3.3             1140 0x80000001   0xc712  23.23.23.0/24
  RouterD#
```

命令 "show ip ospf database" 显示的内容不是数据库中存储的关于每条 LSA 的全部信息，而只是 LSA 的头部信息，该命令后还有子命令，用于查看详细信息。

```
RouterA# show ip ospf database ?
    adv-router        Advertising Router link states
    asbr-summary      ASBR summary link states          // 显示 OSPF LSDB 中类型 4 的 LSA 信息
    database-summary  Summary of database               // 显示数据库摘要信息
    external          External link states              // 显示 OSPF LSDB 中类型 5 的 LSA 信息
    max-age           LSAs in MaxAge list
    network           Network link states               // 显示 OSPF LSDB 中类型 2 的 LSA 信息
    nssa-external     NSSA External link states         // 显示 OSPF LSDB 中类型 7 的 LSA 信息
    opaque-area       Link area Opaque-LSA
    opaque-as         Link AS Opaque-LSA
    opaque-link       Link local Opaque-LSA
    router            Router link states                // 显示 OSPF LSDB 中类型 1 的 LSA 信息
    self-originate    Self-originated link states
    summary           Network summary link states       // 显示 OSPF LSDB 中类型 3 的 LSA 信息
    |                 Output modifiers
    <cr>
```

10.6 OSPF 路由重分布

当网络中运行了两种或两种以上的路由协议时，如何将一种类型的路由信息更新给另外一种路由协议，使它们能够互相识别对方的路由信息，这种机制称为路由重分布。

10.6.1 OSPF 与 RIP 重分布

图 10-19 中存在 OSPF 与 RIP 两种路由协议，配置这两种路由的重分布能够使全网互通。

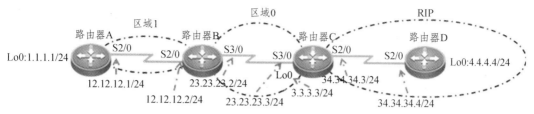

图 10-19　OSPF 与 RIP 路由重分布

图 10-19 与图 10-18 拓扑类似，基本配置指令相似。下列指令是在图 10-18 配置的基础上修改的。

路由器 A 上增加环回接口：

```
RouterA(config)# int lo 0
RouterA(config-if-Loopback 0)# ip address 1.1.1.1 255.255.255.0
```

路由器 C 的配置：

```
RouterC# conf t
RouterC(config)# router ospf 1
RouterC(config-router)# no network 34.34.34.0 0.0.0.255 area 2    // 取消在 OSPF 中发布 34.34.34.0
网段
    *Sep   7 10:32:44: %OSPF-5-ADJCHG: Process 1, Nbr 34.34.34.4-Serial 2/0 from Full to Down,
KillNbr.                                          // 邻居关系建立失败
RouterC(config-router)# exit
RouterC(config)# router rip                       // 启用 RIP 路由协议
RouterC(config-router)# ver 2
RouterC(config-router)# no auto-summary           //  取消自动汇总
RouterC(config-router)# network 34.34.34.0        // 在 RIP 中发布 34.34.34.0 网段
RouterC(config-router)# exit
RouterC(config)#
```

路由器 D 的配置：

```
RouterD# conf t
RouterD(config)# no router ospf 1                          // 取消 OSPF 进程，关闭了 OSPF
RouterD(config)# int lo 0
RouterD(config-if-Loopback 0)# ip add 4.4.4.4 255.255.255.0   // 环回接口 0 配置 IP 为 4.4.4.4
RouterD(config-if-Loopback 0)# exit
RouterD(config)# router rip                                // 启用 RIP 协议
RouterD(config-router)# ver 2
RouterD(config-router)# no auto-summary                    //  取消自动汇总
RouterD(config-router)# network 34.34.34.0                 // 发布 34.34.34.0 网段
RouterD(config-router)# network 4.4.4.0                    // 发布 4.4.4.0 网段
RouterD(config-router)#
```

以上的配置取消了路由器 D 的 OSPF 路由协议，启动了 RIPv2。路由器 C 运行两种路由协议，OSPF 和 RIPv2，在路由器 C 上查看路由表，如下所示。

```
RouterC# show ip route
Codes:      C - connected, S - static, R - RIP, B - BGP
            O - OSPF, IA - OSPF inter area
            N1 - OSPF NSSA external type 1, N2 - OSPF NSSA external type 2
            E1 - OSPF external type 1, E2 - OSPF external type 2
            i - IS-IS, su - IS-IS summary, L1 - IS-IS level-1, L2 - IS-IS level-2
            ia - IS-IS inter area, * - candidate default
Gateway of last resort is no set
C       3.3.3.0/24 is directly connected, Loopback 0
C       3.3.3.3/32 is local host.
R       4.0.0.0/8 [120/1] via 34.34.34.4, 00:03:21, Serial 2/0           // RIP 路由条目
O IA 12.12.12.0/24 [110/100] via 23.23.23.2, 13:01:25, Serial 3/0        // OSPF 路由条目
C       23.23.23.0/24 is directly connected, Serial 3/0
C       23.23.23.3/32 is local host.
C       34.34.34.0/24 is directly connected, Serial 2/0
C       34.34.34.3/32 is local host.
O IA 172.16.0.0/22 [110/100] via 23.23.23.2, 01:14:22, Serial 3/0        // OSPF 路由条目
RouterC#
```

路由器 C 上既存在 RIP 路由条目，也存在 OSPF 路由条目。但此时查看路由器 D 和路由器 A、B 上的路由表都没有完整的路由条目。下列是路由器 D 上的路由表，没有 OSPF 区域的路由信息。

```
RouterD# sh ip route
Codes:      C - connected, S - static, R - RIP, B - BGP
            O - OSPF, IA - OSPF inter area
            N1 - OSPF NSSA external type 1, N2 - OSPF NSSA external type 2
            E1 - OSPF external type 1, E2 - OSPF external type 2
            i - IS-IS, su - IS-IS summary, L1 - IS-IS level-1, L2 - IS-IS level-2
            ia - IS-IS inter area, * - candidate default
Gateway of last resort is no set
C       4.4.4.0/24 is directly connected, Loopback 0
C       4.4.4.4/32 is local host.
C       34.34.34.0/24 is directly connected, Serial 2/0
C       34.34.34.4/32 is local host.
```

路由器 C 运行了两种路由协议，在路由器 C 上进行路由重分布配置，将 OSPF 的路由发布进 RIP 的进程中，配置如下。

```
RouterC(config)# router rip
RouterC(config-router)# redistribute ospf 1 metric 1          // 将 OSPF 的路由信息发布进 RIP 中
```

　　"redistribute"是重发布的命令，将 OSPF 进程 1 中的路由信息发布进 RIP，因为 RIP 的度量标准是经过的路由器的个数，与 OSPF 的度量标准不同，因此 OSPF 的路由信息发布进 RIP 的时候用"metric"指定度量值，上面的命令指定度量值为 1，RIP 会认为 OSPF 发布进来的路由经过 1 站到达。发布完毕后路由器 D 上查看路由表如下。

```
RouterD# sh ip route
Codes:      C - connected, S - static, R - RIP, B - BGP
            O - OSPF, IA - OSPF inter area
            N1 - OSPF NSSA external type 1, N2 - OSPF NSSA external type 2
            E1 - OSPF external type 1, E2 - OSPF external type 2
            i - IS-IS, su - IS-IS summary, L1 - IS-IS level-1, L2 - IS-IS level-2
            ia - IS-IS inter area, * - candidate default
Gateway of last resort is no set
R       3.0.0.0/8 [120/1] via 34.34.34.3, 00:00:13, Serial 2/0          // OSPF 分布进来的路由条目
C       4.4.4.0/24 is directly connected, Loopback 0
C       4.4.4.4/32 is local host.
R       12.0.0.0/8 [120/1] via 34.34.34.3, 00:00:13, Serial 2/0         // OSPF 分布进来的路由条目
R       23.0.0.0/8 [120/1] via 34.34.34.3, 00:00:13, Serial 2/0         // OSPF 分布进来的路由条目
C       34.34.34.0/24 is directly connected, Serial 2/0
C       34.34.34.4/32 is local host.
RouterD#
```

　　路由器 D 中的路由表出现了 OSPF 发布进来的网段，度量值为 1。此时从路由器 D 还不能"ping"通 12.12.12.0/24 网段，因为路由器 A 没有到达路由器 D 的路由。接着在路由器 C 上将 RIP 重分布到 OSPF 进程中。

```
RouterC(config)# router ospf 1
RouterC(config-router)# redistribute rip    metric 60 subnets      // 将 RIP 重发布到 OSPF 中，度量值为 60
```

　　将 RIP 的路由信息发布在 OSPF 中，"subnets"参数指定重分布子网路由，否则只重分布主类网络的路由。在路由器 B 上查看路由表如下所示。

```
RouterB# show ip route
Codes:      C - connected, S - static, R - RIP, B - BGP
            O - OSPF, IA - OSPF inter area
            N1 - OSPF NSSA external type 1, N2 - OSPF NSSA external type 2
            E1 - OSPF external type 1, E2 - OSPF external type 2
            i - IS-IS, su - IS-IS summary, L1 - IS-IS level-1, L2 - IS-IS level-2
            ia - IS-IS inter area, * - candidate default
Gateway of last resort is no set
```

```
O       3.3.3.3/32 [110/50] via 23.23.23.3, 00:12:17, Serial 3/0
O E2 4.4.4.0/24 [110/60] via 23.23.23.3, 00:03:19, Serial 3/0          // RIP 发布进来的路由条目
C       12.12.12.0/24 is directly connected, Serial 2/0
C       12.12.12.2/32 is local host.
C       23.23.23.0/24 is directly connected, Serial 3/0
C       23.23.23.2/32 is local host.
O E2 34.34.34.0/24 [110/60] via 23.23.23.3, 00:00:13, Serial 3/0       // RIP 发布进来的路由条目
```

路由器 B 的路由表中新增了两条从 RIP 而来的条目，度量值为 60。行首的标识为"O E2"，表示该路由条目是外部自治系统重分布到 OSPF 中的路由。这种路由的特点是路径成本为指令中指定的度量值，即外部路径成本，在路由器 A 上查看这两条路由条目，度量值仍然为 60。

```
RouterA# show ip route ospf
O IA 3.3.3.3/32 [110/100] via 12.12.12.2, 1d,03:43:04, Serial 2/0
O E2 4.4.4.0/24 [110/60] via 12.12.12.2, 1d,03:19:52, Serial 2/0        // 度量值为外部路径成本 60
O IA 23.23.23.0/24 [110/100] via 12.12.12.2, 1d,03:43:10, Serial 2/0
O E2 34.34.34.0/24 [110/60] via 12.12.12.2, 1d,03:31:03, Serial 2/0     // 度量值为外部路径成本 60
```

OSPF 的外部路由分两种："类型 1"和"类型 2"。默认情况下是"类型 2"，即"O E2"标识，类型 1 的标识为"O E1"，它的度量计算方式为外部路径成本与数据包在 OSPF 网络所经过的各链路成本求和。在重分布指令中添加"metric-type"参数可以设置类型 1 或者类型 2。下面在路由器 C 上调整重分布指令，将 RIP 重分布到 OSPF 进程中。

```
RouterC(config)# router ospf 1
RouterC(config-router)# redistribute rip metric 60 metric-type 1 subnets
// 将 RIP 重发布到 OSPF 中，度量值为 60，并且使用类型 1，重分布子网路由
```

再次查看路由器 B 与路由器 A 中的路由表，"O E2"条目变为"O E1"，并且度量值计算发生变化。

路由器 B 的路由表：

```
RouterB# show ip route ospf
O       3.3.3.3/32 [110/50] via 23.23.23.3, 1d,03:32:47, Serial 3/0
O E1 4.4.4.0/24 [110/110] via 23.23.23.3, 00:01:56, Serial 3/0          // E1
O E1 34.34.34.0/24 [110/110] via 23.23.23.3, 00:01:56, Serial 3/0       // E1
```

路由器 A 的路由表：

```
RouterA# show ip route ospf
O IA 3.3.3.3/32 [110/100] via 12.12.12.2, 1d,03:54:51, Serial 2/0
O E1 4.4.4.0/24 [110/160] via 12.12.12.2, 00:00:59, Serial 2/0          // E1
O IA 23.23.23.0/24 [110/100] via 12.12.12.2, 1d,03:54:57, Serial 2/0
O E1 34.34.34.0/24 [110/160] via 12.12.12.2, 00:00:59, Serial 2/0       // E1
```

10.6.2　OSPF 直连与默认重分布

1. 直连重分布

路由器 A 的环回接口是路由器 A 的直接连接的接口，因为没有在 OSPF 中发布，所以还不被其他路由器所知，只有路由器 A 知道这个网段的存在。下面的指令将路由器 A 上的直连网段重分布到 OSPF 中，最终完成全网互通。

```
RouterA(config)#router ospf 1
RouterA(config-router)# redistribute connected subnets          // 重分布直连路由，支持子网化
```

直连网络重分布与 RIP 类似，在路由器 B 上查看路由表，存在 "1.1.1.0/24" 网段条目，默认度量值是 20，"O E2" 类型。

```
RouterB# show ip route ospf
O E2 1.1.1.0/24 [110/20] via 12.12.12.1, 03:29:32, Serial 2/0      // 直连重分布进来的路由条目
O      3.3.3.3/32 [110/50] via 23.23.23.3, 1d,07:15:24, Serial 3/0
O E1 4.4.4.0/24 [110/110] via 23.23.23.3, 03:44:33, Serial 3/0
O E1 34.34.34.0/24 [110/110] via 23.23.23.3, 03:44:33, Serial 3/0
```

通过修改 "metric" "metric-type" 等参数可以调整其重分布效果。在路由器 A 上执行下列指令。

```
RouterA(config)# router ospf 1
RouterA(config-router)#redistribute connected metric 25 metric-type 1 subnets
```

路由器 B 的路由表中，直连路由发布进来的条目类型和度量值发生变化。

```
RouterB# show ip route ospf
O E1 1.1.1.0/24 [110/75] via 12.12.12.1, 00:00:21, Serial 2/0      // 类型和度量值变化
O      3.3.3.3/32 [110/50] via 23.23.23.3, 1d,07:16:52, Serial 3/0
O E1 4.4.4.0/24 [110/110] via 23.23.23.3, 03:46:01, Serial 3/0
O E1 34.34.34.0/24 [110/110] via 23.23.23.3, 03:46:01, Serial 3/0
```

2. 默认重分布

默认路由同样可以重分布到其他路由器，使用指令 "default-information originate"。作用是通过路由协议告诉它的邻居，它有一条默认路由，然后它的邻居就会产生一条指向这个路由器的默认路由条目，所有发往未知网络的数据包都会发送给通告这条命令的路由器。但是，要让这个命令生效，这个发出通告的路由器的路由表中必须有默认路由，否则不会通告。如果要强制通告，就要加个参数 "always" 即 "default-information originate always"。

在路由器 C 上用配置 "default-information originate" 命令，会自动向路由器 B 和路由器 A 里注入一条默认路由，并且路由器会很智能地改变下一跳的地址。

```
RouterC(config)# ip route 0.0.0.0 0.0.0.0 34.34.34.4          // 添加默认路由
```

```
RouterC(config)# router ospf 1
RouterC(config-router)# default-information originate              // 向 OSPF 中注入默认路由
RouterC(config-router)# default-information originate    ?         // 还支持的参数
    always          Always advertise default route
    metric          OSPF default metric
    metric-type     OSPF metric type for default routes
    route-map       Route map reference
    <cr>
```

查看路由器 B 和路由器 A 上的路由表，各自产生了一条默认路由，"O*E2"标志中"O"表示是通过 OSPF 协议更新来的路由，"*"表示是默认路由，"E2"表示是类型 2 的路由。

路由器 B 的路由表：

```
RouterB# show ip route
Codes:      C - connected, S - static, R - RIP, B - BGP
            O - OSPF, IA - OSPF inter area
            N1 - OSPF NSSA external type 1, N2 - OSPF NSSA external type 2
            E1 - OSPF external type 1, E2 - OSPF external type 2
            i - IS-IS, su - IS-IS summary, L1 - IS-IS level-1, L2 - IS-IS level-2
            ia - IS-IS inter area, * - candidate default
Gateway of last resort is 23.23.23.3 to network 0.0.0.0
O*E2 0.0.0.0/0 [110/1] via 23.23.23.3, 00:00:43, Serial 3/0        // 重分布进来的默认路由
O E1 1.1.1.0/24 [110/75] via 12.12.12.1, 00:33:53, Serial 2/0
O       3.3.3.3/32 [110/50] via 23.23.23.3, 1d,07:50:25, Serial 3/0
O E1 4.4.4.0/24 [110/110] via 23.23.23.3, 04:19:33, Serial 3/0
C       12.12.12.0/24 is directly connected, Serial 2/0
C       12.12.12.2/32 is local host.
C       23.23.23.0/24 is directly connected, Serial 3/0
C       23.23.23.2/32 is local host.
O E1 34.34.34.0/24 [110/110] via 23.23.23.3, 04:19:33, Serial 3/0
```

路由器 A 的路由表：

```
RouterA# show ip route
Codes:      C - connected, S - static, R - RIP, B - BGP
            O - OSPF, IA - OSPF inter area
            N1 - OSPF NSSA external type 1, N2 - OSPF NSSA external type 2
            E1 - OSPF external type 1, E2 - OSPF external type 2
            i - IS-IS, su - IS-IS summary, L1 - IS-IS level-1, L2 - IS-IS level-2
            ia - IS-IS inter area, * - candidate default
Gateway of last resort is 12.12.12.2 to network 0.0.0.0
```

```
O*E2 0.0.0.0/0 [110/1] via 12.12.12.2, 00:01:01, Serial 2/0        // 重分布进来的默认路由，下一跳是路
由器 B
C       1.1.1.0/24 is directly connected, Loopback 0
C       1.1.1.1/32 is local host.
O IA 3.3.3.3/32 [110/100] via 12.12.12.2, 1d,08:13:43, Serial 2/0
O E1 4.4.4.0/24 [110/160] via 12.12.12.2, 04:19:51, Serial 2/0
C       12.12.12.0/24 is directly connected, Serial 2/0
C       12.12.12.1/32 is local host.
O IA 23.23.23.0/24 [110/100] via 12.12.12.2, 1d,08:13:49, Serial 2/0
O E1 34.34.34.0/24 [110/160] via 12.12.12.2, 04:19:51, Serial 2/0
```

10.7　OSPF 路由优化

10.7.1　OSPF 路由手工汇总

OSPF 要求所有区域必须与骨干区域相邻，每个区域的路由信息都会通告进骨干区域当中。如果非骨干区域中某个子网不稳定，时断时连，那么在它每次发生状态改变的时候，都会引起 LSA 在整个网络中泛洪。为了解决这个问题，可以对网络地址进行汇总。

几乎所有的路由协议都支持路由汇总，RIP 协议支持自动及手工路由汇总，而 OSPF 只支持手工路由汇总。OSPF 路由汇总有两种类型：区域汇总和外部路由汇总。区域汇总就是区域之间的地址汇总，一般配置在 ABR 上；外部路由汇总就是一组外部路由通过重发布进入 OSPF 中，将这些外部路由进行汇总，一般配置在 ASBR 上。

区域汇总使用指令 "area area-id range ip-address mask"，外部路由汇总使用指令 "summary-address ip-address mask"。

1. 区域汇总

在图 10-19 中的路由器 A 上添加 4 个环回接口模拟连接 4 个网段，并且将它在 OSPF 区域 1 中发布，路由器 B 上将收到 4 条具体的路由，在路由器 B 上汇总这 4 个网段给区域 0，减少注入骨干区域的路由条目，拓扑如图 10-20 所示。

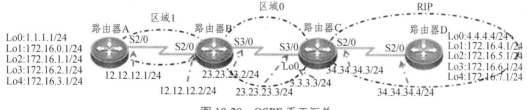

图 10-20　OSPF 手工汇总

在路由器 A 上添加环回接口的配置指令：

```
RouterA# conf t
RouterA(config)# int lo 1
RouterA(config-if-Loopback 1)# ip add 172.16.0.1 255.255.255.0
RouterA(config-if-Loopback 1)# int lo 2
RouterA(config-if-Loopback 2)# ip add 172.16.1.1 255.255.255.0
RouterA(config-if-Loopback 2)# int lo 3
RouterA(config-if-Loopback 3)# ip add 172.16.2.1 255.255.255.0
RouterA(config-if-Loopback 3)# int lo 4
RouterA(config-if-Loopback 4)# ip add 172.16.3.1 255.255.255.0
RouterA(config-if-Loopback 4)# exit
RouterA(config)# router ospf 1                                    // 在 OSPF 中发布
RouterA(config-router)# network 172.16.0.0 0.0.0.255 area 1
RouterA(config-router)# network 172.16.1.0 0.0.0.255 area 1
RouterA(config-router)# network 172.16.2.0 0.0.0.255 area 1
RouterA(config-router)# network 172.16.3.0 0.0.0.255 area 1
```

路由器 B 上的路由表中包含了路由器 A 更新来的 172.16.0~3.0 的 4 条路由条目。

```
RouterB# show ip route ospf
O*E2 0.0.0.0/0 [110/1] via 23.23.23.3, 16:24:47, Serial 3/0
O E1 1.1.1.0/24 [110/75] via 12.12.12.1, 16:57:57, Serial 2/0
O       3.3.3.3/32 [110/50] via 23.23.23.3, 2d,00:14:29, Serial 3/0
O E1 4.4.4.0/24 [110/110] via 23.23.23.3, 20:43:37, Serial 3/0
O E1 34.34.34.0/24 [110/110] via 23.23.23.3, 20:43:37, Serial 3/0
O       172.16.0.1/32 [110/50] via 12.12.12.1, 00:00:26, Serial 2/0    // 路由器 A 更新来的具体路由
O       172.16.1.1/32 [110/50] via 12.12.12.1, 00:00:41, Serial 2/0    // 路由器 A 更新来的具体路由
O       172.16.2.1/32 [110/50] via 12.12.12.1, 00:00:55, Serial 2/0    // 路由器 A 更新来的具体路由
O       172.16.3.1/32 [110/50] via 12.12.12.1, 00:00:48, Serial 2/0    // 路由器 A 更新来的具体路由
```

路由器 C 上的路由表中同样包含了路由器 B 更新来的 172.16.0~3.0 的 4 条路由条目。为了减少路由表项，减少路由翻动引起的 LSA 频繁泛洪对网络带来的压力，在路由器 B（ABR）上做区域边界汇总，使进入区域 0 的路由条目由 4 条变为 1 条。

```
RouterB# conf t
RouterB(config)# router ospf 1
RouterB(config-router)#   area 1 range 172.16.0.0 255.255.252.0    // 配置区域间汇总
```

路由器 B 在执行路由汇总时，会在本地自动产生一条指向 Null 0 的路由，Null 0 接口是一个逻辑接口，它永远是 up 的，并且发送到该接口的数据帧都会被丢弃。自动在本地路由表产生一条指向 Null0 的路由是一种非常常规的防环手段，许多动态路由协议都具备这个特征。

路由器 B 的路由表如下所示。

```
RouterB# show ip route    ospf
O*E2 0.0.0.0/0 [110/1] via 23.23.23.3, 18:19:43, Serial 3/0
O E1 1.1.1.0/24 [110/75] via 12.12.12.1, 18:52:52, Serial 2/0
O       3.3.3.3/32 [110/50] via 23.23.23.3, 2d,02:09:24, Serial 3/0
O E1 4.4.4.0/24 [110/110] via 23.23.23.3, 22:38:33, Serial 3/0
O E1 34.34.34.0/24 [110/110] via 23.23.23.3, 22:38:33, Serial 3/0
O       172.16.0.0/22 [110/0] via 0.0.0.0, 01:42:37, Null 0       // 自动生成的指向 Null 0 的路由条目
O       172.16.0.1/32 [110/50] via 12.12.12.1, 01:55:21, Serial 2/0
O       172.16.1.1/32 [110/50] via 12.12.12.1, 01:55:36, Serial 2/0
O       172.16.2.1/32 [110/50] via 12.12.12.1, 01:55:50, Serial 2/0
O       172.16.3.1/32 [110/50] via 12.12.12.1, 01:55:43, Serial 2/0
```

经过路由器 B 汇总后，在路由器 C 上只会产生一条路由条目，路由器 C 的路由表如下。

```
RouterC#    show ip route ospf
O E1 1.1.1.0/24 [110/125] via 23.23.23.2, 00:01:16, Serial 3/0
O IA 12.12.12.0/24 [110/100] via 23.23.23.2, 2d,02:47:27, Serial 3/0
O IA 172.16.0.0/22 [110/100] via 23.23.23.2, 01:57:36, Serial 3/0       // 汇总过的路由条目
```

路由器 D 的路由表如下。

```
RouterD# show ip route rip
R    1.1.1.0/24 [120/1] via 34.34.34.3, 00:06:44, Serial 2/0
R    3.3.3.3/32 [120/1] via 34.34.34.3, 2d,02:30:11, Serial 2/0
R    12.12.12.0/24 [120/1] via 34.34.34.3, 2d,02:30:11, Serial 2/0
R    23.23.23.0/24 [120/1] via 34.34.34.3, 2d,02:30:11, Serial 2/0
R    172.16.0.0/22 [120/1] via 34.34.34.3, 02:03:02, Serial 2/0       // 汇总过的路由条目
```

假如图 10-20 中的路由器 B 中没有自动生成的指向 Null 0 的路由条目，路由器 A 的 Loopback 2 接口的 172.16.1.0/24 网段断开了，那么路由器 A 上就不再有去往 172.16.1.0/24 的直连路由，路由器 B 上不再有"O   172.16.1.1/32 [110/50] via 12.12.12.1, 01:55:36, Serial 2/0"条目，路由器 C 上仍然存在"O IA 172.16.0.0/22 [110/100] via 23.23.23.2, 02:36:50, Serial 3/0"。并且此时路由器 A 和路由器 B 都存在路由器 C 注入的默认路由，路由器 B 默认路由的数据方向是路由器 C，路由器 A 默认路由的数据方向是路由器 B。下面的指令在路由器 A 上断开 Loopback 2 接口，查看路由器 A、B、C 的路由表。

```
RouterA(config)# int lo 2
RouterA(config-if-Loopback 2)# shutdown       // 断开 loopback 2 接口
```

路由器 A 的路由表如下。

```
RouterA# show ip route
Codes:    C - connected, S - static, R - RIP, B - BGP
          O - OSPF, IA - OSPF inter area
```

N1 - OSPF NSSA external type 1, N2 - OSPF NSSA external type 2

E1 - OSPF external type 1, E2 - OSPF external type 2

i - IS-IS, su - IS-IS summary, L1 - IS-IS level-1, L2 - IS-IS level-2

ia - IS-IS inter area, * - candidate default

Gateway of last resort is 12.12.12.2 to network 0.0.0.0

O*E2 0.0.0.0/0 [110/1] via 12.12.12.2, 19:29:28, Serial 2/0   // 默认路由的方向是路由器 B

C   1.1.1.0/24 is directly connected, Loopback 0

C   1.1.1.1/32 is local host.

O IA 3.3.3.3/32 [110/100] via 12.12.12.2, 2d,03:42:11, Serial 2/0

O E1 4.4.4.0/24 [110/160] via 12.12.12.2, 23:48:18, Serial 2/0

C   12.12.12.0/24 is directly connected, Serial 2/0

C   12.12.12.1/32 is local host.

O IA 23.23.23.0/24 [110/100] via 12.12.12.2, 2d,03:42:17, Serial 2/0

O E1 34.34.34.0/24 [110/160] via 12.12.12.2, 23:48:18, Serial 2/0

C   172.16.0.0/24 is directly connected, Loopback 1

C   172.16.0.1/32 is local host.

C   172.16.2.0/24 is directly connected, Loopback 3

C   172.16.2.1/32 is local host.

C   172.16.3.0/24 is directly connected, Loopback 4

C   172.16.3.1/32 is local host.

RouterA#

路由器 B 的路由表如下。

RouterB# show ip route   ospf

O*E2 0.0.0.0/0 [110/1] via 23.23.23.3, 19:20:38, Serial 3/0   // 默认路由的方向是路由器 C

O E1 1.1.1.0/24 [110/75] via 12.12.12.1, 00:47:10, Serial 2/0

O   3.3.3.3/32 [110/50] via 23.23.23.3, 2d,03:10:19, Serial 3/0

O E1 4.4.4.0/24 [110/110] via 23.23.23.3, 23:39:28, Serial 3/0

O E1 34.34.34.0/24 [110/110] via 23.23.23.3, 23:39:28, Serial 3/0

O   172.16.0.0/22 [110/0] via 0.0.0.0, 02:43:32, Null 0

O   172.16.0.1/32 [110/50] via 12.12.12.1, 00:46:46, Serial 2/0

O   172.16.2.1/32 [110/50] via 12.12.12.1, 00:46:34, Serial 2/0

O   172.16.3.1/32 [110/50] via 12.12.12.1, 00:46:24, Serial 2/0

RouterB#

路由器 C 的路由表如下。

RouterC#   show ip route

Codes: C - connected, S - static, R - RIP, B - BGP

           O - OSPF, IA - OSPF inter area

```
                N1 - OSPF NSSA external type 1, N2 - OSPF NSSA external type 2
                E1 - OSPF external type 1, E2 - OSPF external type 2
                i - IS-IS, su - IS-IS summary, L1 - IS-IS level-1, L2 - IS-IS level-2
                ia - IS-IS inter area, * - candidate default
Gateway of last resort is 34.34.34.4 to network 0.0.0.0
S*      0.0.0.0/0 [1/0] via 34.34.34.4
O E1 1.1.1.0/24 [110/125] via 23.23.23.2, 00:47:53, Serial 3/0
C       3.3.3.0/24 is directly connected, Loopback 0
C       3.3.3.3/32 is local host.
R       4.4.4.0/24 [120/1] via 34.34.34.4, 2d,03:10:53, Serial 2/0
O IA 12.12.12.0/24 [110/100] via 23.23.23.2, 2d,03:34:04, Serial 3/0
C       23.23.23.0/24 is directly connected, Serial 3/0
C       23.23.23.3/32 is local host.
C       34.34.34.0/24 is directly connected, Serial 2/0
C       34.34.34.3/32 is local host.
O IA 172.16.0.0/22 [110/100] via 23.23.23.2, 02:44:13, Serial 3/0
RouterC#
```

如果此时路由器 A 收到将数据包转发到 172.16.1.1 的请求,路由器 A 会查表根据默认路由转发给路由器 B,路由器 B 如果没有自动生成"O　　172.16.0.0/22 [110/0] via 0.0.0.0, 02:43:32, Null 0",那么也会根据默认路由转发给路由器 C,路由器 C 收到后会根据汇总路由"O IA 172.16.0.0/22 [110/100] via 23.23.23.2, 02:44:13, Serial 3/0"将数据包交给路由器 B,这样环路就形成了,数据包在路由器 B 和路由器 C 之间来回转发,直到报文的 TTL 递减为 0,丢弃报文。

2. 外部路由汇总

路由器 D 上添加 4 个环回接口模拟连接 4 个网段,在路由器 C(ASBR)上汇总这 4 个网段给 OSPF,添加 IP 的指令省略,发布网段的指令如下。

```
RouterD(config)# router rip
RouterD(config)# no auto-summary          // 取消自动汇总
RouterD(config-router)# network 172.16.0.0   // 发布 172.16.0.0 网络
```

路由器 D 的路由表中出现 4 条直连路由,路由器 C 上存在 4 条"R"标记路由,因为路由器 C 已经将 RIP 重分布到 OSPF 中,因此路由器 B 的路由表中也存在刚刚添加网段的 4 条具体路由。

```
RouterB# show ip route ospf
O*E2 0.0.0.0/0 [110/1] via 23.23.23.3, 20:05:15, Serial 3/0
O E1 1.1.1.0/24 [110/75] via 12.12.12.1, 01:31:48, Serial 2/0
O       3.3.3.3/32 [110/50] via 23.23.23.3, 2d,03:54:57, Serial 3/0
```

```
O E1 4.4.4.0/24 [110/110] via 23.23.23.3, 1d,00:24:05, Serial 3/0
O E1 34.34.34.0/24 [110/110] via 23.23.23.3, 1d,00:24:05, Serial 3/0
O        172.16.0.0/22 [110/0] via 0.0.0.0, 03:28:10, Null 0
O        172.16.0.1/32 [110/50] via 12.12.12.1, 01:31:23, Serial 2/0
O        172.16.2.1/32 [110/50] via 12.12.12.1, 01:31:12, Serial 2/0
O        172.16.3.1/32 [110/50] via 12.12.12.1, 01:31:02, Serial 2/0
O E1 172.16.4.0/24 [110/110] via 23.23.23.3, 00:06:28, Serial 3/0        // 具体路由
O E1 172.16.5.0/24 [110/110] via 23.23.23.3, 00:06:28, Serial 3/0        // 具体路由
O E1 172.16.6.0/24 [110/110] via 23.23.23.3, 00:06:28, Serial 3/0        // 具体路由
O E1 172.16.7.0/24 [110/110] via 23.23.23.3, 00:06:28, Serial 3/0        // 具体路由
```

在路由器 C 上配置外部路由汇总，将 4 条路由条目汇总为 1 条。

```
RouterC(config)# router ospf   1
RouterC(config-router)# summary-address 172.16.4.0   255.255.252.0   // 外部 AS 汇总路由
```

再次查看路由器 B 的路由表，具体路由已汇总为 1 条在 OSPF 中传递。

```
RouterB# show ip route ospf
O*E2 0.0.0.0/0 [110/1] via 23.23.23.3, 20:07:39, Serial 3/0
O E1 1.1.1.0/24 [110/75] via 12.12.12.1, 01:34:11, Serial 2/0
O        3.3.3.3/32 [110/50] via 23.23.23.3, 2d,03:57:20, Serial 3/0
O E1 4.4.4.0/24 [110/110] via 23.23.23.3, 1d,00:26:29, Serial 3/0
O E1 34.34.34.0/24 [110/110] via 23.23.23.3, 1d,00:26:29, Serial 3/0
O        172.16.0.0/22 [110/0] via 0.0.0.0, 03:30:33, Null 0
O        172.16.0.1/32 [110/50] via 12.12.12.1, 01:33:47, Serial 2/0
O        172.16.2.1/32 [110/50] via 12.12.12.1, 01:33:35, Serial 2/0
O        172.16.3.1/32 [110/50] via 12.12.12.1, 01:33:25, Serial 2/0
O E1 172.16.4.0/22 [110/110] via 23.23.23.3, 00:00:02, Serial 3/0        // 汇总后的路由条目
```

合理规划网络结合路由汇总能够明显减小路由表的大小。

10.7.2   OSPF 末节区域和完全末节区域

末节（stub）区域和完全末节（totally stub）区域是 OSPF 优化路由的一种机制，在介绍前，调整图 10-20 中已经配置的某些功能。取消路由器 A 上的直连重分布，将环回接口 Lo 0 宣告进 OSPF 区域 1 中，激活 Lo 2；取消路由器 C 的默认重分布。

```
RouterA(config)#    router ospf 1
RouterA(config-router)# no redistribute connected metric metric-type subnets   // 取消直连重分布
RouterA(config-router)# network 1.1.1.0 0.0.0.255 area 1   // 通告 1.1.1.0/24 网段在 OSPF 的区域 1 中
RouterA(config-router)# exit
RouterA(config)# int loopback 2
```

RouterA(config-if-Loopback 2)# no shutdown	// 激活 loopback 2

路由器 C 上取消默认重分布。

RouterC(config)# router ospf 1	
RouterC(config-router)# no default-information originate	// 在路由器 C 上取消默认重分布

　　此时路由器 A 上的路由表包含了通往整个拓扑各个网段的路由条目，但下一站的转发地址都是 12.12.12.1，观察拓扑图中区域 1 的位置，处于整个网络的末端，所有网段都需要经过路由器 B 进行转发，这样的区域其实不需要知道外部网络的详细信息，只需要知道通往外部网络的出口就行了。这样的区域在 OSPF 中定义为末节区域，外部路由不能注入其中，被 ABR 过滤掉了。外部路由更新包括 4 类 LSA(ASBR-summary-LSA)和 5 类 LSA(AS-External-LSA)。同时，区域的 ABR 会自动下发一条默认路由作为其他路由器的出口。下面的指令把区域 1 配置为末节区域，区域 1 中的所有路由器都需要配置，否则邻居关系都无法建立。

　　路由器 A 的配置：

RouterA# sh ip route　　　　　　// 先查看路由器 A 的路由表，方便与配置为末节区域后的路由表进行比较
Codes:　　C - connected, S - static, R - RIP, B - BGP
O - OSPF, IA - OSPF inter area
N1 - OSPF NSSA external type 1, N2 - OSPF NSSA external type 2
E1 - OSPF external type 1, E2 - OSPF external type 2
i - IS-IS, su - IS-IS summary, L1 - IS-IS level-1, L2 - IS-IS level-2
ia - IS-IS inter area, * - candidate default
Gateway of last resort is no set
C　　　1.1.1.0/24 is directly connected, Loopback 0
C　　　1.1.1.1/32 is local host.
O IA 3.3.3.3/32 [110/100] via 12.12.12.2, 00:17:31, Serial 2/0
O E1 4.4.4.0/24 [110/160] via 12.12.12.2, 00:17:31, Serial 2/0　　　　　　// 外部路由
C　　　12.12.12.0/24 is directly connected, Serial 2/0
C　　　12.12.12.1/32 is local host.
O IA 23.23.23.0/24 [110/100] via 12.12.12.2, 00:17:31, Serial 2/0
O E1 34.34.34.0/24 [110/160] via 12.12.12.2, 00:17:31, Serial 2/0　　　　　　// 外部路由
C　　　172.16.0.0/24 is directly connected, Loopback 1
C　　　172.16.0.1/32 is local host.
C　　　172.16.1.0/24 is directly connected, Loopback 2
C　　　172.16.1.1/32 is local host.
C　　　172.16.2.0/24 is directly connected, Loopback 3
C　　　172.16.2.1/32 is local host.
C　　　172.16.3.0/24 is directly connected, Loopback 4
C　　　172.16.3.1/32 is local host.

```
O E1 172.16.4.0/22 [110/160] via 12.12.12.2, 00:17:31, Serial 2/0      // 外部路由
RouterA(config)# router ospf 1
RouterA(config-router)# area 1 stub                                    // 把区域 1 配置为末节区域
```

路由器 B 的配置:

```
RouterB(config)# router ospf 1
RouterB(config-router)# area 1 stub
```

查看路由器 A 的路由表,其中已不包含标识"O E1"的外部自治系统的路由条目了,如 34.34.34.0/24、4.4.4.0/24 等。并且出现了新添加的默认路由。

```
RouterA# sh ip route
Codes:     C - connected, S - static, R - RIP, B - BGP
           O - OSPF, IA - OSPF inter area
           N1 - OSPF NSSA external type 1, N2 - OSPF NSSA external type 2
           E1 - OSPF external type 1, E2 - OSPF external type 2
           i - IS-IS, su - IS-IS summary, L1 - IS-IS level-1, L2 - IS-IS level-2
           ia - IS-IS inter area, * - candidate default
Gateway of last resort is 12.12.12.2 to network 0.0.0.0
O*IA 0.0.0.0/0 [110/51] via 12.12.12.2, 00:01:19, Serial 2/0           // 自动生成的默认路由
C    1.1.1.0/24 is directly connected, Loopback 0
C    1.1.1.1/32 is local host.
O IA 3.3.3.3/32 [110/100] via 12.12.12.2, 00:01:19, Serial 2/0
C    12.12.12.0/24 is directly connected, Serial 2/0
C    12.12.12.1/32 is local host.
O IA 23.23.23.0/24 [110/100] via 12.12.12.2, 00:01:19, Serial 2/0
C    172.16.0.0/24 is directly connected, Loopback 1
C    172.16.0.1/32 is local host.
C    172.16.1.0/24 is directly connected, Loopback 2
C    172.16.1.1/32 is local host.
C    172.16.2.0/24 is directly connected, Loopback 3
C    172.16.2.1/32 is local host.
C    172.16.3.0/24 is directly connected, Loopback 4
C    172.16.3.1/32 is local host.
RouterA#
```

此时网络仍然全网互通,末节区域中的路由器减少了接收的 LSA 数量,减轻了路由器的运行压力。

末节区域只能过滤掉类型 4 和类型 5 的 LSA,即通告外部路由的 LSA。此时查看路由器 A 的路由表,仍然存在标识为"O IA"的路由条目,观察拓扑图发现,似乎路由器 A 也不需要非常清楚地知道这些同在一个自治系统但不同区域的网段的具体路由,使用默认路由就够了。

完全末节区域是比末节区域更彻底的一种特殊区域,它比末节区域多过滤了类型 3 的 LSA (Network-summary-LSA),也就是说 OSPF 其他区域的 LSA 通告也被 ABR 过滤了,只剩下默认路由指示出口方向。完全末节区域只需要在配置完末节区域后在 ABR 上多添加 "no-summary" 参数就可以了,它阻止区域间的路由进入。

在路由器 B 上增加参数,将区域 1 配置为完全末节区域。

```
RouterB(config)# router ospf 1
RouterB(config-router)# area 1 stub no-summary        //将区域 1 配置为完全末节区域
```

此时在路由器 A 上查看路由表,标识"O IA"的路由条目也没有了,默认路由为一切数据转发提供了方向与出口。路由器 A 的路由表如下。

```
RouterA# sh ip route
Codes:    C - connected, S - static, R - RIP, B - BGP
          O - OSPF, IA - OSPF inter area
          N1 - OSPF NSSA external type 1, N2 - OSPF NSSA external type 2
          E1 - OSPF external type 1, E2 - OSPF external type 2
          i - IS-IS, su - IS-IS summary, L1 - IS-IS level-1, L2 - IS-IS level-2
          ia - IS-IS inter area, * - candidate default
Gateway of last resort is 12.12.12.2 to network 0.0.0.0
O*IA 0.0.0.0/0 [110/51] via 12.12.12.2, 00:33:37, Serial 2/0
C       1.1.1.0/24 is directly connected, Loopback 0
C       1.1.1.1/32 is local host.
C       12.12.12.0/24 is directly connected, Serial 2/0
C       12.12.12.1/32 is local host.
C       172.16.0.0/24 is directly connected, Loopback 1
C       172.16.0.1/32 is local host.
C       172.16.1.0/24 is directly connected, Loopback 2
C       172.16.1.1/32 is local host.
C       172.16.2.0/24 is directly connected, Loopback 3
C       172.16.2.1/32 is local host.
C       172.16.3.0/24 is directly connected, Loopback 4
C       172.16.3.1/32 is local host.
```

10.7.3　OSPF NSSA 区域

末节区域和完全末节区域能够极大地减少 OSPF 中的 LSA 洪泛,精简路由表,是 OSPF 优化常见的方式。这两种方式会过滤掉类型 4 和类型 5 的 LSA,即通告外部路由的 LSA,因此在这样的区域中的路由器上不能进行路由重分布,即使配置了也没有用,因为外部路由 4 类和 5 类 LSA 被过滤,无法传递更新。在路由器 A 上取消在 OSPF 中通告 1.1.1.1/24 网段,采用直连重分布的方法通告,在路由器 B 上将看不到该网段的路由条目。

```
RouterA(config)# router ospf 1
RouterA(config-router)# no network 1.1.1.0 0.0.0.255 area 1        // 取消在 OSPF 中发布 1.1.1.0/24
RouterA(config-router)# redistribute connected subnets            // 重分布直连路由
RouterA(config-router)# end
```

路由器 B 的路由表如下，缺少了 1.1.1.0/24 网段对应的路由。

```
RouterB# show ip route
Codes:      C - connected, S - static, R - RIP, B - BGP
            O - OSPF, IA - OSPF inter area
            N1 - OSPF NSSA external type 1, N2 - OSPF NSSA external type 2
            E1 - OSPF external type 1, E2 - OSPF external type 2
            i - IS-IS, su - IS-IS summary, L1 - IS-IS level-1, L2 - IS-IS level-2
            ia - IS-IS inter area, * - candidate default
Gateway of last resort is no set
O       3.3.3.3/32 [110/50] via 23.23.23.3, 2d,23:33:09, Serial 3/0
O E1 4.4.4.0/24 [110/110] via 23.23.23.3, 1d,20:02:18, Serial 3/0
C       12.12.12.0/24 is directly connected, Serial 2/0
C       12.12.12.2/32 is local host.
C       23.23.23.0/24 is directly connected, Serial 3/0
C       23.23.23.2/32 is local host.
O E1 34.34.34.0/24 [110/110] via 23.23.23.3, 1d,20:02:18, Serial 3/0
O       172.16.0.0/22 [110/0] via 0.0.0.0, 17:09:06, Null 0
O       172.16.0.1/32 [110/50] via 12.12.12.1, 17:09:07, Serial 2/0
O       172.16.1.1/32 [110/50] via 12.12.12.1, 17:09:07, Serial 2/0
O       172.16.2.1/32 [110/50] via 12.12.12.1, 17:09:07, Serial 2/0
O       172.16.3.1/32 [110/50] via 12.12.12.1, 17:09:07, Serial 2/0
O E1 172.16.4.0/22 [110/110] via 23.23.23.3, 19:35:51, Serial 3/0
RouterB#
```

当管理员将一个区域配置为末节区域和完全末节区域后，有可能会遇到前面介绍的问题，外部网络需要通过该区域连接，此时可以将该区域配置为 NSSA 区域，NSSA 的全称是 Not-So-Stubby Area，从名字上理解为"不是那么 Stub 的末节区域"。NSSA 允许区域中的路由器注入外部路由，由于 NSSA 仍然过滤掉类型 4 和类型 5 的 LSA，所以注入的外部路由使用类型 7 的 LSA 传递，NSSA 中的 ABR 将会把类型 7 的 LSA 转化为类型 5 的 LSA 从常规区域洪泛。

下面的指令在路由器 A 上取消区域 1 的末节区域，配置区域 1 为 NSSA。

```
RouterA(config)# router ospf 1
RouterA(config-router)# no    area 1 stub            // 取消末节区域
RouterA(config-router)# area 1 nssa                  // 将区域 1 配置为 NSSA
```

路由器 B 上也同样取消区域 1 的末节区域，配置区域 1 为 NSSA，否则与路由器 A 的邻居关系都无法建立。

```
RouterB(config)# router ospf 1
RouterB(config-router)# no area 1 stub                        // 取消末节区域
RouterB(config-router)# area 1 nssa                           // 将区域 1 配置为 NSSA
RouterB(config-router)# end
RouterB# show ip route                                        // 查看路由器 B 的路由表
Codes:     C - connected, S - static, R - RIP, B - BGP
           O - OSPF, IA - OSPF inter area
           N1 - OSPF NSSA external type 1, N2 - OSPF NSSA external type 2    // N2 标识的含义
           E1 - OSPF external type 1, E2 - OSPF external type 2
           i - IS-IS, su - IS-IS summary, L1 - IS-IS level-1, L2 - IS-IS level-2
           ia - IS-IS inter area, * - candidate default
Gateway of last resort is no set
O N2 1.1.1.0/24 [110/20] via 12.12.12.1, 00:00:10, Serial 2/0   // 外部路由 1.1.1.0/24 出现在路由表中
O        3.3.3.3/32 [110/50] via 23.23.23.3, 3d,00:07:01, Serial 3/0
O E1 4.4.4.0/24 [110/110] via 23.23.23.3, 1d,20:36:09, Serial 3/0
C        12.12.12.0/24 is directly connected, Serial 2/0
C        12.12.12.2/32 is local host.
C        23.23.23.0/24 is directly connected, Serial 3/0
C        23.23.23.2/32 is local host.
O E1 34.34.34.0/24 [110/110] via 23.23.23.3, 1d,20:36:09, Serial 3/0
O        172.16.0.0/22 [110/0] via 0.0.0.0, 00:00:10, Null 0
O        172.16.0.1/32 [110/50] via 12.12.12.1, 00:00:11, Serial 2/0
O        172.16.1.1/32 [110/50] via 12.12.12.1, 00:00:11, Serial 2/0
O        172.16.2.1/32 [110/50] via 12.12.12.1, 00:00:11, Serial 2/0
O        172.16.3.1/32 [110/50] via 12.12.12.1, 00:00:11, Serial 2/0
O E1 172.16.4.0/22 [110/110] via 23.23.23.3, 20:09:43, Serial 3/0
```

　　路由表中出现 "O N2" 标识的外部路由条目，是通过类型 7 的 LSA 从路由器 A 洪泛来的，OSPF 的 NSSA 外部路由的标识是 N，同样有两种类型：N1 和 N2。路由器 B 将类型 7 的 LSA 转换为类型 5 的 LSA 向骨干区域传递，路由器 C 上关于 1.1.1.0/24 路由的标识为 "O E2"。

　　在应用 NSSA 时，路由器 B（ABR）不会向路由器 A 发布一条默认路由，因此在路由器 A 上查看路由表，是不存在默认路由的，这样会造成路由器 A 与其他网段不可达。有两种方法可以解决这个问题，第一种是在路由器 B 上添加 "default-information-originate" 参数，这样路由器 B 会向 NSSA 注入 "O*E2" 标识的默认路由。

```
RouterB(config)# router ospf 1
RouterB(config-router)# area 1 nssa default-information-originate    // 向 NSSA 宣告默认路由
```

　　路由器 A 上出现默认路由：

```
RouterA# show ip route ospf
O*N2 0.0.0.0/0 [110/1] via 12.12.12.2, 00:03:05, Serial 2/0          // 默认路由
O IA 3.3.3.3/32 [110/100] via 12.12.12.2, 03:27:24, Serial 2/0
O IA 23.23.23.0/24 [110/100] via 12.12.12.2, 03:27:24, Serial 2/0
```

另一种方法是在路由器 B 上添加 "no-summary" 参数,也能向 NSSA 区域注入默认路由,此时这个区域称为完全 NSSA 区域。与完全末节区域也是在末节区域配置的基础上加了 "no-summary" 参数类似。完全 NSSA 区域也会过滤类型 3 的 LSA,即 OSPF 域间 LSA 通告,此时在路由器 A 上查看路由表,连 "O IA" 标识的路由条目都消失了,只有一条默认路由。

```
RouterB(config)# router ospf 1
RouterB(config-router)# no area 1 nssa default-information-originate    // 取消第一种方法
RouterB(config-router)# area 1 nssa no-summary                          // 应用 no-summary 参数
```

路由器 A 上不用做配置,查看路由器 A 的路由表。

```
RouterA# sh ip route ospf
O*IA 0.0.0.0/0 [110/51] via 12.12.12.2, 00:00:03, Serial 2/0          // 只有一条默认路由
```

如果在路由器 B 上同时配置 "no-summary" 和 "default-information-originate",路由器 A 的路由表仍然与配置 "no-summary" 相同,说明 "no-summary" 优先于 "default- information-originate"。

```
RouterB(config)# router ospf 1
RouterB(config-router)# no area 1 nssa no-summary                                // 取消 no-summary 参数
RouterB(config-router)# area 1 nssa default-information-originate no-summary     // 同时应用两个参数
```

再次查看路由器 A 的路由表,与配置 "no-summary" 参数的效果一样。

```
RouterA# sh ip route ospf
O*IA 0.0.0.0/0 [110/51] via 12.12.12.2, 00:00:03, Serial 2/0          // 只有一条默认路由
```

第 11 章　访问控制列表

对网络进行管理时，经常遇到需要对流经网络设备的数据包进行过滤、控制的情况。访问控制列表（Access Control Lists，ACL）是最常用的一种方法。在路由器或者三层交换机上都可以配置 ACL，它提供强大的数据流过滤功能，通过定义一些规则对网络设备接口上进入或者转发出的数据报文进行匹配，从而判断允许（permit）数据包通过或丢弃（deny）数据包。

访问控制列表（ACL）是由一条条的表项组成的，可以称之为接入控制列表表项（Access Control Entry，ACE），这些表项有严格的顺序，数据包将会从第 1 条开始测试是否匹配，如果匹配不上则依次往后测试匹配，即测试是否匹配第 2 条。如果某一条匹配上，那么后面的语句就将被忽略，不再进行测试，只执行匹配上的 ACE 对应的执行动作（permit 或者 deny）。

应用 ACL 属于高危操作，如果配置不当将导致用户断网。因此在配置的时候需要根据需求认真分析并谨慎操作。

11.1　标准访问控制列表

标准访问控制列表能够对数据包的源 IP 地址进行检查，从而判断是应该允许通过还是阻断数据流。图 11-1 中 PC1 到 PC10 都在 192.168.1.0/24 网段中，希望配置 ACL 使 PC1 到 PC7 不能够访问 2.2.2.2，但其中的 PC5 例外（PC5 能访问）。PC8 到 PC10 能够访问 2.2.2.2。

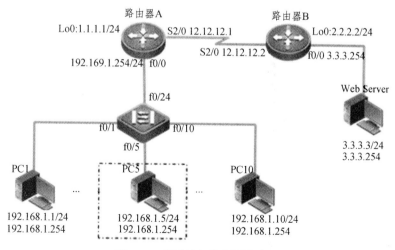

图 11-1　标准访问控制列表应用

根据拓扑图所示配置 PC 的 IP 地址，网关设置为路由器 A 的 F0/0 接口地址 192.168.1.254。

下列的指令在路由器 A 上配置 IP 地址及静态路由。

```
Ruijie> en
Ruijie# conf t
Ruijie(config)# host RouterA
RouterA(config)#    int s2/0
RouterA(config-if-Serial 2/0)# ip add 12.12.12.1 255.255.255.0
RouterA(config-if-Serial 2/0)# no shut
RouterA(config-if-Serial 2/0)# int f0/0
RouterA(config-if-FastEthernet 0/0)# ip add 192.168.1.254 255.255.255.0
RouterA(config-if-FastEthernet 0/0)# no shut
RouterA(config-if-FastEthernet 0/0)# int lo 0
RouterA(config-if-Loopback 0)# ip add 1.1.1.1 255.255.255.0
RouterA(config-if-Loopback 0)# exit
RouterA(config)# ip route 2.2.2.0 255.255.255.0 12.12.12.2        // 添加去往 2.2.2.0/24 的静态路由
RouterA(config)# ip route 3.3.3.0 255.255.255.0 12.12.12.2        // 添加去往 3.3.3.0/24 的静态路由
RouterA(config)#
```

下列的指令在路由器 B 上配置 IP 地址及默认路由。

```
Ruijie> en
Ruijie# conf t
Ruijie(config)# host RouterB
RouterB(config)# int s2/0
RouterB(config-if-Serial 2/0)# ip add 12.12.12.2 255.255.255.0
RouterB(config-if-Serial 2/0)# no shut
RouterB(config-if-Serial 2/0)# exit
RouterB(config)# int fa0/0
RouterB(config-if-FastEthernet 0/0)# ip add 3.3.3.254 255.255.255.0
RouterB(config-if-FastEthernet 0/0)# no shutdown
RouterB(config-if-FastEthernet 0/0)# exit
RouterB(config)# int lo 0
RouterB(config-if-Loopback 0)# ip add 2.2.2.2 255.255.255.0
RouterB(config-if-Loopback 0)# exit
RouterB(config)# ip route 0.0.0.0 0.0.0.0 12.12.12.1              // 添加默认路由
RouterB(config)#
```

路由配置后，目前所有的 PC 都可以"ping"通 2.2.2.2。为了满足访问控制的需求，在路由器 B 上创建标准访问控制列表。

```
RouterB(config)# ip access-list ?                    // 查看 ACL 类型
    extended        IP Extended acl mode             // 扩展 ACL
```

```
    resequence      Resequence Access List          // 按优先级配置 ACL 表项
    standard        IP Standard acl mode            // 标准 ACL
RouterB(config)# ip access-list standard ?
    <1-99>          IP standard acl
    <1300-1999> IP standard acl (expanded range)
    WORD            Acl name
```

从以上结果看出，标准 ACL 的编号范围为 1~99 和 1300~1999，还可以使用字母命名。

```
RouterB(config)# ip access-list standard 12              // 创建 12 号标准访问控制列表
RouterB(config-std-nacl)# permit host 192.168.1.5        // 允许一台主机 192.168.1.5
RouterB(config-std-nacl)# deny 192.168.1.0 0.0.0.7       // 拒绝网段 192.168.1.0/29
RouterB(config-std-nacl)# permit 192.168.1.0 0.0.0.255   // 允许网段 192.168.1.0/24
RouterB(config-std-nacl)# end
RouterB# show access-lists                                // 查看设备上的访问控制列表
ip access-list standard 12                                // 编号 12 的标准 ACL 具有下列 3 个 ACE
  10 permit host 192.168.1.5                              // ACE 编号默认从 10 开始，默认增量步进也是 10
  20 deny 192.168.1.0 0.0.0.7
  30 permit 192.168.1.0 0.0.0.255
RouterB#
```

此时已经成功创建了编号 12 的 ACL，但还没有生效。下列指令将 ACL 应用在路由器 B 的 S2/0 接口上，这时才真正生效。

```
RouterB# conf t
RouterB(config)# int s2/0
RouterB(config-if-Serial 2/0)# ip access-group 12 in        // 数据包在进入接口 s2/0 时将根据
12 号 ACL 做检查
RouterB(config-if-Serial 2/0)# end
RouterB# show ip access-group                               // 查看 ACL 的应用情况
ip access-group 12 in
Applied On interface Serial 2/0.
RouterB#
```

此时在 PC5 上 "ping" 地址 2.2.2.2，数据包通过路由器 B 的 S2/0 进入的时候尝试匹配 12 号 ACL 中的第 1 条 ACE，能够匹配上，执行 permit 操作，数据包被允许进入，后续的 ACE 不再执行检查。

PC1 的 IP 地址是 192.168.1.1，在 PC1 上 "ping" 地址 2.2.2.2，数据包通过路由器 B 的 S2/0 进入的时候尝试匹配 12 号 ACL 中的第 1 条 ACE，不能够匹配上。继续尝试匹配第 2 条，PC1 在第 2 条 ACE 描述的子网中，能够匹配上，执行 deny 操作，数据包被丢掉，后续的 ACE 不再执行检查。

PC10 的 IP 地址是 192.168.1.10，在 PC10 上 "ping" 地址 2.2.2.2，数据包通过路由器 B

的 S2/0 进入的时候尝试匹配 12 号 ACL 中的第 1 和第 2 条 ACE，都不能够匹配上。继续尝试匹配第 3 条，PC10 在 192.168.1.0/24 子网中，能够匹配上，执行 permit 操作，数据包被允许进入。

如果所有的 ACE 都无法匹配，那么数据包被拒绝进入，换句话说，ACL 隐含了最后 1 条 ACE：拒绝一切数据包。

ACL 中的 ACE 具有严格的顺序，不同的顺序效果不同，如果将 ACL 12 中第 1 条和第 2 条 ACE 的位置调换，那么 PC5 将匹配上第 1 条 ACE，被拒绝进入路由器 B。在设计 ACL 时应该根据具体的应用需求先将 ACE 设计好再部署在网络设备上。

如果遇到配置完成第 10 条 ACE 后却发现在 2 条后面少配置了一条 ACE 的情况，也不必担心要取消后面 8 条，再继续添加 ACE。可以使用添加的方法插入 ACE。如果需要在下列 ACL 的第 1 条 ACE 后面添加一条允许 192.168.1.4 主机访问，可以执行后续指令。

```
RouterB# show access-lists
ip access-list standard 12
  10 permit host 192.168.1.5              // 第 1 条 ACE 默认编号为 10
  20 deny 192.168.1.0 0.0.0.7             // 第 2 条 ACE 默认编号为 20
  30 permit 192.168.1.0 0.0.0.255
RouterB# conf t
RouterB(config)# ip access-list standard 12    // 进入 ACL 12 配置模式
RouterB(config-std-nacl)# ?
ACL Configuration commands:
  <1-2147483647>    Sequence number to ACE    // ACE 的序号
  default           Set a command to its defaults
  deny              Specify packets to reject
  end               Exit from ACL configure mode
  exit              Exit from ACL configure mode
  help              Description of the interactive help system
  list-remark       Access list comment
  no                Negate a command or set its defaults
  permit            Specify packets to forward
  remark            Access entry comment
  show              Show running system information
RouterB(config-std-nacl)# 15 permit host 192.168.1.4    // 添加 ACE，并且指定了序号为 15
RouterB(config-std-nacl)# end
RouterB# show access-lists                 // 查看新的 ACL
ip access-list standard 12
  10 permit host 192.168.1.5
  15 permit host 192.168.1.4               // 新的 ACE 添加到了 10 和 20 之间，正确的位置
  20 deny 192.168.1.0 0.0.0.7
```

```
    30 permit 192.168.1.0 0.0.0.255
RouterB#
```

11.2　ACE 重排列

　　前面的例子实现了在原有 ACE 序列中插入一个新的 ACE，使用带序号的 ACE 配置指令，将 15 号 ACE 插入 10 和 20 之间。那如果遇到在紧挨着的序号中间需要插入一个 ACE 怎么处理？例如，需要在 12 和 13 号 ACE 中间插入 ACE。使用 ACE 重排列能够解决这个问题。

　　ACE 重排列的指令格式为 "ip access-list resequence {acl-id| acl-name} sn-start sn-inc"，"sn-start" 是初始编号，"sn-inc" 是步进的增量。每次运行这条指令，就对 ACL 下的 ACE 重新排列，如编号为 12 的 ACL 下 ACE 序号初始为：

```
RouterB# show access-lists 12
ip access-list standard 12
    10 permit host 192.168.1.5
    15 permit host 192.168.1.4
    20 deny 192.168.1.0 0.0.0.7
    30 permit 192.168.1.0 0.0.0.255
RouterB#
```

运行 "ip access-list resequence 12 100 3" 后，ACE 的序号如下。

```
RouterB(config)# ip access-list resequence 12 100 3
RouterB(config)# exit
RouterB# show access-lists 12
ip access-list standard 12
    100 permit host 192.168.1.5              // 以 100 为初始编号，3 为步进增量重排列 ACE
    103 permit host 192.168.1.4
    106 deny 192.168.1.0 0.0.0.7
    109 permit 192.168.1.0 0.0.0.255
RouterB#
```

再次使用无编号方式添加 ACE，此时增量为 3，新的 ACE 的编号为 112，例如：

```
RouterB# conf t
RouterB(config)# ip access-list standard 12
RouterB(config-std-nacl)# permit any               // 添加新的 ACE
RouterB(config-std-nacl)# end
RouterB# show access-lists 12
ip access-list standard 12
```

```
    100 permit host 192.168.1.5

    103 permit host 192.168.1.4

    106 deny 192.168.1.0 0.0.0.7

    109 permit 192.168.1.0 0.0.0.255

    112 permit any                          // 新增加的 ACE 编号为 112
```

使用"no 编号"的方式删除指定编号的 ACE，例如：

```
RouterB# conf t

RouterB(config)# ip access-list standard 12

RouterB(config-std-nacl)# no 109              // 删除编号 109 的 ACE

RouterB(config-std-nacl)# end

RouterB# show access-lists 12

ip access-list standard 12

    100 permit host 192.168.1.5

    103 permit host 192.168.1.4

    106 deny 192.168.1.0 0.0.0.7

    112 permit any

RouterB#
```

11.3　扩展访问控制列表

扩展访问控制列表能够提供比标准访问控制列表更加具体的访问控制能力，标准 ACL 只匹配源 IP 地址，扩展 ACL 可以从源 IP 地址、目的 IP 地址、源端口、目的端口、协议号 5 个方面匹配数据流。标准 ACL 过滤数据包没有扩展 ACL 这么精细，扩展 ACL 的应用范围更广一些。

扩展 ACL 的编号范围为 100~199 和 2000~2699。同样具有一条隐含拒绝一切（deny any）的 ACE 条目，会拒绝所有流量。若是禁止某网段访问，其他网段均开通，则应该在拒绝流量的 ACE 配置完成后，再加一条 permit any 的 ACE 条目，用来放行其他流量。

在路由器 A 的 F0/0 接口配置下列指令能够拒绝 PC5 访问 3.3.3.3 的 80 端口（Web 服务），而不会影响其他端口与服务的访问。

```
RouterA(config)# ip access-list extended 120    // 创建扩展 ACL，编号为 120

RouterA(config-ext-nacl)# deny ?                 // 扩展 ACL 能够根据下列协议类型进行数据包过滤

    <0-255>        An IP protocol number

    eigrp          Enhanced Interior Gateway Routing Protocol

    gre            General Routing Encapsulation

    icmp           Internet Control Message Protocol

    igmp           Internet Group Managment Protocol

    ip             Any Internet Protocol
```

```
    ipinip          IP In IP
    nos             NOS
    ospf            Open Shortest Path First
    tcp             Transmission Control Protocol
    udp             User Datagram Protocol
RouterA(config-ext-nacl)# deny tcp ?            // 要过滤的 web 是基于 TCP 协议建立连接的
    A.B.C.D         Source address
    any             Any source host
    host            A single source host
    interface       Select an interface to configure
RouterA(config-ext-nacl)# deny tcp host 192.168.1.5 host 3.3.3.3 eq ?   // 拒绝从 192.168.1.5 到 3.3.3.3
的数据流，最后的问号查询能支持那些协议或者端口
    <0-65535>       Port number
    bgp             Border Gateway Protocol (179)
    chargen         Character generator (19)
    cmd             Remote commands (rcmd, 514)
    daytime         Daytime (13)
    discard         Discard (9)
    domain          Domain Name Service (DNS, 53)
    echo            Echo (7)
    exec            Exec (rsh, 512)
    finger          Finger (79)
    ftp             File Transfer Protocol (21)
    ftp-data        FTP data connections (20)
    gopher          Gopher (70)
    hostname        NIC hostname server (101)
    ident           Ident Protocol (113)
    irc             Internet Relay Chat (194)
    klogin          Kerberos login (543)
    kshell          Kerberos shell (544)
    login           Login (rlogin, 513)
    lpd             Printer service (515)
    nntp            Network News Transport Protocol (119)
    pim-auto-rp     PIM Auto-RP (496)
    pop2            Post Office Protocol v2 (109)
    pop3            Post Office Protocol v3 (110)
    smtp            Simple Mail Transport Protocol (25)
    sunrpc          Sun Remote Procedure Call (111)
    syslog          Syslog (514)
```

tacacs	TAC Access Control System (49)	
talk	Talk (517)	
telnet	Telnet (23)	
time	Time (37)	
uucp	Unix-to-Unix Copy Program (540)	
whois	Nicname (43)	
www	World Wide Web (HTTP, 80)	// web 服务，默认端口 80

```
RouterA(config-ext-nacl)# deny tcp host 192.168.1.5 host 3.3.3.3 eq www        // 拒绝访问 80 端口
RouterA(config-ext-nacl)# permit ip any any                                    // 其他服务都允许
RouterA(config-ext-nacl)# end
RouterA#    conf t
RouterA(config)# int fa0/0                                                      // 进入 f0/0 接口配置模式
RouterA(config-if-FastEthernet 0/0)# ip access-group 120 in                    // 在 f0/0 接口应用 ACL 120，在进入
方向应用
```

在 PC5 上测试与 3.3.3.3 的数据通信，结果是不能够访问它的 web 服务，但是可以 "ping" 通，在 F0/0 接口使用 "no ip access-group 120 in" 指令取消 ACL 后再测试，结果显示可以访问，说明扩展访问列表生效。

标准访问控制列表通常部署在离目的网络最近的网络设备和接口上，例如，图 11-1 中使用标准 ACL 限制 PC5 访问 2.2.2.0/24，如果将其应用在路由器 A 的 F0/0 接口也能生效并且能成功限制，但产生的副作用是 PC5 连 1.1.1.0/24、12.12.12.0/24、3.3.3.0/24 等网段都不能访问了。

扩展访问控制列表通常部署在离源网络较近的位置。因为它能够根据源 IP、目的 IP、端口号、协议类型等条件精确限制数据流，不需要使数据包到达目的网络才应用过滤规则。

11.4 基于时间段的访问控制列表

访问控制列表可以基于时间段运行，如让 ACL 在一个星期的某些时间段内生效。为了达到这个要求，必须首先配置一个 Time-Range。Time-Range 的配置依赖于系统时钟，因此系统时钟必须可靠。

设置系统时钟的指令如下，将系统时间改成 2018-9-16，18:42:04。

```
Ruijie# conf    t
Ruijie(config)#    clock timezone beijing 8                  // 设置时区为北京所在的东 8 区
Ruijie(config)# exit
Ruijie# clock set 18:42:04 9 16 2018                         // 设置系统时间和日期
Sep 16 18:42:04: %SYS-6-CLOCKUPDATE: System clock has been updated to 18:42:04 beijing Sun Sep
16 2018.
Ruijie# show clock                                           // 查看修改系统时间是否生效
```

```
18:42:10 beijing Sun, Sep 16, 2018
Ruijie#
```

系统时钟准确后，在全局配置模式创建 Time-Range，需要指定名字，长度为 1~32 个字符，不能包含空格。

```
Ruijie(config)# time-range work                              // 创建名为 work 的时间段
Ruijie(config-time-range)#                                   // 进入 time-range 配置模式
Ruijie(config-time-range)# ?
time range configuration commands:
  absolute    Absolute time and date                         // 设置绝对时间区间
  default     Set a command to its defaults
  end         Exit from time range configuration    mode
  exit        Exit from time range configuration    mode
  help        Description of the interactive help system
  no          Negate a command or set its defaults
  periodic    Periodic time and date                         // 设置周期时间区间
  show        Show running system information
```

绝对时间区间只能设置一个或不设置，基于 Time-Range 的应用将仅在这个时间段内有效，例如：

```
Ruijie(config-time-range)# absolute start 19:30 16 Sep 2018 end 7:30 17 Sep 2018
```

从 2018 年 9 月 16 日 19：30 分到 2018 年 9 月 17 日 7：30 分。其中"start"后是时间段开始点，"end"后是结束点。月份用英文单词的前 3 个字母表示，例如 Feb（February）表示二月，Dec（December）表示十二月。

周期时间区间可以设置一个或多个。时间区间不能跨 0：00，即如果要设置晚上 10：00 点到第二天早上 7：00 的时间段，需要分两段写：

```
Ruijie(config-time-range)# periodic daily 0:00 to 7:00
Ruijie(config-time-range)# periodic daily 22:00 to 23:59
```

标准 ACL 及扩展 ACL 都支持基于时间段来控制，下列的指令禁止网段 192.168.0.0/16 网段在周一至周五的零点到 6 点访问 Internet。

```
Ruijie(config)#   time-range Sleep0_6                         // 创建名为 work 的时间段
Ruijie(config-time-range)# periodic ?                         // 周期时间区间
  Daily       Every day of the week                           // 每天
  Friday      Friday                                          // 周五
  Monday      Monday                                          // 周一
  Saturday    Saturday                                        // 周六
  Sunday      Sunday                                          // 周日
  Thursday    Thursday                                        // 周四
```

```
Tuesday        Tuesday                                         // 周二
Wednesday      Wednesday                                       // 周三
Weekdays       Monday through Friday                           // 周一至周五
Weekend        Saturday and Sunday                             // 周六周日
Ruijie(config-time-range)# periodic Weekdays 0:0 to 6:0        // 周一至周五的 0 点到 6 点
Ruijie(config-time-range)# exit
Ruijie(config)# ip access-list standard 88                     // 创建 88 号标准访问控制列表
Ruijie(config-std-nacl)# deny 192.168.0.0 0.0.0.255 ?
    time-range    Match packets with given timerange set       // 时间段
    <cr>
Ruijie(config-std-nacl)# deny 192.168.0.0 0.0.0.255 time-range Sleep0_6 //在 Sleep0_6 时间段拒绝指定
网段
Ruijie(config-std-nacl)# permit any                            // 其他网段允许
Ruijie(config-std-nacl)# exit
Ruijie(config)# int s2/0
Ruijie(config-if-Serial 2/0)# ip access-group 88 in            // 应用访问控制列表
```

11.5　自反访问控制列表

　　企业进行安全策略设置时，除了使用标准、扩展 ACL 匹配 IP 数据包外，还可能会遇到单向访问的需求。例如，只有当一边网络主动发起访问时，才能允许对端的响应数据包通过，如果对端主动发起访问，则被 ACL 拒绝。例如，图 11-2 中，只有 PC1 发起与 PC2 的通信时，PC2 的应答数据包才能穿过路由器到达 PC1，如果 PC2 主动向 PC1 发起通信，会被路由器过滤。一个明显的例子就是 PC1 能够"ping"通 PC2，而 PC2 无法"ping"通 PC1。

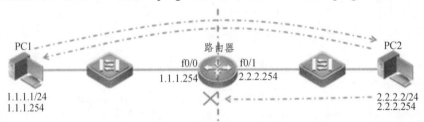

图 11-2　自反访问控制列表应用

　　在两台 PC 上配置图中所示 IP 地址，在路由器上配置下列指令，即可完成 PC1 能"ping"通 PC2，而 PC2 无法"ping"通 PC1 的效果。

```
Ruijie> en
Ruijie# conf t
Ruijie(config)# ip access-list extended 100                    // 创建扩展 ACL
```

```
Ruijie(config-ext-nacl)# permit ip host 1.1.1.1 host 2.2.2.2        // 允许 PC1 访问 PC2
Ruijie(config-ext-nacl)# exit
Ruijie(config)# int fa0/0
Ruijie(config-if-FastEthernet 0/0)# ip access-group 100 in reflect  // 在应用 ACL 时启用自反功能
Ruijie(config-if-FastEthernet 0/0)# exit
Ruijie(config)# ip access-list extended 101                         // 创建扩展 ACL
Ruijie(config-ext-nacl)# deny ip any any                            // 禁止一切访问
Ruijie(config-ext-nacl)# int fa0/1
Ruijie(config-if-FastEthernet 0/1)# ip access-group 101 in          // 应用在 f0/1
```

从以上指令中可以看到，自反 ACL 与正常的 ACL 的区别只有一个："reflect"指令，但原理却有很大区别。如果在路由器的接口 F0/0 应用 100 号 ACL 时不指定"reflect"，即应用指令"ip access-group 100 in"，那么当 PC1 发出的 ICMP 请求报文从路由器 F0/0 接口进入时满足 100 号 ACL 的表项，则可以通过，到达 PC2 后，PC2 返回的数据包从路由器 F0/1 接口进入时满足 101 号 ACL 的表项，则被拒绝。PC1 无法"ping"通 PC2，PC2 当然也无法"ping"通 PC1。

如果指定"reflect"，即应用指令"ip access-group 100 in reflect"在路由器的 F0/0 接口，那么当数据包从 F0/0 接口通过的时候，路由器根据进入数据包的第三层和第四层信息自动生成一个临时性的访问控制列表，这个临时性的访问控制列表依据下列原则创建：协议类型不变，源 IP 地址与目的 IP 地址对调，源端口与目的端口对调，对于不含端口号码的协议（如 ICMP 和 IGMP）会指定应答协议类型等其他参数。从 PC2 返回的数据包刚好满足这个临时性访问表，因此，允许进入路由器返回 PC1。而 PC2 主动发出的数据包不能匹配临时访问控制列表，会被 ACL101 过滤。

自反 ACL 是应用在企业网络的一种比较聪明的安全手段，当内网用户访问了外网后才允许回程的访问（按需生成的临时访问控制列表）。利用自反 ACL 可以很好地保护企业内部网络，免受外部非法用户的攻击。一般部署在边界设备上，如防火墙路由器、核心汇聚交换机等。配置自反 ACL 之后，外网用户主动发起的请求报文不能进入内部网络，无法主动访问内网用户。

第 12 章　网络地址转换

网络地址转换(Network Address Translation, NAT）是一个 IETF（Internet Engineering Task Force, Internet 工程任务组）标准。它的名字中的"转换"是指将私有 IP 地址转换为公网 IP 地址及端口号，从而使在内部使用私有 IP 地址的用户也能够访问 Internet。NAT 在一定程度上解决了公网地址不足的问题。

NAT 通常配置在网络出口设备上，因为需要打开数据包将其中的源 IP 地址取出，根据用户配置的策略替换为公网 IP 地址和端口号，然后重新封装数据包并重新计算和， 最后将数据包从接口发出。由于经过了一些额外的操作，所以 NAT 会降低网络传输的效率，但另一方面，NAT 的应用不仅可以节约 IP 地址又可隐藏网络内部的所有主机，有效避免来自 Internet 的攻击。所以总的来讲，NAT 的利大于弊，是目前十分常用的一种技术。

根据需求与功能的不同，NAT 分为静态地址转换、动态地址转换和端口地址转换（Port Address Translation，PAT)。

（1）静态转换是指将内部网络的私有 IP 地址转换为公网 IP 地址，对应关系是一对一的，一个私有 IP 地址只转换为一个公网 IP 地址。静态转换可以实现外部网络对内部网络中某些特定设备（如服务器）的访问。

（2）动态转换是指将内部网络的私有 IP 地址转换为公网 IP 地址时，公网 IP 地址是不确定的，是随机的，常常指定一个公网地址范围（地址池），私有 IP 地址可随机转换为地址池中的一个公网 IP 地址。也就是说，只要指定哪些内部地址可以进行转换，以及用哪些合法地址作为外部地址，就可以进行动态转换。动态转换可以使用多个合法外部地址集。当 ISP 提供的合法 IP 地址略少于网络内部的计算机数量时，可以采用动态转换的方式。

（3）端口地址转换是指将内部主机的私有 IP 地址转换为出口公网 IP 及端口号，采用端口复用方式。内部网络的所有主机均可共享一个合法外部 IP 地址实现对 Internet 的访问，从而可以最大限度地节约 IP 地址资源。同时，又可隐藏网络内部的所有主机，有效避免来自 Internet 的攻击。因此，目前网络中应用最多的就是端口地址转换方式。

12.1　静态地址转换

静态地址转换是一种比较简单的 NAT 转换，将内部私有 IP 地址转换成全局唯一的 IP 地址。当内部网络中的 E-mail、FTP、Web 等服务器同时需要为内部和外部提供服务时，使用静态 NAT 可以将内部私有 IP 转换为公网 IP 供外网访问。

图 12-1 中路由器 A 连接的内网（192.168.1.0/24）中的 Web 服务器具有私有 IP 地址

192.168.1.10，能够被 PC1 访问，但不可以被公网主机访问，下面在路由器 A 上配置静态地址转换，将私有地址 12.12.12.10 转换为公网 IP 地址 12.12.12.10。配置完成后内部主机 PC1 通过 192.168.1.10 访问 Web 服务器，公网主机通过地址 12.12.12.10 访问 Web 服务器。

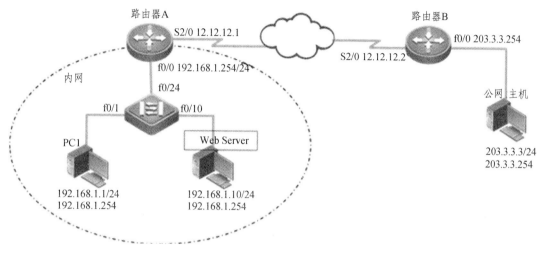

图 12-1　静态地址转换

　　按照图中所示拓扑连接网络设备并配置主机的 IP 和网关，图中云朵示例接入公网，实验时为节约设备将路由器 A 与路由器 B 直接连接即可。交换机只用于连接设备，不需要配置，路由器 A 和路由器 B 的配置如下。

　　路由器 A 配置：

```
RouterA# conf t
RouterA(config)# int fa0/0                        // 为接口 f0/0 配置 IP 地址
RouterA(config-if-FastEthernet 0/0)# ip address 192.168.1.254 255.255.255.0
RouterA(config-if-FastEthernet 0/0)# no shut
RouterA(config-if-FastEthernet 0/0)# exit
RouterA(config)# int s2/0                          // 为接口 s2/0 配置 IP 地址
RouterA(config-if-Serial 2/0)# ip address 12.12.12.1 255.255.255.0
RouterA(config-if-Serial 2/0)# no shut
RouterA(config-if-Serial 2/0)# exit
RouterA(config)# ip route 0.0.0.0 0.0.0.0 12.12.12.2
// 路由器 A 是内网 192.168.1.10/24 的出口设备，配置默认路由即可完成内部数据至 Internet 的访问
```

　　路由器 B 配置：

```
RouterB# conf t
RouterB(config)# int s2/0                          // 为接口 s2/0 配置 IP 地址
RouterB(config-if-Serial 2/0)# ip address 12.12.12.2 255.255.255.0
RouterB(config-if-Serial 2/0)# no shut
```

```
RouterB(config-if-Serial 2/0)# exit
RouterB(config)# int fa0/0                              // 为接口 f0/0 配置 IP 地址
RouterB(config-if-FastEthernet 0/0)# ip address 203.3.3.254 255.255.255.0
RouterB(config-if-FastEthernet 0/0)# no shut
RouterB(config-if-FastEthernet 0/0)# exit
```

路由器 B 直连了 12.12.12.0/24 和 203.3.3.0/24 网段，已经知道如何将数据包转发到全网除 192.168.1.0/24 外的所有网络了，因此不需要添加路由。如果路由器 A 和 B 之间还有其他网络，那么在路由器 B 上还需要添加路由，使路由器 B 能够访问到路由器 A 的公网出口网段 12.12.12.0/24。

下面在路由器 A 上配置静态地址转换，将 192.168.1.10 转换为 12.12.12.10。

```
RouterA(config)# int f0/0
RouterA(config-if-FastEthernet 0/0)# ip nat inside        // 定义 f0/0 接口所连接的网络是内部网络
（inside）
RouterA(config-if-FastEthernet 0/0)#exit
RouterA(config)# int s2/0
RouterA(config-if-Serial 2/0)# ip nat outside             // 定义 S2/0 接口所连接的网络是外部网
络（outside）
RouterA(config-if-Serial 2/0)#exit
RouterA(config)# ip nat inside source static 192.168.1.10 12.12.12.10
// 定义内部源地址静态转换的一一对应关系，这里只配置了 192.168.1.10 与 12.12.12.10 一条对应
关系。它永久存在于 NAT 转换表中，除非管理员手工删除。
```

配置完成后，在 Web 服务器上"ping"地址 203.3.3.3 是可以连通的。它的工作过程如下。

（1）Web 服务器发送数据包到网关 192.168.1.254，源 IP 地址为 192.168.1.10。

（2）路由器 A 接收数据包，并查询自己的 NAT 转换表，发现存在匹配的静态 NAT 转换条目，于是将数据包的源地址从 192.168.1.10 更换为 12.12.12.10，根据默认路由表确定从接口 S2/0 发送出去。

（3）路由器 B 接收数据包，查找路由表将其转发到主机 203.3.3.3。主机 203.3.3.3 接收后发送应答数据包，此时的目标地址为 12.12.12.10，源地址是 203.3.3.3。因为网关设置的是路由器 B 的 F0/0 接口，所以应答数据包交给了路由器 B。

（4）路由器 B 接收数据包，查找路由表发现目标地址 12.12.12.10 是自己的直连网段，于是将数据包从 S2/0 发出。

（5）路由器 A 接收数据包并查询自己的 NAT 转换表，发现存在匹配的静态 NAT 转换条目，于是将数据包的目的地址从 12.12.12.10 更换为 192.168.1.10，最后从接口 F0/0 发送出去。应答数据包最终被正确接收。

在公网主机 203.3.3.3 上"ping"地址 12.12.12.10 也是可以连通的，"ping"地址 192.168.1.10 不通，外部主机访问 Web Server 的方式是使用地址 12.12.12.10。

在路由器 A 上可以使用下列指令查看 NAT 转换记录。

```
RouterA# show ip nat translations
Pro    Inside global        Inside local        Outside local        Outside global
Icmp 12.12.12.10:1        192.168.1.10:1        203.3.3.3            203.3.3.3
RouterA#
```

上面的查看结果中出现了 4 种地址，它们的含义如下。

（1）Inside local：内部本地地址（内部主机的实际地址，一般为私有地址）。

（2）Inside global：内部全局地址（内部主机经 NAT 转换后去往外部的地址，是 ISP 分配的合法 IP 地址）。

（3）Outside local：外部本地地址（外部主机由 NAT 设备转换后的地址，一般为私有地址，内部主机访问该外部主机时，认为它是一个内部的主机而非外部主机）。

（4）Outside global：外部全局地址（外部主机的真实地址，互联网上的合法 IP 地址）。

本例中因为没有涉及外部地址转换，所以外部本地地址和外部全局地址相同。用于静态 NAT 内部的全局地址不能同时用于其他静态 NAT 条目或者动态 NAT、PAT 地址转换条目。

可以使用下面的指令清除 NAT 转换条目。

```
RouterA(config)# no ip nat inside source static 192.168.1.10 12.12.12.10    // 取消单条转换条目
```

也可以在特权模式下清除所有 NAT 转换条目。

```
RouterA(config)# exit
RouterA# clear ip nat config-rules
```

内网中的 PC1 可以通过 192.168.1.10 访问 Web 服务器，但不可以使用内部全局地址 12.12.12.10 访问，通常情况下，内网用户访问这些内部主机提供的服务，只要用内网 IP 就可以了。但有些特殊的应用服务，要求内网用户以全局 IP 访问该服务。这时需要添加 "permit-inside" 关键字，可以实现同时使用内部本地与内部全局地址访问，这个关键字只在路由器上适用。添加这个关键字后最好也在 inside 口上配置 "no ip redirects" 指令，防止 inside 口发重定向的报文。

```
RouterA(config)# ip nat inside source static 192.168.1.10 12.12.12.10 permit-inside
RouterA(config)# int f0/0
RouterA(config-if-FastEthernet 0/0)# no ip redirects        // 不发送重定向报文
```

静态地址转换除了可以将 IP 地址一对一映射，还可以指定 TCP 或者 UDP 协议与端口号，这样就可以具体到服务。例如，下列指令中指定了 TCP 的端口号，在 PC1 上部署 FTP 后，公网主机可以通过内部全局地址 12.12.12.10 访问 Web 和 FTP 服务。Web 服务由内部主机 Web Server 提供，FTP 服务由 PC1 提供。外部的公网主机不知道 12.12.12.10 对应的是一台服务器还是多台。

```
RouterA(config)# ip nat inside source static tcp 192.168.1.10 80 12.12.12.10 80
RouterA(config)# ip nat inside source static tcp 192.168.1.1 20 12.12.12.10 20
RouterA(config)# ip nat inside source static tcp 192.168.1.1 21 12.12.12.10 21
```

12.2 动态地址转换

上一节介绍的静态地址转换完成了外部主机可以访问内部服务器的功能，因为静态 NAT 是一对一的关系，所以 Web 服务器也能够转换为公网 IP 地址 12.12.12.10 访问外部主机。但 PC1 没有配置静态 NAT，无法访问外部主机。

类似 PC1 这样的主机通常会有访问外网的需求，但与 Web 服务器不同的是，它们不需要被外部主机访问，这种情况可以使用动态地址转换。动态 NAT 与静态 NAT 的别在于：静态 NAT 是一对一的关系，动态 NAT 是多对多的关系，即多个内部私有 IP 可以转换为一个或多个公网 IP。其实静态 NAT 并不能解决 IP 地址短缺这一问题，它只是让内部网络中的服务器可以对外部用户提供服务，动态 NAT 可以在一定程度上缓解地址短缺。

动态 NAT 在配置前需要做两项准备工作。第 1 项是定义一个访问控制列表，用来定义允许哪一部分内部主机进行地址转换。第 2 项是定义一个地址池（Address Pool），里面是一组连续的内部全局地址。

在路由器 A 上继续添加下列指令完成动态 NAT 配置，实现 PC1 能够访问外部主机 203.3.3.3。

```
RouterA# conf t
RouterA(config)# access-list 12 permit 192.168.1.0 0.0.0.7        // 定义 ACL
// IP 地址在 192.168.1.1—192.168.1.7 范围内的主机将进行动态 NAT 转换。
RouterA(config)# ip nat pool p1 12.12.12.2 12.12.12.7 netmask 255.255.255.248    // 定义地址池
// 将转换为本地公网地址的范围从 12.12.12.2 到 12.12.12.7
RouterA(config)# ip nat inside source list 12 pool p1               // 动态地址转换规则
// 将内部网络中源地址满足 12 号 ACL 的 IP 地址转换为地址池 p1 中的公网地址
RouterA(config)# end
RouterA#
```

配置完毕后在 PC1 上 "ping" 公网主机的 IP 地址 203.3.3.3，可以 "ping" 通。在路由器 A 上查看转换记录：

```
RouterA# show ip nat translations
Pro   Inside global        Inside local        Outside local       Outside global
Icmp 12.12.12.7:1          192.168.1.1:1        203.3.3.3           203.3.3.3
RouterA#
```

上面的结果可以看出，PC1 发出的数据包通过路由器 A 时，IP 地址从 192.168.1.1 转换成了 12.12.12.7。如果使用另外一台 PC 或者更换 PC1 的 IP 地址为 192.168.1.2，再次 "ping" 地址 203.3.3.3，会将 192.168.1.2 转换为公网 IP 地址 12.12.12.2，如下所示。

```
RouterA# show ip nat translations verbose
Pro   Inside global        Inside local       Outside local       Outside global
Icmp 12.12.12.2:1          192.168.1.2:1       203.3.3.3           203.3.3.3        timeout=6           vrf=0
```

上面的命令中添加了"Verbose"参数，可以显示更详细地转换记录，结果中的 timeout 表示该 NAT 转换记录离超时还有多长时间，单位是秒。

动态地址转换将一个内部网段的私有 IP 段转换为地址池中设置好的几个公网 IP 地址，与静态 NAT 相比减少了使用的公网 IP 的数量。动态 NAT 转换的条目并不像静态 NAT 一样，一开始就存在于路由器的 NAT 转换表中，它是内部主机需要对外部进行通信时产生的。当这个通信结束后，使用过的公网地址要再次回到地址池中供其他主机再次使用，类似于 DHCP 地址租用。

12.3 端口地址转换

动态地址转换是通过映射条目老化实现地址复用的，即私有 IP 轮流使用地址池中的公网 IP 地址。当能够用于地址池的公网 IP 比较少时，动态地址转换的性能受到限制。为了提高转换效率，端口地址转换（PAT）被设计出来并大量应用，它利用端口来区分不同私有 IP 到公网 IP 的转换，大大提高了 NAT 转换的能力。

端口地址转换允许多个内部私有地址映射到同一个内部全局地址上，通过端口号来区分、保持数据连接的唯一性。如图 12-2 所示，PC1 与 PC2 都转换为相同的内部全局地址 12.12.12.1 访问外部网络，但映射的端口号不一样，即使 PC1 和 PC2 都使用了相同端口号 50001。

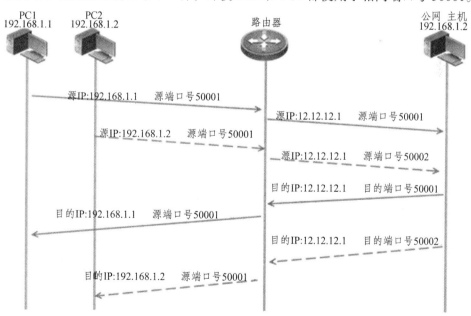

图 12-2 端口地址转换

毋庸置疑，端口地址转换的效率比静态 NAT 与动态 NAT 高。因其良好的特性，在锐捷设备上，默认都是使用端口地址转换。这一点可以通过前两节中"show ip nat translations"的结果中，内部本地地址和内部全局地址中冒号后的端口号看出。

地址池可以使用外部网络接口的地址，在路由器 A 上取消原先定义的地址池，重新创建地址池为路由器 A 上 S2/0 接口的地址 12.12.12.1。

RouterA(config)# no ip nat pool p1 12.12.12.2 12.12.12.7 netmask 255.255.255.248   // 取消原先定义的地址池
RouterA(config)# ip nat pool p1 12.12.12.1 12.12.12.1 netmask 255.255.255.0   // 创建地址池

更改完配置后，PC1 能够"ping"通 203.3.3.3。在主机 203.3.3.3 上打开 Wireshark 等数据包捕获软件，能够很容易分析出 ICMP 数据包源地址是 12.12.12.1。在交换机上添加 3 台 PC 后同时"ping"主机 203.3.3.3，查看路由器 A 上的地址转换记录如下所示，即都转换为地址 12.12.12.1，但端口号不同。

RouterA# show ip nat translations

Pro	Inside global	Inside local	Outside local	Outside global
Icmp	12.12.12.1:770	192.168.1.4:1	203.3.3.3	203.3.3.3
Icmp	12.12.12.1:1	192.168.1.5:1	203.3.3.3	203.3.3.3
Icmp	12.12.12.1:769	192.168.1.6:1	203.3.3.3	203.3.3.3
Icmp	12.12.12.1:768	192.168.1.1:1	203.3.3.3	203.3.3.3

12.4 外部源地址转换

前面几节介绍的都是内部地址转换，使用的指令是"ip nat **inside** source"，后面可以加静态 IP 或者 ACL，如下所示。

Ruijie(config)# ip nat inside source ?
　list   Specify access list describing local addresses   // 使用 ACL
　static   Specify static local->global mapping   // 静态的一对一映射

内部地址转换是将内部的私有地址转换成外部的公网地址，转换后的公网地址可以作为数据包的源地址继续访问 Internet，也可以作为 Internet 主机访问的目的地址。而外部地址转换是将公网 IP 地址转换为内部私有地址。当内网存在一些安全策略，只允许内网 PC 之间互访，但是又需要访问外网的服务器时，可以通过 NAT 的外部源地址转换功能把外网服务器的公网地址转换成内网地址，使内网用户在访问外网的时候，感觉不到自己已经访问了外网。

下列指令将外部的公网主机 203.3.3.3 映射为 192.168.1.9，内网主机只需要通过 192.168.1.9 地址就可以访问 203.3.3.3。

Ruijie(config)# ip nat outside source static   203.3.3.3 192.168.1.9

在 PC1 上使用"ping"测试 192.168.1.9 的连通性，可以连通。在路由器 A 上查看转换记录如下。

Ruijie# show ip nat translations

Pro	Inside global	Inside local	Outside local	Outside global

| Icmp 12.12.12.1:1 | 192.168.1.1:1 | 192.168.1.9 | 203.3.3.3 |

192.168.1.9 是外部本地地址，是外部全局地址 203.3.3.3 映射进内网的地址。需要注意的是，路由器 A 至公网主机 203.3.3.3 的路由必须可达内网才能够被访问。

12.5　NAT 实现负载均衡

负载均衡其指将某一项任务分摊到多个操作单元上执行，一方面多个操作单元可以减轻过重的负载，另一方面，可以将过载节点上的任务转移到其他轻载节点上，尽可能实现系统各节点的负载平衡，从而提高系统的吞吐量，扩大系统的处理能力。

网络负载均衡经常需要解决的问题是将大量的并发访问或数据流量分担到多台服务器上分别处理，减少用户等待响应的时间。可以通过部署网络负载均衡设备来实现负载均衡，但是通常这种设备比较昂贵。使用 NAT 技术也可以实现负载均衡，虽然其功能比较简单，但对于业务量不算太大的应用也是一种解决方案。

图 12-3 中，为了能够向外部提供更多的并发连接，将内部服务器 Server 1 和 Server 2 组成了一个服务器组。它们都向外部提供 Web 服务，每台服务器上的网站内容一样。它们共同虚拟出一台 Web 服务器 211.1.1.1。当外部主机对 211.1.1.1 进行访问时，路由器 A 将 TCP 会话轮流分配给这个服务器组中的每一台设备。例如，第 1 个连接的目标地址被转换成 Server 1 的 IP 地址，第 2 个连接的目标地址被转换成 Server 2 的 IP 地址，第 3 个连接的目标地址被转换成 Server 1 的 IP 地址，依此类推，由两台服务器共同处理外部主机的访问请求。对于外部主机来说，这个服务器组是透明的，它只知道虚拟服务器 211.1.1.1 的存在，不清楚内部的实际转换。

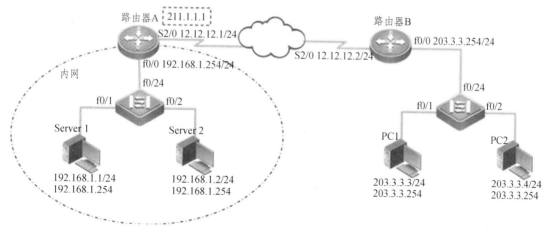

图 12-3　NAT 实现负载均衡

依照图 12-3 中的拓扑配置相应接口的 IP 地址。因为 NAT 负载均衡只对 TCP 流量进行转换，不会对 ICMP 等其他协议进行转换，因此在完成实验进行测试的时候不能使用"ping"命令。因为需要能够产生 TCP 会话的应用，所以需要在 Scrver 1 和 Server 2 上安装 Web 服务并架设好网站，可以使用 WampServer 集成安装环境或 nginx 等软件。为了看出实验效果，在 Server 1 和 Server 2 上架设网站时放置内容不同的主页。

路由器 A 上配置完 IP 后需要添加默认路由至 12.12.12.2，内部网络出口数据包都向路由器 B 转发。

```
RouterA# conf t
RouterA(config)# ip route 0.0.0.0 0.0.0.0 12.12.12.2
```

路由器 B 不需要知道路由器 A 连接的内网的详细路由，而且其他网段都是其直连网段，是不需要配置路由的。但是因为后续操作将把内网中的两台服务器虚拟成一台地址为 211.1.1.1 的服务器在路由器 A 的 S2/0 接口呈现，所以在路由器 B 上需要添加至 211.1.1.1 的路由，否则 PC1 和 PC2 无法找到这台虚拟 Web 服务器，下面的指令添加静态路由至 211.1.1.0/24。

```
RouterB# conf t
RouterB(config)# ip route 211.1.1.0 255.255.255.0 12.12.12.1
```

准备工作结束后，就可以在路由器 A 上配置 NAT 负载均衡了。需要创建一个访问控制列表、一个地址池，最后将它们应用在地址转换中。

基于 TCP 的负载均衡只支持扩展 ACL 配置，不支持标准 ACL 配置。

```
RouterA(config)# ip access-list extended 100
RouterA(config-ext-nacl)# permit ip any host 211.1.1.1
RouterA(config-ext-nacl)# exit
RouterA(config)#
```

在 TCP 负载均衡的配置中，假如服务器映射的外网 IP 选择与外网接口 IP 同网段的其他 IP 地址，会由于设备不对该 IP 地址的 ARP 请求进行回应而导致映射失效（设备会认为这是一台与本出口在同一网段的其他设备地址，而不是自身的地址，因此不对该 IP 地址的 ARP 请求进行回应）。因此，TCP 负载均衡只支持映射为外网口出口 IP 地址或其他网段的 IP 地址，不能映射为与出接口同网段的其他 IP 地址。例如，可以将两台服务器映射为 12.12.12.1，或其他网段地址（如 211.1.1.0/24）；但不能映射为 12.12.12.0/24 网段中除 12.12.12.1 外的其他地址。

配置服务器的地址池，指令如下。

```
RouterA(config)# ip nat pool server 192.168.1.1 192.168.1.2 netmask 255.255.255.0 type rotary
```

定义名为 server 的地址池，地址池类型为 rotary（循环），在做目的 NAT 转换时，循环转换为内网服务器的地址。

配置目的地址转换，将满足 ACL 100 的数据包中的目的地址转换成 server 地址池中的内部本地地址，指令如下。

```
RouterA(config)# ip nat inside destination list 100 pool server
```

基于 NAT 的 TCP 负载均衡的 NAT 转换条目是当外部向内部进行连接的时候创建的，对外部发来的数据包的目的 IP 地址转换，但转换的 IP 是在内部，所以使用的指令是"ip nat inside destination"。

在 PC1 与 PC2 上打开浏览器，先后访问同一 IP 地址 211.1.1.1，可以发现两台 PC 浏览器中看到的页面分别是 Server1 和 Server2 上面架设的网站，这说明路由器 A 将外部主机对 Web 访问的请求轮流转换成了内部两台服务器的地址，实现了负载均衡。下列指令为在路由器 A 上查看转换记录的结果。

```
RouterA#    show ip nat translations verbose       // 查看详细转换记录
Pro Inside global       Inside local        Outside local        Outside global
tcp 211.1.1.1:80        192.168.1.1:80      203.3.3.4:49186      203.3.3.4:49186 timeout=2    vrf=0
tcp 211.1.1.1:80        192.168.1.2:80      203.3.3.3:49187      203.3.3.3:49187 timeout=0    vrf=0
RouterA#
```

NAT 负载均衡只对 TCP 流量进行转换，不会对 ICMP 等其他协议进行转换。而且 NAT 路由器不检测内网服务器的可用性，如果内网服务器群里有一台或多台、甚至全部服务器都不工作了，由于 NAT 路由器上没有检测服务器是否正常工作的相关功能，所以路由器无法判断内网服务器的可用性，依旧会将流量进行负载均衡，而不管服务器能否应答。

如果实验中发现外部主机访问 Web 时没有实现负载均衡，可以尝试变更外网 IP 地址，因为进行 TCP 负载均衡时，基于源 IP 地址的 hash 值进行负载均衡，有可能两个 IP 的 hash 值相等。

参考文献

[1] 张浩军，姬秀荔. 计算机网络视讯教程[M]. 北京：高等教育出版社，2014.

[2] 孙光明，王硕. 网络设备互联与配置教程[M]. 北京：清华大学出版社，2015.

[3] 高峡，陈智罡. 网络设备互连学习指南[M]. 北京：科学出版社，2009.

[4] 梁广民，王隆杰. 思科网络实验室路由、交换实验指南[M]. 2 版. 北京：电子工业出版社，2016.

[5] 寇晓蕤，罗军勇. 网络协议分析[M]. 北京：机械工业出版社，2014.

[6] 马丽梅，王方伟. 计算机网络安全与实验教程[M]. 2 版. 北京：清华大学出版社，2017.

[7] 周亚军. 思科 CCIE 路由交换 v5 实验指南[M]. 北京：电子工业出版社，2016.

[8] 谢希仁. 计算机网络[M]. 6 版. 北京：电子工业出版社，2014.